贵州山区肉牛标准化养殖技术

刘 镜 主编

中国农业大学出版社

·北京·

内 容 简 介

本书是根据贵州省养牛生产需要,为规范贵州省肉牛生产,结合肉牛生产实际而编写的。本书既可用于基层农技人员开展技术培训和技术指导工作,也能供肉牛养殖户参考使用。本书共分十一章,分别是绪论、规模化肉牛场建设技术、牛的品种、牛的体型外貌及生物学特性、肉牛的生产性能及评定方法、肉牛的育种与繁殖技术、肉牛的饲养管理与牛场经营、肉牛的育肥技术、肉牛常用饲料及其加工调制、饲料资源的开发与饲料配合技术、肉牛的卫生保健及疫病防治技术。本书在编写过程中,注重科学性、综合性和实用性,力求对贵州省肉牛产业的发展有一定的指导作用。

图书在版编目(CIP)数据

贵州山区肉牛标准化养殖技术/刘镜主编 . —北京:中国农业大学出版社,2020.7
ISBN 978-7-5655-2404-2

Ⅰ.①贵… Ⅱ.①刘… Ⅲ.①肉牛—饲养管理—贵州 Ⅳ.①S823.9

中国版本图书馆 CIP 数据核字(2020)第 142205 号

书　名	贵州山区肉牛标准化养殖技术		
作　者	刘　镜　主编		
策划编辑	潘晓丽	责任编辑	潘晓丽
封面设计	郑　川		
出版发行	中国农业大学出版社		
社　址	北京市海淀区圆明园西路 2 号	邮政编码	100193
电　话	发行部 010-62733489,1190	读者服务部	010-62732336
	编辑部 010-62732617,2618	出　版　部	010-62733440
网　址	http://www.caupress.cn	**E-mail**	cbsszs @ cau.edu.cn
经　销	新华书店		
印　刷	涿州市星河印刷有限公司		
版　次	2020 年 9 月第 1 版　2020 年 9 月第 1 次印刷		
规　格	787×1092　16 开本　15.5 印张　380 千字		
定　价	56.00 元		

图书如有质量问题本社发行部负责调换

编 者 名 单

主　编　刘　镜

副主编　杨忠诚　龚　俞　李雪松

编　者　（按姓氏笔画排序）

　　　　刘　青　刘　镜　李　维　李雪松

　　　　杨忠诚　何光中　龚　俞

前　言

　　近年来,贵州省肉牛标准化规模化养殖数量逐年增加,但商品肉牛的生产还处于概念建立与认识阶段,多数养牛者还是延续传统的饲喂方法,对肉牛品种改良、饲养管理、饲料配合、饲草均衡供应、快速育肥、疫病防治等实用技术普遍缺乏了解和应用不够,尤其是繁殖牛群饲养管理粗放,以放牧为主,很少补饲精料,即使是在肉牛分娩哺育期,也很少补饲,导致繁殖母牛繁殖力低下,疾病频发,育肥牛生长发育缓慢,饲养时间延长等现象。受科技经费投入不足等因素影响,肉牛养殖相关研究薄弱,科研与生产相结合程度不够紧密,对肉牛养殖技术的系统研究和配套组装还不够,缺乏基层技术推广体系建设等,导致科技对肉牛生产的贡献力不足。

　　为了方便广大养牛场的实际操作和使用,将更多、更新的科学技术应用到养牛生产中,进一步提高贵州省养牛水平,我们根据当前贵州省养牛生产发展特点及养殖场(户)的要求,编写了《贵州山区肉牛标准化养殖技术》一书,在编写过程中,根据现代养牛生产需要,结合生产实际,力求对贵州省肉牛产业的发展有一定的指导作用。本书具有科学性、综合性和实用性的特点,适合专业技术人员及基层畜牧兽医工作者和广大肉牛养殖场(户)参考和应用。

　　本书由刘镜主编,全书共十一章,其中第六章、第七章、第八章、第九章、第十章由刘镜编写,字数为 22 万字;第一章、第二章、第五章、第十一章由杨忠诚、龚俞、刘青、李维共同编写;第三章、第四章由李雪松编写;何光中在编写过程中提出了很好的编写思路。本书在编写过程中,参阅了大量相关的教材、杂志、研究专著,在此向有关作者表示诚挚的谢意。

　　尽管我们做了很大努力,但由于编者水平有限,书中不当和错误之处在所难免,敬请广大读者批评指正。

编　者

2020 年 3 月

前 言

目　录

第一章 绪 论

第一节 贵州肉牛养殖概况

一、贵州肉牛品种和存栏量

贵州夏无酷暑,冬无严寒,水草丰沛,生态气候条件优越,孕育了关岭牛、威宁牛、务川黑牛、巫陵牛(思南牛)、黎平牛5个优良地方品种,是我国牛品种资源基因库的宝贵资源。据报道,2016年贵州全省肉牛存栏量518.26万头,出栏140.72万头。

在长期的自然环境、社会经济和人工选择下,贵州地方牛种均具有体质结实、肢蹄强健、短小精悍、善于爬山、耐粗耐劳等优良特点。但其体型小,生长慢,为了适应肉牛产业发展的需要,自20世纪70年代起,贵州省逐步引进西门塔尔牛、安格斯牛、利木赞牛等优良品种对本地黄牛进行改良。2016年全省推广牛输配改良60万头,牛改点2 251个(冻配点1 542个、本交改良点552个、鲜配点157个),牛改输精员2 312人。在品种改良过程中,广泛推广人工授精技术,培养了一支黄牛改良技术队伍,建立了关岭黄牛核心保护群和一批标准化规模化肉牛养殖场,为进一步开发利用本地肉牛奠定了基础。

二、贵州肉牛产业制约因素

1. 肉牛遗传改良体系建设缺乏统一规划部署

肉牛的品种是肉牛产业发展的基础和关键,经过多年的实践和研究,贵州省肉牛的遗传改良取得了令人瞩目的成就,但还存在诸多不足,主要表现在:肉牛良种化程度低,人工授精、疾病防控等实用技术普及率低,肉牛生产和育种上缺乏统一的规划和部署,"重引进、轻选育"现象严重。人们总认为本地黄牛生产性能低,没有认识到其肉质好、抗逆性好等优良特性,几乎把"良种化"直接理解为"洋种化",弱化了对本地牛种的群体选育工作,形成"引进—退化—再引进"的恶性循环。肉牛繁育体系不健全,配套设施不完善,肉牛生产和育种上"重引进、轻选育"严重制约了肉牛产业的发展,致使贵州省肉牛改良进展缓慢,单产水平一直徘徊不前。

2. 饲养管理粗放,科技含量不高,生产水平低

目前,贵州省肉牛规模化养殖数量逐年增加,改变了饲养肉牛的目的,但商品肉牛的生产还处于概念的建立与认识阶段,多数养牛者还是延续传统的饲喂方法,对肉牛品种改良、饲养管理、饲料配合、饲草均衡供应、快速育肥、疫病防治等肉牛养殖实用技术普遍缺乏了解和应用不够,尤其是繁殖牛群饲养管理粗放,以放牧为主,很少补饲精料,即使是在分娩哺育期,也很少补饲,导致繁殖母牛的繁殖力低下,疾病频发,育肥牛生长发育缓慢,饲养时间延长等现象。

受科技经费投入不足等因素影响,肉牛养殖的相关研究薄弱,科研与生产相结合的程度不够紧密,对肉牛养殖技术的系统研究和配套组装还不够,缺乏基层技术推广体系建设等因素,导致科技对肉牛生产的贡献力不足。

3. 肉牛存栏量和繁殖母牛饲养量剧降,产业基础受到严重威胁

贵州省的牛存栏量从 2005 年的 800 余万头,下降到 2016 年的 518.26 万头。按母牛比例45%、产犊率60%计算,可推算出能繁母牛的数量为 233.22 万头,每年仅能繁殖 139.93 万头犊牛,按 95% 的存活率进一步计算,其可出栏牛数量为 132.93 万头,此数比当年出栏数140.72 万头低 7.79 万头,说明繁殖的母牛产业基础受到威胁。其主要原因是:①肉牛繁殖率低、生产周期长,加上肉牛养殖户组织化程度低,在产业链中处于弱势地位,经济效益差。业内人士都知道,在养牛的各个环节中,如果是全成本核算,养母牛是无利可图的,养育肥牛可以有一定的利润,屠宰加工利润较高,所以养母牛的积极性不高,导致饲养繁殖母牛的养殖户越来越少。②受全国及贵州省内肉牛屠宰规模扩大的影响,私屠滥宰现象普遍存在,屠宰厂生产不饱和,出现了不分母牛、犊牛、青年牛,见牛就宰的"杀青弑母"现象,导致贵州省肉牛的存栏数和繁殖母牛数量锐减。③农民大量外出打工赚钱,农村青壮劳动力减少,加上小型农业机械的推广应用,使得饲养牛为种田、为积肥、为存钱的传统养牛习惯已经发生改变,养牛已不是他们的必需和唯一的赚钱途径,具有山区特色的分散在千家万户的农村养牛模式正在悄悄地发生改变,很多农户已经不再养牛,甚至有很多传统养牛村已变成了无牛村。

4. 肉牛产业化水平不高,缺乏具有特色的肉牛或牛肉品牌

全省肉牛养殖还是"以千家万户分散饲养为主,以中小规模育肥场集中育肥为辅"的肉牛饲养模式,近年来,规模肉牛育肥场的建设正在增加,但建设的合理性和饲养的科学性还很不够,且育肥规模小,生产效益低。由于缺乏规模大、前景好、带动力强、产品市场占有率高的重点龙头企业带动,贵州肉牛产业缺乏具有优势特色的肉牛或牛肉品牌。另外,在有的地区虽然建立了"公司或合作社+基地+农户"的肉牛合作经济运行模式,但其利益联结机制还不够健全,利益分配不合理,公司把利益看得太重,伤害了养殖户的利益,难以形成长期稳定的合作关系。

三、贵州肉牛产业发展的资源优势

1. 肉牛资源丰富,品种改良基础较好

贵州肉牛资源丰富,牛的存栏数在全国排名一直都在前列,主要地方品种有关岭牛、威宁牛、黎平牛、巫陵牛(思南牛)、务川黑牛,是发展肉牛产业的宝贵资源。近年来,由于经济的发展和小型农机的使用,"养牛为种田"的传统方式正在发生改变,各地纷纷出现了肉牛养殖场和养牛大户,肉牛规模养殖的比重约为 30%,肉牛出栏率约为 25%,均低于全国平均水平。从以上可看出,贵州省肉牛资源丰富,但生产水平很低,发展空间大。

为了适应肉牛产业发展的需要,自 20 世纪 70 年代起,贵州省逐步引进西门塔尔牛、安格斯牛、利木赞牛等优良品种,开展肉牛的品种改良工作,优化牛群结构,提高牛的生产性能,缩短饲养周期,提高牛肉的品质和肉牛的产肉量。近年来,贵州省引进先进的精液分装、质量监控设备,成立冻精站,毕节、遵义市、铜仁、黔西南等地配有液氮站,全省已建有 2 000 多个肉牛改良点,培养了一批肉牛改良技术骨干,初步形成了比较完善的肉牛良繁体系。在品种改良过

程中,广泛推广牛人工授精技术,培养了一支牛改良技术队伍,建立了关岭黄牛核心保护群,为贵州省肉牛的品种改良及产业化发展奠定了技术基础。

2. 丰富的饲草饲料资源及工业副产品

(1)大量的草场草坡资源

贵州境内饲草资源丰富,天然草地 598 万 hm²,其中:成片草地 20 253 片,总面积 205 万 hm²,平均产鲜草 7 500 kg/hm²,理论载畜量 114.63 万个牛单位;零星草地总面积 225 万 hm²,平均产鲜草 10 500 kg/hm²,理论载畜量 240.93 万个牛单位;附带可利用草地总面积(林下草地以 50％计算)168 万 hm²,平均产鲜草 10 500 kg/hm²,理论载畜量 181.3 万个牛单位,可为草食家畜提供充足的饲草来源,具有发展草地畜牧业的巨大潜力。但贵州家畜分布与草地分布不一致:成片草地多分布于人口稀少、远离村寨、交通不便的地方,因而形成有草无畜或少畜的现象,在一些农业人口密集、家畜密度大、垦殖指数较高的农区,则形成畜多、草少、缺草的现象。贵州远离村寨的成片草地大部分未利用或利用不充分,而近村寨的草地已过度放牧,逐渐退化。

(2)丰富的酒糟资源

贵州是一个酒类生产大省,2011 年全省有白酒生产企业 527 家,拥有白酒生产许可证 255 张。规模以上白酒企业 66 户,白酒产量 24 660 万 L,增长 47.57％。在省委、省政府"建设工业强省"和"到 2015 年,全省白酒产量确保 80 万 L,力争 100 万 L……"的精神指导下,全省白酒产业正在实现跨越式发展,酒糟的产量也大幅度增加。酒糟中富含蛋白质、脂肪、粗纤维及维生素,并含有畜禽生长发育所需的多种氨基酸和生长因子,色鲜味香,适口性好,能促进消化,是理想的低成本优质的畜禽饲料资源。但在酿酒过程中,需要添加稻壳等疏松物质以提高出酒率,同时可溶性碳水化合物发酵成醇被蒸馏出来,导致酒糟中无氮浸出物含量下降,粗纤维含量大幅增加,降低了酒糟的营养价值,直接饲喂畜禽容易引起便秘、流产、死胎等不良后果。建议对不同产地酒糟的营养价值进行评定,深层开发利用酒糟资源,提高其饲喂效价,缓解贵州省蛋白饲料资源的短缺。

(3)优质的双低菜籽饼粕资源

贵州是我国双低油菜主产区之一,2010 年全省优质油菜面积 700 万亩(1 亩＝667 m²),产优质菜籽 80.5 万 t,在现代工业条件下加工,可得约 50 万 t 的优质菜籽饼粕。菜籽饼粕的营养丰富、全面,粗蛋白含量可达 35％～45％,氨基酸组成接近联合国粮农组织(FAO)和世界卫生组织(WHO)的推荐值,是优良的天然植物蛋白饲料资源。贵州省科研单位已对菜籽饼粕的开发利用进行了大量的研究工作,如双低菜籽饼粕的营养成分和抗营养因子的全面分析,抗营养因子的清除技术和在畜禽饲料中适宜添加比例等,为采用双低菜籽饼粕配制饲粮提供了必要的依据,对缓解贵州省蛋白饲料紧缺,促进饲料工业的发展起到重要作用。

(4)已培育一批标准化和规模化的肉牛养殖场及肉牛养殖合作社

在贵州省委省政府的大力扶持下,近年来,贵州省已建立起一批具有典型代表性的肉牛养殖、合作社,可分为 3 类:①拥有优质草场资源的代表性肉牛养殖场,有务川自治县仡佬牧业发展有限公司,公司承包的栗园草场是西南第一大草场,位于务川西北部,总面积约为 137 000 亩,平均海拔高度为 1 200 m。贵州省印江自治县太阳牛业开发有限公司、贵州绿量农业发展有限公司、贵州省松桃梵净山牧业科技发展有限公司、金沙县金福牧业有限责任公司同样也拥有草场草坡资源。②拥有丰富的酒糟资源、菜籽饼粕资源的肉牛养殖场,贵州喀斯特山乡牛业有限公司是贵州青酒集团的下属子公司,利用酒糟养牛,既解决了环境污染,又降低了肉牛养殖的成本。金沙县精牛汇牧业公司、金沙县金福牧业有限责任公司主要利用了贵州金沙窖酒酒业有限责任公司的酒糟。贵州茅台酒厂(集团)习酒有限责任公司、贵州董酒股份有限公司的酒糟也都被肉牛场(户)订购。③肉牛养殖合作社主要建设在贵州省本地牛种的原产地或中心产区,以品种保护为主,如关岭牛保种区(村)、黎平牛保种区(村)、务川黑牛保种区(村)。

3. 肉牛产业发展的技术需求

(1)建立和完善适合贵州省省情的牛品种改良体系

根据贵州地方肉牛品种的特点,开展贵州肉牛品种改良技术创新研究,采取边育种边开发的策略,实行地方品种资源保护与杂交改良并举的选育措施,按照"生产性能好、产品质量优、抗病能力强"的要求,根据不同地区的资源条件和贵州本地肉牛的种质特性,按区域制定并执行系统的、长期的、高效的本品种选育和品种改良技术方案和技术路线,建立以"科研单位+技术推广部门+规模养殖场(户)"为基本模式的肉牛生产性能测定组织,加强遗传改良评估并实现数据共享,加快品种选育和品种改良进程。

(2)加强技术推广队伍的建设,引导和鼓励青壮年投身肉牛产业

肉牛产业的发展,离不开科学技术。从养牛科研到推广部门,再到生产一线,各层次的人员在数量和结构上普遍存在结构不合理,队伍不稳定,推广不得力,知识老化等现象,"上有技术、下无推广队伍"的瓶颈问题尤为突出。建议通过制定政策和机制改革,建立结构稳定和人数合理的技术推广与服务体系,利用政策和制度,建立层次分明的推广、服务、信息反馈和科研、推广联动机制,充分发挥科学技术在养牛业中的作用,提高养牛生产力。对养殖合作社、养殖场等生产一线的人员应逐步实施畜牧兽医职业资格证书制度,只有具备相应学历或通过从业培训考试合格者才能从事相关工作,对规模养殖场的技术人员,更应当要求有"职业资格证书"。

积极引导鼓励青壮年回家创业和就近打工,并对从事肉牛生产的创业者提供金融政策扶持,加强对青壮年进行肉牛养殖技术的培训工作,提高他们的技能水平和肉牛养殖的科技含量,进一步促进肉牛养殖经济效益的提高,从而留住青壮年人才。另外,要努力提高肉牛人工授精点输精员的待遇水平,稳定输精员队伍。

(3)加大肉牛养殖科学技术的研究、开发和推广力度

针对肉牛养殖向规模化养殖发展的现状,应加大科技投入,重点需在以下方面开展研究与攻关:①贵州山区标准化牛场建造技术研究;②母牛规模化养殖模式与高效繁殖技术研究;③地方品种资源的选育与优质肉牛品种(群)的培育;④肉牛饲料资源的开发与高效利用技术研究;⑤肉牛常见传染病的防治技术研究;⑥规模化肉牛养殖场粪污无害化处理技术研究;⑦高档牛肉的生产及深加工技术研究等。要进一步加强贵州省现代肉牛产业技术的建设,增加经费,增设试验示范站点,建立竞争淘汰机制,培育队伍,扩大影响,在不打破现有管理体制的前提下,依托具有创新优势的现有科研力量与科技资源,建设从产地到餐桌、从生产到消费、从研发到市场,服务产业发展各环节,相互紧密衔接的现代肉牛产业技术体系,更好地发挥科技对产业发展的支撑和引领作用。研究制定并大力推广肉牛养殖标准化、规模化及优质高效等肉牛养殖成套技术,技术以"傻瓜化"的方式,使肉牛生产者一看就会、一会就用、一用就见效,使科学

技术真正应用于生产,转化为生产力,提高科技的贡献率。

在肉牛产业发展进程中,贵州省畜牧兽医研究所、贵州省畜禽遗传资源管理站、贵州大学等单位,针对肉牛养殖的技术环节,开展了一系列的研究与推广工作,从牛冻精生产、人工繁殖与品种改良、饲草饲料种植与利用、肉牛育肥、屠宰分割、科学饲养管理、疫病防治等方面作了大量的研究与推广工作,把养牛研究与肉牛产业以及推广应用紧密结合,取得了很好的效果,通过肉牛养殖科技示范进村入户,养牛科学研究进场入村,实现了研究为生产,在生产一线搞科研,把好的技术成果推广应用于生产,有力地促进了肉牛养殖科技含量的提升,使项目区肉牛养殖水平及牛群质量得到明显提高,对促进肉牛产业的健康发展起到了很好的推动作用。

(4)发展肉牛规模养殖,引进和培育肉牛产业龙头企业,完善肉牛产业链

根据贵州省草山草坡和牛的资源分布情况以及酒糟和菜籽饼粕资源的分布特点,发展肉牛规模化养殖,改变"养牛为种田"的传统养殖模式。在草山草坡资源丰富的地区,重点发展基础母牛,在酒糟、菜籽饼粕、秸秆资源丰富的地区,重点发展育肥牛。贵州的自然资源特点决定了肉牛的规模化养殖只能是"分散和适度",不适合"集中和大型",建议繁育牛群的规模散养户以饲养繁殖母牛5头左右为宜,以龙头企业引领,建立专业村、养殖场或小区的形式,实现规模养殖。肉牛养殖场以饲养繁殖母牛100~200头为好,育肥牛的饲养规模在300~500头为好。

引进和培育肉牛产业龙头,建立风险共担、利益共享的联结机制是肉牛产业能够可持续发展的关键所在。各级政府和相关部门应当制定政策和措施,通过招商引资,千方百计引进和培育一批肉牛企业特别是肉牛的育肥和屠宰加工企业,通过建立"龙头企业+基地+农户"的产业化经营模式,全面实行订单生产,使原料生产、原料供应和产品加工、产品销售有机地结合在一起,形成产业链。积极培育和打造具有优势特色的肉牛或牛肉品牌,以品牌促生产发展,以品牌保证销路,保证肉牛产业持续健康发展。通过贵州省的肉牛或牛肉品牌的创立,改变各自卖活牛或搞低级屠宰的销售方式,使贵州省的养牛市场不受外围活牛抢购的影响,增强养牛户抗御市场风险的能力,提高各个养殖环节的养殖利润,实现农民养牛致富。

(5)加强培育和完善肉牛流通市场,促进信息流通

积极扶持和发展农村畜牧业专业技术协会、流通协会等农村专业合作经济组织和农民经纪人队伍,建立产销经营体系,以此做强、做大优质肉牛产业,大力培养和发展肉牛产品专业批发市场和产地批发市场,完善乡镇集市活牛交易市场,开辟贸易窗口,促进牛产品的流通和销售。加强肉牛供求及价格等信息共享平台的建设和宣传推广力度,促进养牛生产与市场的链接,保证肉牛生产的有序进行和健康发展。

第二节 养牛业在贵州省经济中的重要地位

1. 贵州省肉牛产业发展的政策文件

党中央、国务院对新阶段扶贫开发工作高度重视,党的十八大以来,习近平总书记多次对扶贫开发做出重要指示,并对精准扶贫提出了更高要求和期望,省市各级对应出台一系列有关扶贫开发重要举措,扶贫开发已成为"十三五"期间工作的重中之重。为确保全面小康社会建设如期完成,中央、省、市各级将进一步加大对农村,特别是贫困地区、民族地区农村的支持力

度,进一步健全农村产业投入的长效机制,产业脱贫是精准扶贫的重中之重。

为进一步发挥资源优势,挖掘潜力,调整优化农业产业结构,推进山区现代畜牧业和生态文明建设,提高畜禽产品生产供给能力和市场竞争力,根据《贵州省人民政府关于加快推进山地生态畜牧业发展的意见》(黔府发〔2014〕26号)、《贵州省国民经济和社会发展第十三个五年规划纲要》和《贵州省"十三五"现代山地高效农业发展规划》,围绕"稳定发展生猪,突出发展牛羊,积极发展家禽,因地制宜发展特色养殖"的思路,着力助推畜牧业调整优化结构、转型升级与提质增效,促进贵州省畜牧业持续健康发展。

随着国家对贵州草地畜牧业投入逐渐加大,贵州省委、省政府对贵州发展生态畜牧业制定了诸多政策措施,全国100个石漠化综合治理县中,贵州有55个,草地畜牧业是其中的主要建设内容之一。省政府从2007年至今,在43个县实施草地畜牧业产业化科技扶贫项目,并启动了贵州省草地畜牧业推进行动方案,实施了省级能繁殖母牛场建设项目和标准化规模化肉牛、奶牛养殖场建设等项目。贵州农民普遍接受了种草养畜的新观念,形成了以国家投资建设成片草场的规模示范和千家万户农家小面积种草养畜相结合的格局。畜牧业结构逐渐优化,草食型畜产品比重逐年增加,2015年,贵州省立足山地资源优势,扎实推进农业结构调整,培育壮大特色优势产业,粮经作物面积比41∶59。生态畜牧业持续发展,牛、羊存栏分别增长7.7%和12.6%。肉类总产量中,猪肉比重83.27%,牛、羊、禽肉比重16.73%,牛、羊肉比重较之前有所提高。

长期以来,贵州省委、省政府高度重视畜牧业的发展,把畜牧业作为农业发展的重要内容,先后出台了一系列政策措施,明确了要建设畜牧业大省,建设生态畜牧业大省,加快推进山地生态畜牧业发展等意见,为贵州山地生态畜牧业发展提供了有力的政策保障。因此,通过大力发展肉牛产业,完善肉牛产业链建设,达到产业扶贫的目的,符合国家和省委、省政府的相关政策。

2. 发展肉牛产业具有重要的意义

(1)符合贵州山地生态畜牧业发展的需要

《中共中央关于制定国民经济和社会发展第十三个五年规划的建议》强调,要推动城乡协调发展,坚持工业反哺农业、城市支持农村,促进农产品精深加工和农村服务业发展,拓展农民增收渠道,完善农民收入增长支持政策体系,增强农村发展动力。贵州肉牛产业化技术集成与扶贫带动示范基地建设及发展,可以从多个方面增加农民收入,并促进农业规模化发展,推进城乡一体化的建设,从而加快当地的新农村建设进程的推进。

2014年9月,贵州省人民政府出台了《贵州省人民政府关于加快推进山地生态畜牧业发展的意见》(黔府发〔2014〕26号)(以下简称《意见》),《意见》明确坚持"稳定发展生猪,突出发展牛羊,积极发展家禽,因地制宜发展特色养殖"的思路,加快推进产业化带动、规模化发展、标准化生产、集约化经营、组织化运行、品牌化营销相结合的现代畜牧业发展道路。《意见》提出,到2015年,畜牧业产值占农业总产值的31%;肉类总产量达到205万t,禽蛋产量17万t,牛奶产量6.5万t。到2020年,畜牧业产值占农业总产值的34%;肉类总产量达到230万t,禽蛋产量23万t,牛奶产量8万t。项目利用科研机构的技术成果和人才,为贵州省肉牛产业融入现代科技元素,服务地方畜牧产业,助推农村经济发展,符合《意见》的实际需要。

（2）改造贵州省传统养牛产业，建设现代肉牛产业的需要

目前贵州省肉牛产业存在品种比较杂乱，零散饲养，不成规模，养殖与加工脱节；饲养管理粗放，先进的生产技术应用率不足 5‰；牛肉产品属于低档次产品，缺少高端产品，肉牛的养殖效益低，本项目将有效解决上述问题。建设育肥项目，生产出完全可以与进口牛肉相媲美的精品高档产品，由此促进贵州省肉牛业向现代化、高档化发展。

（3）改良地方肉牛品种，培育本地肉牛新品种的手段

贵州省畜牧部门自 20 世纪 80 年代以来，持续肉牛品种改良，这些杂交牛基本具备生产高品位牛肉的条件，奠定了品种基础。安格斯牛、利木赞牛是欧洲最好的品种，和牛是亚洲最好的品种，本项目将安格斯牛、利木赞牛、和牛、本地牛有机结合，将会生产出有竞争力的高档牛肉，铸就本地牛种品牌。

（4）提高产品附加值，加快贵州省肉牛产业经营步伐

高档牛肉具有"四高"特点。即高品级、高价位、高端市场、高附加值。开发高档牛肉是加快经营步伐的有利条件，是提高经济效益的有效途径。

（5）提高贵州省肉牛产业技术研发创新和示范转化能力

由于历史、地域、社会经济等因素，贵州省肉牛产业技术研发创新和示范转化落后于世界与全国先进水平。研发基础条件的不足，制约了先进研发手段的利用，缺乏具有代表性的典型示范基地，导致示范效果达不到预期目的，宝贵和丰富的地方牛品种资源还处于开发利用滞后阶段。贵州省有关畜牧部门正值开展肉牛选种选留、新品种（系）培育、地方牛种质资源创新利用的工作，为科研成果的实践检验和示范带动提供最直接和科学的载体，提高成果的转化效率。

（6）符合党的新农村建设政策，有利于解决"三农"问题

近几年来，党中央国务院和各级党委政府十分重视新农村建设和"三农"问题，把新农村建设作为重要的国策来抓。新农村建设需要以经济发展为前提，需要改善农村的生态环境，需要培训农民，提高农民的科技文化素质，需要转变农民的生活方式。本项目建设，将会带动更多的农户养牛致富，培训更多的农民，加速技术推广和产业带动，促进新农村建设和解决"三农"问题。

第二章 规模化肉牛场建设技术

近年来,随着农业产业化结构的调整,贵州省肉牛产业得到了快速发展,规模化牛场数量快速增加,但许多新建的肉牛养殖场存在设计不科学、不合理的情况,严重制约了肉牛产业的健康发展。肉牛养殖经营者应根据饲养肉牛种类,尽量就地取材,降低牛舍建筑成本,采用无害化设计工艺,科学合理地设计牛舍,建设生态肉牛养殖场。

第一节 规模化肉牛场的设计与建造

一、牛舍建造的原则

根据肉牛养殖场养牛的种类,养殖场建设地点的资源条件,养殖户准备投入的资金、技术等支撑条件决定养牛场的建设规模。如规模化母牛养殖场,一般需要拥有草场资源的放牧地、丰富的饲草和秸秆资源;规模化肉牛育肥场应建在交通比较方便,农副产品资源(如酒糟、菜籽饼粕、花生饼粕等)充足的地方,还要考虑建材、水源、劳动力、投入资金、技术支撑、技术队伍培养等问题。

1. 能为肉牛生产提供适宜的环境

适宜的环境有利于充分发挥肉牛的生产潜力,提高肉牛的饲料利用率,不利的环境温度可导致肉牛生产力下降 10%～30% 或以上。一般而言,肉牛的生产力 20% 取决于品种,50% 取决于饲料,30% 取决于环境。因此,规模化牛舍应设计科学合理,具备遮风、挡雨、避寒(暑)、牢固、耐用等特点,能够满足肉牛对温度、湿度、通风、光照等环境条件的需求。适宜的环境可以为牛群提供适宜的生产环境,保障牛群的健康和养殖场的正常运转,使养牛者花较少的资金、劳动力,获得更高的养殖效益。

2. 选址科学,布局合理,符合肉牛生产工艺要求

修建牛舍充分考虑当地地势、地形、水源、土质、气象因素、交通、社会环境等因素,因地制宜合理布局,统一规划牛场的生活区、办公区、生产区,否则将给生产造成不便,甚至使生产无法进行,给养殖场带来经济损失。养殖场的场地建筑、配置应整齐、紧凑、美观,可保证肉牛饲养过程、兽医技术措施、粪污无害化处理顺利进行。肉牛生产工艺包括牛群引进、组成和周转方法,草料运送、饲喂、饮水、清粪、测量、称重、采精输精、疫病防治、生产护理等技术措施。

3. 牛舍设计科学合理,建造技术可行,经济合理

按照牛场卫生和防疫要求,合理进行场地规划,确定牛舍的朝向和间距、消毒设施、污染物处理设施的安置等。修建规范标准化的牛舍,可为肉牛提供适宜的环境,有利于兽医防疫制度的执行,有效防止和减少疾病的发生和传播。另外,牛舍修建应尽量利用有利的自然条件(通

风、光照),就地取材,采用当地建筑施工习惯,减少附属用房面积。做到尽量降低工程造价、设备投资和生产成本,加快资金周转。

二、肉牛场的选址与布局

1. 选址与布局的技术要点

肉牛养殖场的选址和布局直接影响基建投资、土地利用率、劳动效率、投产后的卫生防疫、经济效益、环保等。规模化肉牛场在进行建筑布局时,功能相近的建筑如草料区、牛舍要尽量集中在同一区域,不仅要保证肉牛生产自动化设备和机械的需要,还要确保兽医卫生防疫、防火、通风、采光、保暖等。

①交通便利,水电可保障,距主干道、工厂、住宅区 500 m 以上,有利于防疫和搞好环境卫生。

②牛舍要修建在地势高燥、背风向阳、空气流通、土质坚实、地下水位低、较平坦的地方。低洼潮湿、高山顶、风口处不宜于修建牛舍。

③距离饲料生产基地和放牧地较近。

④符合兽医防疫要求,周围无传染病原(如猪、牛、羊、禽养殖场等)。

⑤牛场内的建筑必须符合相关建筑规定。牛场生产区内圈舍、通道、围栏应避免有尖锐的突出物,并保持完好,地面要尽量保持平坦,不要有过深的沟或过高的突出物,以免伤害到肉牛。

⑥供水、供电等各种管线要布局合理,饮水设施应坚固不渗漏,以防肉牛因地面湿滑而摔伤。

⑦肉牛养殖场一般分为生活区、办公区、生产区、隔离区 4 个区,功能相近的建筑尽量集中在同一区域内,如草料区和牛舍,运送饲料的净道与运送粪污的污道要分开。

⑧牛场建设应确保饲料运输、供水、供电、供暖等线路最短化(减少投资和运营成本)。

⑨牛场布局应尽量节约土地,充分考虑周边的环境,规模化肉牛场建设前必须通过环保部门的环保评价。

2. 牛场的选址

(1)地势与地形

养殖场应选择地势平坦、开阔、整齐而稍有坡度(不超过 2.5%)、干燥、背风向阳、排水良好的正方形或长方形的地块,尽量避免狭长形和多边角地块。地下水位要在 2 m 以下,最高地下水位需在青贮窖底部 0.5 m 以下,防止被河水、洪水淹没。

(2)土质与水源

土质应坚实,抗压性和透水性强,无污染,较理想的是沙壤土。水量充足,未被污染,水质应符合畜禽饮用水水质卫生指标要求,并易于取用和防护,保证生活、生产、牛群及防火等用水。

(3)周边环境

养殖场应距交通道路不少于 100 m,距交通主要干道要在 200 m 以上,交通、供电、饲料供应便利,周边幽静、无污染源,牛场附近不应有肉联、皮革、造纸、农药、化工等有毒、有污染危险的工厂。

(4)其他

①山区牧场应考虑放牧出入方便,牧道不要与公路、铁路、水源等相交叉,以避免污染水源

和防止发生事故。

②场址大小、间隔距离等,均应遵守卫生防疫的要求,并应符合配备的建筑物和辅助设备以及牛场远景发展的需要。

3. 牛场分区与布局

规模化牛场的布局应因地制宜、便于饲养管理,有利于生产和提高工作效率,能为肉牛生产提供适宜的环境。牛场布局一般分为5个区,生产区、管理区、辅助区、粪污处理区、隔离区。场内各建筑物要合理布局,统一安排,尽可能做到整齐、紧凑、美观。生活区、办公区要与生产区分开,且在生产区的上风向。饲料房应靠近牛舍,便于饲料取用,做好下水道,规划好道路,植树绿化等。

(1) 生产区

包括牛舍、青贮窖(氨化池)、草料棚、精料库、饲料加工间、消毒室(池)、机械设备库、兽医室、人工授精室等设施,为整个肉牛场的核心和产生经济效益的主体。①牛舍要靠近生产区的中央,牛舍间要有5～10 m 的间距,以保证运动、采光和防疫等需要;②青贮窖(氨化池)、草料棚、精料库、饲料加工间等与饲料有关的设施应位于牛舍附近上风向或侧风向的一侧,以便饲料的取用。

(2) 管理区

为肉牛场工作人员办公、全场生产指挥、对外联系的主要场所,可分为办公、接待、会议等功能区。因管理区对外联系频繁,应与生产区严格隔离,尽量靠近牛场的主大门,位于生产区的上风处。

(3) 辅助区

包括粗饲料库、精饲料库、加工车间、青贮窖、机械库等,可设在管理区与生产区之间,为肉牛养殖场的饲料调制、贮存、加工、设备维修等部门。辅助区的面积应按养殖规模决定,布局需适当集中,可节约水电线路管道,缩短饲草饲料的运输距离,便于科学管理。

①精饲料库、加工车间、青贮窖,应距离牛舍较近,便于运输饲料,减小劳动强度。

②粗饲料库设在生产区的下风口地势较高处,与其他建筑物保持 60 m 防火距离。

(4) 隔离区

隔离牛舍包括兽医诊疗室,应位于牛场的一角,远离其他牛舍,是观察新购牛、隔离、治疗患病牛、病死牛等的场所,为牛场的重要组成部分。隔离区要四周砌围墙,设小门出入,出入口建消毒池、专用粪尿池,严格控制病牛与外界接触,以有效避免疾病传播和蔓延。

(5) 粪污处理区

粪污处理区包括堆粪池和污水池,应位于生产区、管理区、辅助区、隔离区的下风向,尽可能远离牛舍,防止污水粪尿废弃物蔓延污染环境。

(6) 风向与分区

贵州省大部分地区夏季的主风向为西南风,但要考虑因山的阻挡和山区特殊地形的风向改变而形成的局部风向特点,在建牛场时,应根据场址夏季主风向来合理布局各区。管理区要位于夏季主风向的上风方向,生产区和隔离区应位于管理区的下风方向,隔离区及粪污处理区等应位于整个牛场的最下风向。

(7) 地势与分区

地势布局应尽量布置管理区在牛场地势较高的地方,生产区地势略低于管理区,隔离区与粪污处理区位于地势最低处。当夏季主风向与地势不能满足布局要求时,宜优先考虑地势布局要求,特别是在坡度比较大的场址。

三、牛舍建筑的要求

肉牛场的设计与建造应合理布局生产区、管理区、辅助区、粪污处理区、隔离区。应根据肉牛的生理特点,对肉牛进行合群、分舍饲养,并按群设运动场。

贵州省地理环境复杂,海拔高度相差较大,造成气候环境条件和饲养条件差别很大,因此牛舍不能完全按照固定模式建造。但其基本要求是:建牛舍应经济实用,尽量就地取材,以降低成本;符合兽医卫生要求,科学合理;舍内干燥卫生,空气新鲜;冬季保温性能好,夏季通风效果好;墙壁、天棚等结构的导热性小,耐热,防潮;地面保温,不透水、不打滑;污水、尿等能自然排放;封闭式牛舍采光要好。

四、肉牛舍的类型

肉牛舍较简单,其建造要设计科学合理、就地取材、经济实用,且符合兽医卫生要求。根据牛的品种、育肥阶段、年龄、当地全年的气温变化,贵州省内常见的肉牛养殖方式有拴系式和散养式两种,牛舍分为拴系式牛舍和散栏(围栏)式牛舍。

1. 拴系式牛舍

拴系式牛舍是肉牛集中饲养最常用的方式,用牛颈枷(链绳)固定拴系每头牛于食槽或栏杆上,限制活动,每头牛都有固定的槽位和牛床。这种饲养方式便于肉牛饲喂和观察,适合养牛大户和小型肉牛场,但不利于牛舍的通风、光照、卫生等。

(1)拴系式牛舍类型

按照牛舍跨度大小、牛床的排列形式,可分为单列式和双列式。

①单列拴系式牛舍:只有一排牛床,跨度小,宽度一般为 5~6 m,易于建筑,通风良好,但散热面大,适合小型牛场和坡度较高的山区采用。

②双列拴系式牛舍:有两排牛床,分左右两个部分,能满足自然通风的要求,以牛头对牛头的双列式应用较多,便于饲喂和机械操作,缺点是清粪不方便。

(2)拴系式牛舍的建筑要求

在贵州饲养肉牛规模约为 50 头的养殖场,且场地受限,可修建成单列式;饲养头数较多、场地又不受限时,最好修建成双列式,其他要求如下:

①舍内干燥,地面应保温、不透水、不滑;

②舍内有窗户,可保证足够太阳光线的射入,舍内清洁卫生,空气新鲜;

③牛舍供水充足,污水、粪尿能排净;

④根据肉牛的饲养头数,建适宜面积的兽医室、隔离室、人工授精室;

⑤根据肉牛的饲养头数,建适宜面积的粗饲料库、精饲料库、加工车间、青贮窖等。

(3)拴系式牛舍的设施要求

以牛头对牛头双列式牛舍为例(图 2-1),讲述牛舍内的设施与建设时的主要要求。

①喂料通道(净道)。位于牛舍纵向的正中间,可根据运料车的宽度确定喂料通道的宽度,一般为 1.5~2.0 m,长与牛舍相等。两边依次为饲槽、颈枷、牛床、排尿沟、粪便清理通道。

②饲槽。饲槽口(上)净宽 45~60 cm;饲槽深 30~35 cm;槽底为圆弧形,应采用高标号的

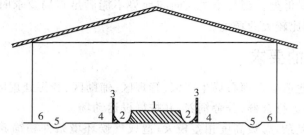

图 2-1 头对头双列式牛舍设施示意图
1. 喂料通道；2. 饲槽；3. 隔栏（颈枷）；4. 牛床；5. 排尿沟；6. 粪便清理通道

水泥，饲槽内表面需清光，便于肉牛采食和清洁卫生；饲槽内沿（靠牛床）高 35～45 cm，饲槽前沿（靠喂料通道）高于内沿 10～20 cm。

饲槽根据与饲道的高度分低饲槽、高饲槽两种：低饲槽前沿与饲道表面为同一平面，施工时通道需一定的填方量；高饲槽前沿（靠喂料通道）比饲道表面高 60～70 cm，高饲槽饲喂时费工费时，不利于机械化（TMR 喂料车）操作，生产效率低；规模化养牛建议以建低饲槽为好，可提高生产效率。

③隔栏（颈枷）。隔栏高度约为 150 cm，位于饲槽内沿与牛床的连接处，隔栏的作用是阻止肉牛跑出或污染饲槽、饲料。隔栏可分 3 种：横式、柱式和颈枷，横式和柱式要配合捆牛绳使用，投资少；颈枷的投资较大，但使用方便。

④牛床。长度一般为 1.6～1.8 m，向后（排尿沟方向）倾斜度为 1%～3%，前高后低。建造牛床，务必夯实填料。牛床的地面一般采用水泥地面，地面要抹成粗糙横行的花纹，防止肉牛滑倒，冬季需垫料。

⑤排尿沟。排尿沟的表面应光滑、不渗漏，要向牛舍的里端倾斜，倾斜度 1%～3%，排尿沟与舍外污水池相连；排尿沟的宽度约为方头铲的宽度，为 25～35 cm，深 5～10 cm。

⑥粪便清理通道。在排尿沟后面，宽度为除粪车的宽度，约 1.2 m。

2. 围栏式牛舍

围栏式牛舍是指肉牛在牛舍内不拴系、不固定的一种饲养方式，将肉牛分群后、散放饲养，自由采食、自由饮水的一种圈养方式。围栏式牛舍多为开放式或棚舍，采用这种牛舍时，整个牛场内圈舍、进出口等之间要设置固定和可活动的围栏配合使用。

（1）围栏式牛舍的建筑要求

①建造围栏式牛舍，不设置拴系式牛舍用的牛床和运粪通道，把拴系式牛舍内牛床位置的面积加大，单侧牛圈的宽度为 10～12 m，根据场地和需要确定牛舍的长度。

②围栏式牛舍饲喂通道、饲槽、栏杆的建造与拴系式牛舍相同。牛舍内根据牛群的大小，设若干隔栏，每个隔栏均可活动，便于分群和饲养管理。

③牛舍建成后，牛舍内形成了多个长方形的单个牛圈，每个单圈牛舍饲槽栏杆的宽度是隔栏长度的一半，如隔栏长 6 m，饲槽栏杆每一隔的宽度为 3 m；隔栏的两头可以活动，中间是固定的，当需要除粪或分群时，通过移动隔栏，让整排牛舍形成通道，便于机械除粪或分群。

④围栏式牛舍的饲养密度较小（围栏式牛舍每头牛占用的圈内面积为 5～6 m²，而拴系式牛舍每头牛占用的圈内面积为 1.5～2 m²）。

⑤围栏式牛舍适合养殖机械（TMR 喂料机、铲粪用的铲车）的使用，对牛群的管理更简单、高效。

（2）围栏式牛舍的设施要求

①地基：地基坚实，干燥，深度为80～100 cm，需用石块或砖砌好。

②屋檐：屋檐太高，不利于保温；过低则影响舍内光照和通风，屋檐距地面300～350 cm。

③顶棚：顶棚距地面为380～400 cm，宜采用导热性低和保温的材料，做到防暑、防雨并通风良好。

④牛床：肉牛的牛床比奶牛的稍小，长度为170～180 cm，宽度为115～125 cm。

⑤门窗：牛舍大门不设门槛，坚实牢固，宽度为200～250 cm。牛舍内的南窗应较多、较大（约为100 cm×120 cm），北窗则宜少、较小（约为80 cm×100 cm）。

五、牛舍的其他要求

1. 选择适宜的牛舍类型

贵州省冬无严寒，夏无酷暑，牛舍的建设上宜多采用半开放式牛舍。在西北部高海拔地区，建造的牛舍可增设门窗（防风帘），确保在天气寒冷时可保温防寒；在西南部低海拔地区，宜多采用开放式牛舍；养殖规模小于100头的养殖场（户）宜采用牛舍通风、保暖等性能都较好的单列式牛舍（缺点：牛舍利用率低）；养殖规模100头以上的牛场宜采用双列式牛舍。

2. 牛舍朝向

主要根据保暖和采光需要确定牛舍的朝向。贵州省气候比较温暖，牛怕热不怕冷，重点要考虑通风和采光，牛舍的朝向应以长轴东西向为主；在贵州省西北部高寒地区，要考虑冬季北风吹的问题，牛舍的朝向宜长轴南北向，南侧开门，北侧是墙；具体到某一地点时，要考虑北风的入口位置，尽量不要让门窗对着北风口。

3. 牛舍的地基

地基是建造牛舍的基础，必须坚实牢固，应尽量利用天然地基以降低建造成本。采用砖混结构的封闭式或半封闭式牛舍，应采用石块或砖砌好墙基并高出地面，墙基在地下的部分深80～100 cm。采用轻钢结构的牛舍支撑钢梁的基座应采用钢筋混凝土灌注，深度根据牛舍跨度和屋顶重量确定，最少不低于1.5 m，非承重的墙基地下部分深50 cm。

4. 牛舍的墙壁

墙壁要求坚固耐用，厚度应根据保温需求确定。冬季不是很冷的地区的牛舍保温要求不高，牛舍砖墙厚24 cm即可，为降低成本可使用土墙，但应采用砖或石块砌成高出地面1 m左右的地基，以延长土墙寿命。土墙厚度应在40～80 cm。墙壁用水泥抹1 m以上的墙裙，以便于清洗、消毒。

5. 牛舍的屋顶

屋顶要求通风散热，夏季隔热、冬季保温。所用材料需防火、防水、轻便、简单、造价低。屋顶的种类有单坡式、双坡式、平顶式、钟楼式、半钟楼式等，以单坡式、双坡式常见。①单坡式牛舍一般用于小型肉牛场；②双坡式通用性强、结构简单、造价较低，是最常用的屋顶样式，适用于所有地区和各种饲养规模的肉牛场；③钟楼式牛舍的结构复杂、造价高，具有通风换气性能优良的优点，适合用于天气炎热、牛舍跨度较大的牛舍。

屋顶材料多采用当地常用的建筑材料，根据保温需要确定厚度，近年多采用中间填充5～

10 cm 厚的保温隔热层的双层彩钢板为屋顶,在向阳侧安装一排宽 1 m 左右的采光板,充分利用太阳能,提高冬季舍内的温度和亮度。屋顶的高度和坡度应根据温度、跨度等因素确定。单列式牛舍屋顶上缘距地面高度为 2.8～3.5 m,屋顶下缘距地面高为 2.3～2.8 m;双列式牛舍屋顶上缘距地面的高度为 3.5～4.5 m,屋顶下缘距地面高为 2.5～3.5 m。

6. 牛舍的跨度

根据牛群的大小、牛舍的内部构造、是否使用自动饲喂机械来确定牛舍的跨度。拴系单列式牛舍内部的长度为 50～80 m,宽度为 4～6 m;拴系双列式牛舍内部的长度为 100～150 m,宽度为 8～10 m。

7. 牛舍的门窗

应在每栋牛舍的一端或两端设置大门,向外开门(或采用推拉门),不设门槛,坚实牢固。根据运输车辆和牛的进出方便,确定牛舍大门的宽度和高度。

封闭式牛舍应设置窗户,根据牛舍的类型和当地气候,确定窗户的大小和数量,炎热地区牛舍两边窗户的大小和数量相等,寒冷地区牛舍的南窗数量要多而大,北窗数量少而小。

六、规模化牛场的配套设施

1. 运动场

根据饲养肉牛的数量和种类确定运动场的大小,运动场内设有饲槽、饮水槽、遮阳棚等,饲槽和饮水槽多采用可移动式的水泥槽,放置于围栏边,拴系式育肥牛场一般不设置运动场,但饲养繁殖母牛和种公牛的牛舍必须设有运动场。

2. 围栏

围栏的作用有分群、隔离、装卸等作用。采用围栏式牛舍的肉牛场,通常在牛舍之间、牛舍到称重地点、牛舍到装车台、牛舍到保定架、牛舍到采精点都要用活动的围栏围成通道,以便牛群的管理。围栏的高度、间隙和钢管的直径主要根据牛的大小和类型确定,围栏要结实耐用,牛舍内一般用钢管,运动场、放牧地的围栏可用钢筋、木头、水泥、电围栏等。

3. 消毒设施

规模化牛场应在生活区、办公区、生产区间的连接处建有供车辆通过的消毒池和供人通过的消毒室。车辆消毒池的宽度应略小于大门入口处的宽度,深 10～15 cm,长 180～250 cm,消毒池的地面平整,一般采用水泥池,构造坚固,耐酸碱,不渗漏,消毒池处应配备可对车身整体消毒的自动喷淋装置;消毒室应设有更衣间,所有人员进入生产区都应先更衣,后通过专用消毒通道,经喷淋或紫外线消毒后进入生产区。

4. 牛场通道

规模化牛场生产区的道路要分净道和污道,净道是人和饲料运输车辆的通道,污道是肉牛、粪污运输的通道,净道和污道互不交叉。

5. 青贮设施

规模化牛场制作青贮料常用青贮窖和裹包青贮两种方式。根据深入地下的深度,青贮窖分为地上式、半地上式、地下式 3 种。选择青贮窖的建造方式,应根据当地地下水位的高度、建造成本、使用方便程度等。根据青贮料鲜重 600 kg/m³、每头牛平均每天采食 20 kg、预计的饲养天数、肉牛头数来计算所需青贮窖的容积、所需青贮饲料的数量、所需建造青贮窖的大小、长度和深度。为了保证青贮的质量、便于青贮料的制作和取用,青贮窖的高度一般不超过 5 m,宽度不超过 8 m,长度不超过 50 m。青贮窖的底部和四周应用砖、石头砌壁,水泥抹平,密封,底部应留有排水孔。

裹包青贮制作需要配套专用机械设备,不需建造青贮窖。制作简单,成功率高,浪费少,保存时间长,但成本稍高。综上所述,青贮窖适合大型肉牛养殖场,裹包青贮适合小型肉牛养殖场。

6. 精料加工车间

规模化牛场的精料加工车间与普通饲料厂的建筑基本相同,大小和类型根据牛场养殖规模、所需加工饲料的类型和生产需要确定,建筑面积为 50～100 m²,具备防潮、不漏水、防鼠、防鸟、可满足生产需要等条件。

7. 辅助用房

规模化牛场的辅助用房包括兽医室、配种室、工具间、维修间等。

8. 污水池和堆粪池

规模化牛场的污水池和堆粪池需分开建设,实行雨污分离和干湿分离。污水池应距牛舍 6 m 以上,通常可按每头成年牛 0.3 m³、每头犊牛 0.1 m³、饲养肉牛的头数、能贮满一个月的尿、污水来设计污水池的容积;堆粪池按能贮存一个月以上的牛粪量来设计大小,堆粪池的地面需修建成水泥池,坚硬不渗水。

9. 其他

规模化肉牛养殖场还应配置装(卸)牛台、保定架(配种架)、地磅等。

七、养牛场的机械设备

规模化肉牛养殖场所需的设备较多,主要包括牧草收割、运输设备,饲料加工、调制设备,供料设备,环境控制设备,饮水设备,兽医器械等。另外,能繁母牛场需配备输精枪、液氮罐、保定架、可视输精枪等,种公牛站需要牛用精子密度仪、精液灌装机、细管冻精分装机、程序冷冻仪、精液分析仪等冻精制作设备。选购设备应遵循质优价廉、同等情况下优选国产设备的原则,所选设备间应能完整配套。

1. 饲料设备

规模化肉牛养殖场的饲料设备主要有秸秆揉丝机、饲料粉碎机、秸秆铡草机、饲料搅拌机等。

2. 供水设施设备

规模化肉牛养殖场的供水设施设备主要包括贮水池(水塔)、水泵、输水管、饮水槽(自动饮水器)等。

3. 环境控制设备

规模化肉牛养殖场的环境控制设备包括铲车、运粪车、紫外灯、喷雾器、消毒设施、发电机、节能照灯、埋尸坑(焚尸炉)、沼气池等。

八、贵州规模化肉牛养殖场建设技术规程

1. 范围

本规程规定了贵州肉牛养殖场建设的基本要求、选址与布局、生产设施与设备、管理与防疫、废弃物处理。

本标准适用于贵州肉牛养殖场的建设。

2. 规范性引用文件

下列文件对于本文件的应用是必不可少的。凡所注日期的版本适用于本文件。凡是不注日期的引用文件,其最新版本(包括所有的修改单)适用于本文件。

GB 16548—2006 病害动物和危害动物产品生物安全处理规程。

NY 5027—2008 无公害食品畜禽饮用水水质标准。

NY 5030—2006 无公害食品畜禽饲养兽药使用准则。

NY 5032—2006 无公害食品畜禽饲料和饲料添加剂使用准则。

3. 术语和定义

①育肥场。以生产育肥牛为目的的规模化肉牛养殖场。

②隔离区对引进肉牛、养殖场内病牛、疑似病牛进行隔离、观察、处理的区域。

4. 基本要求

(1)具有动物防疫条件合格证。

(2)在县级畜牧兽医行政主管部门备案,取得畜禽标识代码。

(3)场址符合土地利用规划,中华人民共和国畜牧法及其他法律法规禁止区域严禁建场。

5. 选址与布局

(1)选址

①交通便利,卫生无污染,距离生活饮用水源地、居民区、主要交通干线、畜禽屠宰加工厂、畜禽交易场 500 m 以上,距离其他畜禽养殖场 1 000 m 以上,远离禁止养殖区。

②场址地势开阔、干燥向阳,通风、排水良好,坡度宜小于 25°。

③水源稳定,取用方便,符合 NY 5027—2008 的有关规定。

④电力、通信基础设施良好。

(2)场区布局

①肉牛育肥场按功能分为人员消毒更衣室、生活办公区、生产区(育肥区、隔离区)、饲料加工区、粪污处理区、防疫隔离带。

②牛场大门入口处设车辆强制消毒设施,场内净道和污道严格分开。

③生活办公区设在场区常年主导风向的上风向及地势较高的区域,隔离区设在场区下风向或侧风向及地势较低的区域。

④粪污处理区与病死牛处理区按夏季主导风向设于生产区的下风向或侧风向处。

⑤牛场四周建有围墙或防疫沟,并配有绿化隔离带设施。

6. 生产设施与设备

（1）牛舍

①牛舍应具备防寒、防暑、通风和采光等基本条件。

②牛舍跨度为单列式不少于 5.0 m，双列式不少于 10.0 m，分栏散养双列式不少于 20.0 m。牛舍檐口高度为单列式布局不低于 3.2 m，双列式布局不低于 3.8 m。且随着牛舍跨度的增加而增加。两栋牛舍间距以檐高的 4～5 倍为宜。

③每头存栏牛所需牛舍建筑面积为 6～8 m²，其他附属建筑面积 2～3 m²。

④采用拴系饲养的牛床长度为 1.8 m，牛床地面材料以混凝土为宜，并向粪沟有 2.0%～3.0% 的坡度。

（2）牛舍设备

①饲养栏杆根据牛的大小设计 1.3～1.5 m 的高度。

②饲喂、饮水及清粪设施设备。

③环境控制设备的风机、换气扇。

（3）场区设施与设备

①饲料加工与储存设施：青贮窖、干草棚、精料库等。

②加工设备：粉碎机、搅拌机、秸秆打包青贮机等。

③牛人工输精、兽医诊断等仪器设备。

④与养殖规模相适应的粪污贮存与处理设施。

⑤肉牛称重装置，保定架和装卸牛台等设施。

供水、供电设施设备齐全。

7. 管理与防疫

（1）饲养管理

①饲料原料应符合中华人民共和国公告第 1773 号的规定。

②饲料添加剂的使用应符合 NY 5032—2006 的要求。

③饲料采购和供应计划、日粮组成、配方的记录。

（2）疫病防治

①疫病防控。新购入的架子牛应检疫合格，并在隔离区隔离、观察、处理；根据中华人民共和国主席令 2007 年第 71 号的要求，制定疫病监测方案；按规定进行预防接种。有口蹄疫等国家规定的免疫接种计划和实施记录。

②常见病防治。有预防、治疗常见疾病的规程；坚持定期消毒。

③兽药使用。符合 NY 5030—2006 的规定；有完整的兽药使用记录，包括药品来源、使用对象、使用时间和用量。

（3）从业人员管理

有 1 名以上畜牧兽医专业技术人员，或有专业技术人员提供稳定的技术服务。

（4）档案管理

按要求建立养殖档案，对日常生产、活动等进行记录。

8. 废弃物处理

（1）有固定的粪便储存、堆放场所和设施，储存场所有防雨、防止粪液渗漏、溢流措施。粪污处理采用农田利用、堆肥和沼气处理等方式,达到无害化处理,资源化利用。

（2）病死牛只处理及设施建设应符合 GB 16548—2006 的规定。

（3）场区整洁,垃圾合理收集,及时清理。

第二节　规模化肉牛场的粪污处理与环境保护

一、规模化牛场粪污处理

1. 粪污处理的基本原则

肉牛生产产生的粪便、污水等废弃物若不经处理,可污染土壤、河道等周边环境,造成公害。通过采用物理、化学、生物等处理方法合理利用粪污,化害为利,不仅处理了牛粪,还保护了环境。

常用的粪污处理技术主要有粪污固液分离技术、厌氧发酵生物技术、好氧曝气技术、气净化和利用技术、沼渣沼液生产复合有机肥等技术。

2. 牛粪的处理方法

牛粪无害化处理及利用技术研究牛粪堆肥化处理、生产沼气并建立"草＋牛＋沼"生态系统,综合利用等。

（1）牛粪堆肥发酵处理

牛粪堆肥发酵处理是利用多种微生物来分解牛粪中的有机成分,可有效提高粪中有机物质的利用率,同时可有效杀灭粪中的病原体,该方法简单,无须专用设备,处理费用低。

（2）利用牛粪生产有机肥

利用牛粪生产有机肥是将牛粪便经过微生物多重发酵而腐熟完全,把粪便转变为无臭、完全腐熟、无有害细菌的活性有机肥,从而实现牛粪便的资源化、无害化利用。通过该方法处理牛粪,可为养殖场提供优良有机肥,同时解决了畜牧场因粪便所产生的环境污染,实现了优质、高效益。

（3）利用牛粪生产沼气

在高温（35～55℃）厌氧条件下,牛粪中的有机物经微生物（甲烷菌等厌氧细菌）降解成沼气,该过程可有效杀灭粪水中大肠杆菌、蠕虫卵等有害细菌。该方法生产的沼气可作为能源,发酵的残渣可作肥料,既能合理利用牛粪,又能防治环境污染。

（4）蚯蚓养殖综合利用

利用牛粪养殖蚯蚓近年来发展很快,我国目前已广泛进行人工养殖试验和生产。

3. 污水的处理与利用

肉牛养殖生产过程在产生大量的污水,污水中含有大量腐败有机物、有病原体等,若直接排放到自然环境中,可严重污染水源、土壤等,并传播疾病。污水的处理方法有物理处理法、化学处理法、生物处理法。

（1）物理处理法

物理处理法是利用固液分离法、沉淀法、过滤法等物理方法,将污水中的有机污染物质、悬浮物、油类及其他固体物分离出来。①固液分离法是先将牛舍内粪便清扫后堆放好,再用水冲洗,该方法不仅可有效减少用水量,还能减少污水中的化学耗氧量;②沉淀法是在平流式沉淀池(或竖式沉淀池)中,利用污水中部分悬浮固体的密度大于水的密度,使其在重力作用下自然下沉而与污水分离;③过滤法是使污水先通过格栅清除草末、大的粪团等漂浮物后,再使污水通过带有孔隙的过滤器使水变得澄清的过程。

(2)化学处理法

化学处理法是根据污水中所含主要污染物的化学性质,用化学药品除去污水中的溶解物质或胶体物质。如利用三氯化铁、硫酸铝、硫酸亚铁等混凝剂,使污水中的悬浮物和胶体物质沉淀而达到净化目的;利用次氯酸进行化学消毒等。

(3)生物处理法

生物处理法是利用细菌、真菌、藻类、原生生物等微生物的代谢作用,分解污水中的有机物的方法,该方法主要包括活性污泥法、人工湿地法等。

二、规模化牛场的环境保护

肉牛生产中会产生大量的粪便、污水、臭味等污染物,若不经处理直接排到外界,会对空气、水、土壤等造成严重污染,危害环境乃至人体的健康。

1. 做好牛场绿化

牛场里种植大量的绿化植物,不仅可以吸收太阳辐射,降低环境温度,还可减少空气中尘埃和微生物,减弱噪音等保护环境的作用。规模化牛场的设计建设必须统一规划布局,留有足够的绿化用地,包括隔离林、行道绿化、遮阳绿化、绿地等。牛场的防护林种植场区四周,多以乔木为主,注意缺空补栽,维持美观;路边绿化多以乔木为主,夏季遮阳,防止道路被雨水冲刷;运动场周围、房前屋后种植遮阳林,但应注意不影响通风采光。

2. 牛粪的收集与转运

规模化牛场圈舍中的牛粪应每天清理两次,清理牛粪的方式有人工清粪、刮板式清粪、水冲式清粪和铲车清粪等。牛粪的清理方式根据牛粪的含水量,牛舍的类型、经济效益等因素选择,牛粪收集后通常采用交通工具运输和管道运输两种方式转运到牛场的粪污处理区。

交通工具运输的优点是运输简单、可行、成本低,缺点是在运输的过程中不可避免地对牛场环境、道路的污染;管道运输粪污投入较高,但运输过程中不会对牛场环境和道路造成污染。

3. 妥善处理粪污,防止滋生蚊蝇

牛粪集中堆积在粪尿池,极易滋生蚊蝇,产生大量臭气。若不及时进行无害化处理,极易被雨水冲洗。产生的污水如果处理不当,就会污染地面水源。因此要定时清除粪便和污水,保持环境的清洁和干燥,填平沟渠洼地,使用化学杀虫剂灭蚊蝇。

4. 牛场环境的保护措施

(1)建造卫生防护设施

牛场四周建围墙或防疫沟,牛场门口设门卫和消毒设施,牛场应制定完善的门禁及卫生制度,并严格贯彻执行。

(2)设立消毒池和消毒间

牛场或牛饲养区进口处应设消毒池,消毒池结构应坚固,以使其能承载通行车辆的重量。

消毒池还必须不透水、耐酸碱。池子的尺寸应根据车轮的间距确定,长度根据车轮的周长而确定。通常用消毒池的尺寸为长 3.5 m,宽 3.0 m,深 0.1 m。

供人通行的消毒池建在室内,与更衣室相连,通道室内设紫外线灯等消毒设备,消毒池采用药液湿润,踏脚垫放入池内进行消毒,其尺寸为长 2.8 m,宽 1.4 m,深 5.0 cm。池底要有一定坡度,池内设排水孔,同时应尽量延长人走过消毒池通道的时间。

生产区与其他区要建缓冲带,生产区的出入口设消毒池、员工更衣室、紫外线灯、消毒洗手的容器。

(3)配备合理的供、排水系统

肉牛场的用水量包括生活用水、生产用水、灌溉和消防用水。场区内应有足够的生产用水,水压和水温均应满足生产需要,水质应符合 GB 5749 的规定。如需配备贮水设施,应有防污染措施,并定期清洗和消毒。

场内排水设施,为保证场地干燥,需重视场内的排水,排水系统应设置在各道路的两旁和运动场周边,多采用斜坡式排水沟。场区内应具有能承受足够大负荷的排水系统,并且不得污染供水系统。

第三章 牛的品种

第一节 贵州地方牛种、数量和分布

贵州夏无酷暑,冬无严寒,水草丰沛,生态气候条件优越,孕育了关岭牛、威宁牛、务川黑牛、黎平牛和思南牛(属于巫陵牛)5个优良地方品种,是我国牛品种资源基因库中的宝贵资源。在长期的自然环境、社会经济和人工选择下,贵州地方牛种均具有体质结实、肢蹄强健、短小精悍、善于爬山、耐粗耐劳等优良特点。

一、贵州地方牛种

1. 关岭牛

关岭牛产于贵州省西南部,中心产区在关岭县。产区分布于19个县,分别为黔中丘原区的镇宁、紫云、六枝、西秀、普定、织金、平坝、清镇;黔西南高原山区中的水城、盘县、普安、晴隆;黔南山区中兴仁、贞丰、兴义、安龙、册亨、望谟。

产区位于四川盆地和广西丘陵之间的贵州高原,海拔800～1 500 m,最高1 850 m,最低370 m。气温变化小,年平均气温16.2℃,无霜期长,有311 d;年降水量657～1 205 mm,降水多集中于夏季,常年相对湿度在70%以上;日照少,年平均日照时数1 346 h。属亚热带湿润季风气候区。产区的农作物主要有玉米、水稻、高粱、豌豆、蚕豆、大豆等。

2. 威宁牛

威宁牛的中心产区在贵州西部高寒山区的威宁县,分布于赫章、毕节、纳雍、大方、黔西和金沙等县。

产区位于云贵高原乌蒙山脉东延部,属贵州高原的高寒山区。境内谷地幽深、峰峦叠嶂,海拔1 000～2 800 m,年平均气温10℃,最高气温31℃,最低气温-10℃;无霜期120 d。年降水量900～1 200 mm,相对湿度75%～80%。年平均日照时数1 806 h,属亚热带湿润季风气候。土地贫瘠,土壤以黄棕壤为主。农作物主要有玉米、马铃薯、燕麦、荞麦和豆类等。草地宽广,牧草资源丰富,天然牧草多为狗尾草、野古草和马唐草等。

3. 黎平牛

黎平牛原产于贵州东南部黎平县,主要分布于黔、湘、桂三省交界的黔东南州的榕江、从江、锦屏、三穗、天柱和黄平县等周边地区。

产区重峦叠嶂,沟壑纵横,最高海拔1 589 m,最低海拔137 m,年平均气温17.4℃,最高气温36.5℃,最低气温-9.3℃;无霜期266～300 d。年降水量1 089～1 322 mm,年平均雨日达189 d,相对湿度83%。属于亚热带湿润气候,从江和榕江两县还具有南亚热带气候特点。

黎平县水资源丰富,属珠江水系和长江水系,农作物以水稻为主,其次有甘薯、木薯、小麦、油菜、马铃薯等,牧草以野生牧草为主。

4. 务川黑牛

务川黑牛主产于贵州省遵义市务川仡佬族苗族自治县,分布于近邻的凤冈、道真、绥阳、遵义、正安和德江等县。

产区位于云贵高原大娄山山脉东南麓,属黔北中山峡谷区。平均海拔 700～800 m,最高海拔 1 743 m,最低海拔 325 m。年平均气温 15.5℃,最高气温 39.5℃,最低气温－6.5℃;无霜期 287 d,年降水量 1 282 mm,相对湿度 80%;年平均日照时数 1 014 h,属亚热带季风湿润气候。水源属乌江上游水系。草地草坡多分布于 1 000 m 以上的中高山地带,农作物以水稻、玉米、小麦、油菜为主。

5. 思南牛(巫陵牛)

产区位于娄山山系,由于思南牛与产于湖南的湘西牛、湖北的恩施牛来源相同,生态条件基本一致,体型和外貌极相似,属同种异名,故《中国畜禽遗传资源志·牛志》将其归并,取名为巫陵牛。思南牛的中心产区在思南县,主要分布于贵州省内的江口、石阡、沿河、德江、印江、铜仁、松桃、玉屏、万山、绥阳、湄潭、凤冈、余庆、瓮安等县(区、市)。

产区地处贵州、湖南、湖北三省交界的边缘及云贵高原东斜坡向四川盆地、湘西丘陵的过渡地带,地势复杂,切割强烈,山高坡大,多为中山峡谷,属喀斯特地貌。中心产区海拔最高 1 481 m,最低点 350 m,平均海拔 506 m。产区属亚热带季风湿润气候,适宜于多种生物繁衍生长。年平均气温 17.3℃,最高气温 40.7℃,最低气温－5.5℃,无霜期 280～300 d,年平均日照 1 248.4 h,全年平均降水量为 1 153 mm,且集中在春季 4 月中旬和秋季 10 月中旬,相对湿度为 80%。产区农作物种类多,主产水稻、小麦、玉米、油菜、豆类等,饲料作物主产红薯、马铃薯、牛皮菜,各类秸秆,牧草以牛鞭草、黑麦草、皇竹草为主,饲草饲料资源丰富。

二、贵州地方品种肉牛来源和群体数量

贵州是一个多民族的省份,全省生活着 49 个民族,有养牛的传统习惯。清代《黎平府志》记载,苗族有"兽壮中祭天地祖先,谓之吃'吃鼓藏'"之习,侗族有"接其牛以之婚丧""婚礼以牛行聘,议聘之以牛,牛必双"。回民颇善育肥,常用老残牛短期催肥,一般春末返青或秋收开始时购牛,以舍饲为主,喂饲洋芋,至霜降前后,牛已膘肥肉满,即宰杀腌制为"牛肉干巴"。以上史料可看出,贵州地方品种肉牛是经长期选育、精心饲养而成。历史上因交通闭塞,文化落后,地广人稀,绝大部分地区呈闭锁的自然经济状态,对本地品种肉牛的形成起了稳定作用。因产区山高坡陡,沟壑纵横,田土分散,梯田狭小,田块之间相对高差大,只适宜行动灵敏的黄牛役作和放牧;加之耕作制度原始,不少地区至今仍然是"牛马放山坡,犁田用人拖",对牛的役用性能要求不高;饲养管理粗放,一般在春耕结束后即赶牛进山"放野牛",无人管理,公母混牧,任其自然繁衍生息,早交乱配,近亲繁殖,从而形成了耐粗、适应性强、个体矮小的特点。表 3-1 为贵州地方品种肉牛在主产区的群体数量。

表 3-1　贵州地方品种肉牛在主产区的群体数量

牛种	1983 年存栏量	1995 年存栏量	2005 年存栏量	公母比
关岭牛	60 余万头	100 余万头	120 余万头	31.24∶68.76
威宁牛	30 余万头	44 余万头	55 余万头	24.40∶75.60
黎平牛	30 余万头	48 余万头	63 余万头	29.40∶70.60
务川黑牛	—	4.5 余万头	6.0 余万头	—
思南牛(属巫陵牛)	60 余万头	115 余万头	120 余万头	—

三、贵州地方品种肉牛的特征、体重、体尺

1. 关岭牛的特征

关岭牛毛色以黄色居多,褐色与黑色次之。头中等大小,额平宽,鼻镜宽大,口方平齐。角短,角型多"萝卜角"或"鹰爪角"。颈稍短,垂皮发达,公牛肩峰特别发达,一般高出背线 8～10 cm(个别高出 18 cm),峰型分为高峰型和肉峰型;母牛肩峰平缓。胸较深而略显窄,背腰平直,欠宽大,荐部较宽,尻部多倾斜。四肢筋腱明显,系部强壮,蹄质坚实,前肢平直,后肢略显外弧。

2. 威宁牛的特征

威宁牛全身被毛为贴身短毛,毛色以黄色居多,黄褐色、黑色次之,间有少量黄白花;皮肤呈粉色或黑色,眼睑颜色为粉色或黑色;头中等大,稍长而清秀,额平直,鼻镜宽,口方正;角短,角形不一;颈短,头颈、颈躯结合良好,垂皮不发达;公牛肩峰较高,母牛平直;胸深,但宽度不足,背腰平直,腹部饱满,尻部倾斜而略高;四肢较细但结实,前肢端正,后肢多狭蹄和前踏。四蹄灰色或黑褐色,蹄质坚实。

3. 黎平牛的特征

黎平牛全身被毛为贴身短毛,多为黄色或黑色,褐色次之,皮肤呈黑色或粉色。公牛头部宽短,嘴圆大,口角深;耳型平伸,角粗大,呈倒"八"字,颈粗短,垂肉发达,头颈、颈躯结合良好,垂皮欠发达;肩短,胸宽深,背腰平直;前肢直,肌肉较发达,后肢向前弯曲,肌肉欠丰满;四蹄黑色、黑褐色或灰色,后躯较差。母牛头清秀,角短细,向前两侧弯曲,多为黑褐色;颈细长,垂皮不发达,皱褶少;鬐甲低平,肩峰不明显,后躯略高于前躯,腹圆大而充实;四肢短小,后躯发育良好,尻部较宽而丰满,不易发生难产。

4. 务川黑牛的特征

务川黑牛全身被毛为黑色,毛细短,皮肤呈黑灰色。头中等大小,额中等宽、平,耳壳薄,耳端尖,眼睑呈粉红色。公牛呈"萝卜角",母牛以"挑担角"为主。公牛颈粗短,垂皮不发达,肩峰明显。母牛颈较薄,细长,肩峰不明显,皱褶少。体躯细致紧凑,尾长达飞节以下,大尾帚,四蹄呈黑色。

5. 思南牛(属巫陵牛)的特征

思南黄牛全身短毛,被毛颜色较杂,主要以黄色为主,约占 70%,黑色次之,约占 13%,其余为棕、黑褐、草白等。头部:头长中等,面部平整,轮廓清晰。公牛头雄壮,额较宽短,角质细

致、紧凑坚硬，角基较粗微扁，角尖较尖，角型多样，多为弯"八"字向内向前微弯；母牛头清秀，脸面较长、细致，母牛角相对较短，角基圆细，角尖为钝圆形，向前向上微弯曲。倒"八"字角为主要角型（占56%以上）角色有黑、灰黑、乳黄、乳白等。公牛颈较粗短，肩峰肥厚，高出背线6～8 cm。头、颈躯部结合良好，垂皮从下颌至前胸有较小皱褶。母牛颈细长，肩峰不明显，垂皮不发达，皱褶少。体躯细致紧凑，胸较宽。四肢细长，前肢雄健，骨骼细致结实，筋腱明显，姿势端正，运步稳健，强壮有力。前肢肌肉较发达，后肢肌肉欠丰满。

6. 贵州地方品种肉牛的体重及体尺

2006年10—12月，关岭畜牧局、威宁县品种改良站、黎平县农业局、榕江县农业局、务川县畜牧局、思南县畜牧局分别对关岭牛、威宁牛、黎平牛、务川牛、思南牛进行了体重、体尺测量，结果见表3-2。

表3-2　贵州地方品种肉牛的体重、体尺指标

品种	性别	样本数	体重/kg	体高/cm	体斜长/cm	胸围/cm	管围/cm
关岭牛	♂	20	375.7±71.6	120.4±5.8	137.4±10.4	171.6±10.4	18.0±1.4
	♀	60	310.1±55.6	112.9±4.2	126.5±7.7	162.1±11.4	16.9±1.4
威宁牛	♂	25	255.1±51.4	113.8±7.4	108.2±8.8	160.2±12.9	15.8±1.0
	♀	60	221.4±39.8	108.6±5.0	107.2±9.5	152.5±10.0	13.9±0.8
黎平牛	♂	45	304.0±69.9	112.2±6.1	130.4±9.0	160.6±8.8	15.9±0.9
	♀	135	233.1±38.5	104.6±7.3	119.7±7.3	145.6±8.1	14.0±1.0
务川黑牛	♂	21	340.8±85.1	120.6±10.8	134.2±12.6	162.9±14.1	18.5±1.8
	♀	60	292.3±64.5	117.6±8.6	130.2±10.9	153.6±12.1	17.5±2.2
思南牛	♂	20	343.49±45.45	119.35±4.69	132.60±7.10	166.85±8.22	17.25±1.21
	♀	60	272.24±42.21	109.41±4.95	122.82±6.61	154.00±8.68	15.25±0.80

四、贵州地方品种肉牛的生产性能

2006年10—12月，由贵州省畜牧兽医研究所、贵州省畜禽品种改良站、贵州大学、关岭畜牧局、威宁县品种改良站、黎平县农业局、榕江县农业局、务川县畜牧局、思南县畜牧局分别对关岭牛、威宁牛、黎平牛、务川牛、思南牛进行了屠宰测定（每个品种屠宰5头成年公牛），结果见表3-3。

表3-3　贵州地方品种肉牛的体重、体尺指标

品种	宰前活重/kg	胴体重/kg	屠宰率/%	净肉率/%	皮厚/cm	背膘厚/cm	眼肌面积/cm²	肉骨比
关岭牛	367.1±55.9	212.4±37.1	57.9±1.8	50.0±0.0	0.4±0.0	0.6±0.4	81.0±12.5	5.9±0.3
威宁牛	264.0±40.0	144.3±23.5	54.6±0.5	44.3±1.3	0.4±0.0	0.5±0.2	59.9±9.3	4.6±0.1
黎平牛	283.1±18.4	153.4±18.4	54.2±3.5	44.7±2.4	0.3±0.1	0.2±0.1	52.1±5.6	5.9±0.7
务川黑牛	324.0±37.8	166.4±20.3	51.3±1.5	42.6±1.1	0.3±0.1	0.2±0.1	76.5±16.3	5.2±0.3
思南牛	288.9±36.2	153.1±18.3	53.6±1.7	44.2±1.1	0.3±0.1	0.2±0.2	80.7±12.4	5.4±0.3

注：本次屠宰的肉牛均为自然饲养条件下，未经育肥。

五、贵州地方品种肉牛的保护和研究利用

贵州地方品种肉牛均已建立保护区或保种场,进行系统选育。目前,关岭县已建有种公牛站,生产关岭牛冷冻精,进行关岭牛的纯种繁殖。关岭县曾经引进西门塔尔牛、安格斯牛、利木赞牛对本地品种肉牛进行杂交改良,效果良好。

六、贵州地方品种肉牛评价

关岭牛是贵州省的地方优良品种,体质健壮、肉质良好、耐粗饲、适应性强。该牛数量多、分布广,具有很好的肉用性能,今后应进行系统选育,加强饲养管理,提高商品率和经济效益。

威宁牛具有耐粗饲、耐寒、善于爬坡、易育肥和肉用性能较好等特点,能适应黔西北高寒山区的生态环境和放牧饲养条件,是一个具有较大选育潜力的小型地方品种。

黎平牛属于小型品种,适应性强,耐粗饲,肉质细嫩,性成熟早,繁殖力强。今后以本品种选育、保种为主,建立黎平牛保种区,在保种区外引进外血进行杂交改良,生产优质牛肉。

务川黑牛是经过长期选育形成的小型地方品种,适应性强,不易发生难产,具有抗病、抗湿、抗寒的特点。今后应加强本品种选育,建立选育保种基地,达到提纯复壮的目的。在保种的基础上,可引进优良肉牛进行少量、有计划的杂交改良,培育适应当地自然生态环境的肉役兼用品种。

思南黄牛数量多,分布广,是贵州省优良的地方黄牛品种之一。它体质结实,肢蹄强健,善于爬山,适于山区耕作和放牧,有较好的挽力和肉用性能。商品率高,在农牧业生产和发展及新农村建设中占有重要位置。但由于饲养管理条件较差,母牛繁殖率低,体重增重缓慢,近年来体质有所下降,以致生产性能未能充分发挥,现阶段应以本品种选育为主,积极进行杂交改良,改善饲养管理,选留足够的种公牛,以提高繁殖率和生产性能。

七、贵州地方品种肉牛开发利用对策

1. 加强地方品种肉牛遗传改良体系建设,积极采用和推广肉牛繁育新技术

地方品种肉牛的生产中缺乏质量监督和产品分级管理,没有统一的选种计划、配种计划和配种登记制度,缺乏宏观调控和统一管理。繁育体系不健全,配套设施不完善,肉牛生产和育种上"重引进、盲目杂交、轻本品种的选育"严重限制了肉牛产业的发展。经过多年的实践和研究,地方品种肉牛的遗传改良取得了一些成绩,但还存在诸多不足,主要表现在:人工授精等实用技术普及率低,肉牛生产和育种上"重引进、轻选育"现象严重。人们总认为本地牛生产性能低,但没有认识到其肉质好、抗逆性好等优良特性而从根本上对现有群体进行系统改良,弱化了对肉牛群体的选育工作,几乎把"良种化"直接理解为"洋种化",形成"引进—退化—再引进"的恶性循环。

地方品种肉牛选育效果的好坏关键在于种公牛的优劣,每年可选留一岁左右的后备公牛50～100头,经过后裔测定选留20头左右作为生产冷冻精液的种公牛,选育的种公牛必须档案齐全,连续三代系谱清楚。采用先进的肉牛繁育技术,加快肉牛产业的发展。从母牛的性成熟、发情、配种、妊娠、分娩到犊牛的断奶、代乳料的配制及饲喂方法、犊牛的早期护理等环节都有一套较成熟的技术,如人工授精、同期发情、诱发双胎、性别控制、冷冻精液、犊牛早断奶等。

2. 加大政策扶持力度,促进肉牛持续健康发展

以国内调研为主,参考国外经验,尽快制定肉牛产业扶持政策,对基础母牛及犊牛给予政策性补贴,鼓励广大群众投资肉牛养殖业,促进肉牛业的持续健康发展。扶持龙头企业建立繁育基地,以基础母牛至少占牛群 40% 的比例为依据,设定存栏头数的下限值,对专业化养牛村、肉牛小区、养殖企业,按照当年犊牛出生和成活比例,对基础母牛进行精液、设备设施或资金补贴。稳定技术研发队伍,加大肉牛技术研发力度。从制种到餐桌,按产业链的关键点,逐点设立专项科研课题,以科研院校为研发据点,给予长期、稳定的科研经费支持,稳定技术队伍,解决制约产业发展中的技术难题。

3. 加强技术培训,提高肉牛养殖综合水平

畜牧部门应加大对农民的技术培训力度,通过技术培训,让农户掌握更多的技术。①掌握肉牛的科学饲养管理、饲草料加工调制、选种选配、疫病防治和标准化生产等技术,不断提高肉牛养殖技术水平,降低饲养成本,增加收入。②掌握如何通过测量牛的体尺,估算肉牛体重,推算出产肉量,计算出应售价格,从而避免受骗,减少损失。③掌握产品质量追溯体系知识,增强产品质量意识,提高安全生产认识,提升产品质量和档次。

第二节 贵州省引入的主要肉牛品种

一、西门塔尔牛

西门塔尔牛分布于世界各地,由于世界各地母本不同以及采用了不同的培育方法、方向,主要形成了肉用、乳用、乳肉兼用 3 个类型。

1. 品种简介

（1）原产地及培育历史

西门塔尔牛原产于瑞士西部的阿尔卑斯山区,中心产区为西门塔尔平原和萨能平原,该品种最初形成于瑞士阿尔卑斯山的西门河谷（Valley of the River Simmen）。据文献记载,1857年瑞士首次举办了瑞士西门塔尔牛的展示会,随后西门塔尔牛被逐步引入欧洲,经过世代选育,遗传性能趋于稳定,其优异的生产性能得到广大养殖户的欢迎。进入 20 世纪后,世界上很多国家相继引进了西门塔尔牛,西门塔尔牛凭借其适应性和优秀的生产性能,在世界各地广泛分布,并在许多国家畜牧工作者的努力下,采用西门塔尔牛为父本、本地牛为母本,逐渐形成了各地方的西门塔尔牛群,我国西门塔尔牛于 2002 年正式命名为"中国西门塔尔牛"。另外,德国的 Fleckvieh,法国的 Pie Rouge、Montbeliard 和 Abondance,意大利的 Pezzata Rose 都含很高比例的西门塔尔牛血统,均属于西门塔尔牛品种类群。

（2）品种及类型

西门塔尔牛在瑞士、法国、德国、奥地利、克罗地亚、塞尔维亚等国有大量分布。西门塔尔牛占瑞士全国肉牛头数的 50%、奥地利全国肉牛头数的 63%、德国全国肉牛头数的 39%。目前西门塔尔牛是世界第二大牛品种（仅次于荷斯坦牛）,总头数 4 000 余万头。世界上已有30 多个国家引进西门塔尔牛并在本国进行选育和培育,根据各自的生态条件和生产需求,经

过长期的选育,已经形成了独立的繁育体系和特色的性能。根据西门塔尔牛在各国选育的方向,在中国、欧洲主要是乳肉兼用,在美国、加拿大、阿根廷及英国等是肉用型。

①瑞士西门塔尔牛。瑞士西门塔尔牛为乳肉兼用品种,选育重点是在改善西门塔尔牛乳房形状的同时,趋向于提高其肥育性能和肉品质。

②德国西门塔尔牛。德国西门塔尔牛,又称德国花斑牛,为引进的瑞士西门塔尔牛与本地斑点牛杂交后逐步培育形成的乳肉兼用型品种。德国西门塔尔牛在德国存栏量很大,有 600 余万头成年母牛,主要分布于德国南部的巴伐利亚州和巴登-符腾堡州及西南部的萨尔州。

③法国西门塔尔牛。法国西门塔尔牛包括蒙贝利亚牛、东部红白花牛(汝拉萨克牛)、阿邦当斯牛。蒙贝利亚牛原产于法国东部的道布斯县,为乳肉兼用品种,该品种具有较强的适应性和抗病力,耐粗饲,适宜于山区放牧,具有良好的产奶性能、较高的乳脂率和乳蛋白率。东部红白花牛(汝拉萨克牛)原产于法国中东部,现以亨特玛纳、凯尔多尔、巴世林等省份分布较多。

④奥地利西门塔尔牛。奥地利西门塔尔牛又称奥地利花斑牛(山地花斑牛),属乳肉兼用品种,主要分布于奥地利沿多瑙河流域、季罗尔东部地区等地。

⑤中国西门塔尔牛。我国于 20 世纪 50 年代起,分别从多国引进西门塔尔牛种牛,经与各地黄牛品种杂交,对杂交后代进行横交固定,培育出大型乳肉兼用品种中国西门塔尔牛。

2. 体型外貌特征

西门塔尔牛头大、额宽、颈短、角细致;毛色多为红白花、黄白花,肩部和腰部有大片条状白毛;头白色,前胸、腹下、尾帚和四肢下部为白色;在北美地区的部分西门塔尔牛种群为纯黑色。体躯硕长,发育良好,肋骨开张,胸部宽深、圆长而平,体躯深,四肢粗壮,大腿肌肉丰满,骨骼粗壮坚实,背腰长宽平直,臀部肌肉深而充实,多呈圆形,尻部宽平,母牛乳房发育中等,泌乳力强。乳肉兼用牛的体型稍紧凑,肉用品种牛的体型粗壮。

3. 生产性能

(1)生长发育

西门塔尔牛在原产地公犊牛的初生重为 45~47 kg,母犊牛的初生重为 42~44 kg;成年公牛体重 1 000~1 300 kg,母牛体重 650~700 kg。引入我国饲养后,公犊的初生重约 40 kg,母犊的初生重约 37 kg;成年公牛体重 1 000~1 300 kg,母牛体重 600~800 kg。

(2)产肉性能

西门塔尔牛有适应性强、耐粗饲、易放牧、良好的乳肉性能、挽力大、役用性能好等特点,广泛适应于不同地貌和生态环境地区的饲养。西门塔尔牛的产肉性能良好,犊牛在放牧育肥条件下平均日增重可达 800 g/d,在舍饲条件下可达 1 000 g/d,1.5 岁体重可达 440~480 kg,公牛育肥后的屠宰率达 60%~63%,育肥至 500 kg 的小公牛,日增重达 0.9~1.0 kg,屠宰率 57%。

(3)产奶性能

西门塔尔牛有较高的产奶性能,德国西门塔尔牛全群年平均产奶量为 6 500 kg 左右,乳脂率 3.9%~4.1%,乳蛋白率 3.2%~3.4%。

(4)繁殖性能

西门塔尔牛在我国主要作为杂交父系使用,对改良我国各地的地方品种牛的效果明显,

5～7 岁的壮年种公牛射精量 5.2～6.2 mL,其冷冻精液解冻后精子活力保持 0.34～0.36,头均年生产冷冻精液 2 万剂左右。西门塔尔牛母牛常年发情,初产为 30 月龄发情,发情周期 18～22 d,发情持续期 20～36 h,情期受胎率 69％以上,妊娠期 282～292 d,产后平均 53 d 初次发情。

4. 推广利用情况

从 20 世纪 50 年代起,我国黑龙江、吉林、河北、内蒙古、新疆、山东、山西、辽宁、四川等都先后从不同国家引入西门塔尔牛。目前,在内蒙古东部、新疆南部、山西晋中、山东、河南、河北的部分地区,西门塔尔牛牛群的养殖规模已达 100 万头以上,核心群 3 万余头,在科尔沁草原和胶东半岛农区强度育肥,西门塔尔牛日增重 1 000～1 200 g,屠宰率 60％,净肉率 50％。

5. 品种评价

西门塔尔牛是世界上乳肉兼用型牛种存栏最多的品种,参与了很多肉牛合成系的培育,对世界肉牛产业的发展做出了重大贡献。中国西门塔尔牛曾参与了我国三河牛品种的形成,对中国西门塔尔牛形成具有重要作用。中国西门塔尔牛的乳用潜力很大,目前尚未得到正常发挥,应根据种群的育种目标,持续引进优秀个体,提高中国西门塔尔牛的产奶和产肉性能。

二、利木赞牛

利木赞牛(也称利木辛牛),为原产于法国的大型肉牛品种。

1. 品种简介

(1)原产地及培育历史

利木赞牛的培育历史悠久,原产于法国中部的利木赞高原,并因此而得名。在法国,利木赞牛主要分布于中部和南部的广大养殖业发达的地区,当地土地贫瘠、气候恶劣。利木赞牛的体格强壮、抗病力强,能适应当地的环境。

1850 年利木赞牛在波尔多(Bordeaux)交易会上取得了好成绩,在法国逐渐得到了关注。为了提高利木赞牛的肉用性能,法国政府成立了利木赞牛品种协会,进行品种登记。利木赞牛初为役肉兼用品种,1900 年后,肉牛育种学家重点对利木赞牛进行了高瘦肉率方向的选育,选择目标为毛色深棕黄色、胸部深、头部发达、尾部位置正、后肢和臀部肌肉丰满的个体,将利木赞牛从兼用型转向专门化肉用品种,即胴体产肉量高,脂肪含量低。经严格选育,1924 年形成了国际著名的专门化肉牛品种,存栏 120 多万头。

利木赞牛于 1886 年首次引种到巴西,在 1910—1953 年间引种到乌拉圭、阿根廷、马达加斯加、葡萄牙等国家。20 世纪 60 年代后,利木赞牛又引种到古巴、南非、中国、德国、比利时、丹麦、瑞典、匈牙利、俄罗斯、南非、委内瑞拉、乌拉圭、津巴布韦等 70 余个国家和地区。

(2)我国引入情况及主要分布

1974 年法国政府赠送一批利木赞牛的种牛给我国,用于改良本地黄牛,我国现有利木赞改良牛群约 45 万头,是辽宁、山东、宁夏等地肉牛品种改良规划中的主导品种。为了推广利木赞牛的优良品质、发展种群、提高产业效益,2005 年 9 月按照国家有关规定,中国畜牧业协会牛业分会设立利木赞牛产业联合会。目前,利木赞牛的主要供种区为辽宁、山东、宁夏、安徽、黑龙江、陕西等地,利木赞牛的杂交肉牛带主要分布在辽宁、宁夏、山东、山西、河南、内蒙古、黑龙江等地。

2. 体型外貌特征

利木赞牛的毛色多为黄褐色,部分为巧克力色,口、鼻、眼周、四肢内侧、尾帚的毛色较浅,背部毛色较深,腹部毛色较浅,被毛较厚。

利木赞牛多数有角,角为白色;母牛角细,向前弯曲;公牛的角短而粗,向两侧伸展,略向外卷曲。蹄为红褐色,头较短小,额宽,嘴短小,胸部宽深,前肢发达,体躯呈圆筒形,胸宽而深,肋圆,背腰较短,尻平,背腰及臀部肌肉丰满。四肢强壮,骨骼细致,体躯较长,呈典型的肉牛外貌特征。

3. 生产性能

(1)生长发育

利木赞牛犊牛(公)的初生重约为 38.8 kg,犊牛(母)的初生重约为 36.5 kg;3 月龄断奶重时公犊约重 131 kg,母犊约重 121 kg;6 月龄公牛约重 227 kg,母牛约重 200 kg;周岁公牛约重 407 kg,母牛约重 300 kg。据法国当地测定,在较好饲养条件下,成年公牛的体重为 950～1 100 kg、体高 139 cm、体长 169 cm、胸围 220 cm、管围 24 cm;成年母牛的体重为 600～900 kg、体高 127 cm、体长 150 cm、胸围 195 cm、管围 21 cm。

(2)产肉性能

利木赞牛的产肉性能好:四肢肌肉丰满,产肉率高,胴体质量好,眼肌面积大,肉嫩且脂肪少,肉的风味好,对不良应激的敏感性低。

(3)产奶性能

利木赞牛具有较好的泌乳能力,平均产奶量为 1 200 kg,乳脂率约 5%。

(4)繁殖性能

利木赞牛的犊牛初生重较小,易产性好,繁殖率较高。但后期发育快。利木赞牛公牛生长发育快,性成熟年龄为 12～14 月龄,始配年龄为 1.5～2 岁,利用年限 5～7 岁。母牛初情期为 1 岁左右,发情周期 18～23 d,初配时间为 18～20 月龄,妊娠期 272～296 d,利用年限约为 9 岁。据法国农科院的有关资料,1 012 头初产母牛的难产率为 15%,6 207 头经产母牛的难产率为 7%。

4. 推广利用情况

20 世纪 70 年代以来,我国数次引进利木赞牛种牛,前期主要从法国引入,后期多从加拿大引进种公牛,主要在辽宁、山东、宁夏、河南、山西、内蒙古等地改良当地黄牛,杂种优势明显,改良效果好。

利木赞牛作为父本改良我国本地黄牛,其杂交牛的生长、育肥、屠宰方面的杂交优势明显。利杂牛的外貌介于利木赞牛和地方黄牛之间,一般表现为体格较大,被毛黄色或红黄色,背腰平直,对黄牛的斜尻有很大改善;杂交后代肉牛的体尺、体重、生长速度、饲料报酬、屠宰率、净肉率等肉用性能改善效果明显;同时保留了本地黄牛适应性强、耐粗饲、抗病力强的特点。

5. 品种评价

利木赞牛具有体格大、体躯长、较早熟、瘦肉多、性情温顺、生长补偿能力强等特点。采用利木赞牛作为父本杂交改良我国本地黄牛,其杂交后代表现出显著的杂交优势,饲料利用率、生长速度和屠宰性能等方面优势明显。

三、安格斯牛

安格斯牛(Angus)全称阿伯丁-安格斯牛(Aberdeen-Angus),是原产于英国的小型肉牛品种。

1. 品种简介

(1)原产地及培育历史

安格斯牛因原产于苏格兰东北部的阿伯丁、安格斯、班芙和金卡丁等郡而得名。18世纪中后期,安格斯牛选育目标为早熟、肉质、屠宰率、饲料报酬和犊牛成活率;19世纪初,针对当时苏格兰北部各郡的用于耕作牛的毛色花斑(花片),有无角不一致,Hugh Watson等很多育种家加强了对黑色、无角的安格斯牛的选育,并明确了该品种的肉用体型。1862年在英国开始进行安格斯牛的良种登记,并出版了最早的安格斯牛登记簿。在黑色安格斯牛品种选育过程中,为了克服无角黑色安格斯牛体格较小的缺点,导入了大型苏格兰红色长角牛血统,形成了红色安格斯牛和黑色安格斯牛两个系。

1873年安格斯牛出口到美国,1954年美国成立了红色安格斯牛协会,红色安格斯牛正式成为安格斯牛的一个品系,体型比英国原种大。近20年来,安格斯牛被用于多个合成系的培育,例如以耐热性好为特征的婆罗格斯牛(Brangus)是利用婆罗门牛(Brahman)和安格斯牛育种的一个合成系;以体型大、泌乳能力强、肉质好的特点被誉为全能品种的美国西门格斯牛(Simangus)和黑色西门塔尔牛都是利用西门塔尔牛(Simmental)和安格斯牛育成的合成系;莫累灰牛是澳大利亚采用安格斯牛与短角牛杂交育成;劳莱恩牛也是在安格斯牛群体内选育成功的小型肉牛品种。

目前,安格斯牛是以活牛、冻精和胚胎形式引种的国际著名品种。安格斯牛广泛分布于世界各地,是英国、美国、加拿大、新西兰和阿根廷等国的主要牛种之一,在澳大利亚、南非、巴西、丹麦、挪威、瑞典、西班牙、德国等也有一定数量的分布,多国成立了安格斯牛协会,对该品种牛进行生产性能测定和遗传改良。

(2)我国引入情况及主要分布

1974年以来,我国陆续从英国、澳大利亚引进安格斯牛,作为父本与本地牛进行杂交。20世纪90年代辽宁省铁岭市引入了红色安格斯牛,现在存有纯种母牛群体。2000年和2001年,陕西省从澳大利亚和美国引入安格斯牛69头种牛和100枚胚胎,贵州省从加拿大引进8头安格斯青年公牛,重庆市从澳大利亚成功引进红色安格斯种牛34头(公牛5头、母牛29头)。目前,安格斯牛主要分布于新疆、内蒙古、东北、山东、陕西、宁夏等地区以及湖南、重庆等地。

2. 体型和外貌特征

被毛黑色和无角是安格斯牛的重要特征,约40%的牛只腹下、脐部和乳房部都有白斑,不作为品种遗传缺陷。红色安格斯牛被毛红色,与黑色安格斯牛在体躯结构和生产性能方面差异不显著。

安格斯牛体型较小,体躯低矮,体质紧凑、结实。头小而方正,额部宽而额顶突起,眼圆大而明亮、灵活有神。嘴宽阔,口裂较深,上下唇整齐。鼻梁正直,鼻孔较大,鼻镜较宽、呈黑色。颈中等长、较厚,垂皮明显,背线平直,腰荐丰满,体躯宽深、呈圆桶状,四肢短而直,且两前肢、两后肢间距均较宽,体形呈长方形。全身肌肉丰满,体躯平滑丰润,腰和尻部肌肉发达,大腿肌肉延伸到飞节。皮肤松软、富有弹性,被毛光亮、滋润。

3. 生产性能

(1)生长发育

安格斯牛犊牛平均初生重为 25~32 kg,生长发育快,随母哺乳的条件下,6 月龄断奶体重公犊可达 198.6 kg,母犊 174 kg,周岁体重 400 kg,且能达到符合要求的胴体等级,日增重 950~1 000 g,成年公牛体重 700~900 kg,母牛 500~600 kg;成年公、母牛体高分别为 130.8 cm 和 118.9 cm。

(2)产肉性能

安格斯牛的肉用性能良好,表现为早熟易肥、饲料转化率高,被认为是世界上专门化肉用品种中肉质最优秀的品种。安格斯牛胴体品质好、净肉率高、大理石花纹明显,屠宰率 60%~65%。据 2003 年美国佛罗里达州的研究报告,3 937 头平均 14.5 月龄的安格斯阉牛,育肥期日增重(1.3±0.18)kg,胴体重(341.3±33.2)kg,背膘厚(1.42±0.46)cm,眼肌面积(76.13±9.0)cm²,育肥期料重比(5.7±0.7);骨骼较细,仅约占胴体重的 12.5%。安格斯牛肉嫩度和风味很好,是世界上唯一用品种名称作为肉的品牌名称的肉牛品种。

(3)产奶性能

安格斯牛以其优良的母性特征和良好的哺乳能力著称。安格斯牛母牛乳房结构紧凑,泌乳力强(泌乳期产奶量 800 kg 左右),是肉牛生产配套系中理想的母系。据日本十胜种畜场测定,母牛挤奶天数 173~185 d,产乳量 639 kg,乳脂率 3.94%。

(4)繁殖性能

安格斯牛母牛 12 月龄性成熟,发育良好的安格斯牛可在 13~14 月龄初配,头胎产犊年龄 2~2.5 岁,产犊间隔约为 12 个月,短于其他肉牛品种,产犊间隔在 10~14 个月的占 87%。发情周期 20 d,发情持续期 21 h,情期受胎率 78.4%,妊娠期 280 d。母牛连产性好、长寿,可利用到 17~18 岁。安格斯牛体型较小、初生重低,极少出现难产。

4. 推广利用情况

1974 年,安格斯牛自引入中国后,其优良的肉质特性引起重视,尤其是红色的安格斯牛受到广大养殖户的欢迎。安格斯牛适应性强,纯种胚胎出生或活体引进个体在辽宁、陕西、贵州等主要肉牛产区表现优异,能适应各种饲养条件和环境。如贵州省畜禽品种改良站对 15~24 月龄的 8 头公牛进行体尺体重测定,平均日增重为 840 g,24 月龄平均体重为 710.5 kg,体尺发育情况良好;陕西自繁红色安格斯母牛周岁平均体重 370 kg,2 岁平均体重为 534 kg,产犊率为 101.5%。

安格斯牛在 21 世纪初重新引进后,各地进行了杂交效果测定。2003 年四川地区引入安格斯牛与本地黄牛进行杂交,后代前期生长发育快、饲料利用率高、肉质好,深受广大饲养者的喜爱;2007 年吉林省农业科学院比较了安格斯牛、夏洛莱牛、西门塔尔牛与本地牛杂交后代的育肥和屠宰性能,安格斯牛的杂种牛日增重、胴体重、屠宰率、脂肪酸含量较高,且眼肌大理石花纹等级最高;贵州利用安格斯牛与本地黎平黄牛杂交,效果显著。

5. 品种评价

安格斯牛具有体质结实、抗病力强、适应性和繁殖力强、遗传性能稳定、后躯产肉量高、眼肌面积大、泌乳性能好等优点,与地方黄牛杂交,可以形成各地区的配套生产体系。安格斯牛杂交后代无角,便于放牧管理;初生重较低,易产性好。安格斯牛与黄牛杂交可利用品种互补和杂种优势,提高产肉性能和肉的品质,提高经济效益。红色安格斯牛符合我国民众对牛毛色的喜好,具有良好的推广应用前景。

四、规模化肉牛场引种及育肥牛引进技术规程

1. 范围

本部分规定了规模化肉牛场引种计划、引进肉牛的选择、牛的运输、隔离期的饲养管理、转群、病死牛处理、资料保存。

本部分适用于规模化肉牛场引种及育肥牛引进。

2. 规范性引用文件

下列文件对于本文件的应用是必不可少的。凡所注日期的版本适用于本文件。凡是不注日期的引用文件,其最新版本(包括所有的修改单)适用于本文件。

《反刍动物产地检疫规程》(农医发〔2010〕20号);

NY 5126 无公害食品肉　牛饲养兽医防疫准则。

3. 术语和定义

(1)规模化肉牛场

经当地农业、工商等行政主管部门批准,具有法人资格,年肉牛出栏大于或等于200头的肉牛养殖场。

(2)育肥场

以生产育肥牛为目的的规模化肉牛养殖场。

(3)公牛一级

体质健康,膘情中上等,腰角明显而不突出,肋骨微露而不显,垂肉显露而不丰。

(4)母牛二级

被毛色泽光亮,胸深宽,腰背平直,后躯宽大,四肢健壮,乳头大小适中,排列整齐,无瞎乳头,精神饱满,反应敏捷。

4. 引种计划

(1)品种选择

①根据贵州省肉牛品种改良规划、牛场生产方向、生产条件确定引进品种。

②母牛繁育场可引进西门塔尔杂交牛、安格斯杂交牛、利木赞杂交牛等作为母本;肉牛育肥场可引进本地牛、本地杂交牛、省外杂交牛。

③种公牛引进品种为西门塔尔牛、安格斯牛、利木赞牛。

(2)引种区域

根据原产地区与引进地区之间的生态环境相似的原则及肉牛市场供求状况引种。

(3)引种季节

春、秋季节引种为宜,避免气温低于0℃或者高于30℃的严寒酷暑天气引种。

(4)引进牛检疫

按照《反刍动物产地检疫规程》(农医发〔2010〕20号)有关规定执行。贵州省内调运种用、反刍动物的饲养场应具备"种畜禽生产经营许可证"和"动物防疫条件合格证",查验养殖档案,

确认饲养场近 6 个月内未发生相关动物疫情。

（5）准备隔离场

①种牛引进前，应对隔离场进行清洗、消毒，准备充足的饲料和药品。

②种牛引进后，按照《反刍动物产地检疫规程》（农医发〔2010〕20 号）进行隔离期观察，经兽医检疫确定健康合格后，再转入肉牛养殖场饲养。

5. 引进肉牛的选择

（1）种牛引种

①系谱档案。查阅所引种牛应具备 3 代以上的系谱档案记载，有家族遗传病和有害基因的牛不能引进。

②生产性能。根据所引进种牛的品种要求，公牛达到一级以上，母牛达到二级以上。

③体型外貌。选择符合本品种特征、膘情中等偏上、体型匀称、健康无病的个体。

④年龄和体重。本地种牛引进要求 6 月龄以上，种公牛体重不低于 130 kg，种母牛体重不低于 110 kg；贵州省外种牛引进要求 1 岁以上，种公牛体重不低于 280 kg，种母牛体重不低于 240 kg。

⑤胎次选择。引进种牛应选择 2 胎以上种母牛的后代。

（2）育肥牛引进

①体型外貌。健康无病、体型匀称、毛色尽量一致。

②年龄和体重。本地杂交牛半岁以上，体重 120 kg 以上；贵州省外杂交牛 1 岁以上，体重 250 kg 以上，同一批次引入育肥牛的年龄、体重相近，产地相同。

6. 牛的运输

（1）车辆消毒

运输前，对运输车辆、围栏、用具应采用消毒液进行消毒。

（2）随车人员配备

随车应配备兽医及饲养人员。

（3）运输密度

根据牛的年龄、体重进行分群，运输车辆装载密度不超过 300 kg/m^2。

（4）饲养管理

在运输过程中，押运人员为肉牛提供的饲料和饮水应符合有关要求；应注意观察动物有无异常情况。

（5）安全措施

运输途中每 4 h 应检查车辆和牛状况 1 次，途中采取相应的安全措施，确保人畜安全。

7. 隔离期的饲养管理

（1）隔离

引进牛群按 NY 5126 有关要求进行隔离观察。

（2）饲养

牛进场当天不喂精料，先供给清洁饮水，并在水里添加抗应激药物，6 h 后饲喂少量优质青干草，逐步增加饲喂量，过渡期为 5～7 d。

（3）防疫

兽医防疫应符合 NY 5126 的有关规定,兽药的使用应符合有关规定。

8. 转群

隔离观察结束后,经诊断检查确定健康无病后,转入肉牛场。

9. 病死牛处理

对病死牛按有关规定处理。

10. 资料保存

保存引进种牛及育肥牛的原始资料。

第四章 牛的体型外貌及生物学特性

第一节 牛的体型外貌

一、牛的体型外貌特点

1. 肉牛的外貌特点

从整体上看,肉牛的外貌应体躯低垂,皮薄骨细,全身肌肉丰满、浑圆、疏松而匀称。前视、侧视、背视、后视均应呈长方形。

(1)前视

胸宽而深,鬐甲平广,肋骨弯曲明显,构成前视矩形。

(2)侧视

颈短而宽,胸、尻深厚,前胸突出,股后平直,构成侧视矩形。

(3)背视

鬐甲宽厚,背腰,尻部广阔,构成背视矩形。

(4)后视

尻部平直,两腿深厚,构成后视矩形。

肉牛体型方正,从比例上看前躯较长而中躯较短,全身粗短、紧凑。皮肤细薄而松软,皮下脂肪发达,尤其是早熟品种的肉牛,其背、腰、尻、大腿等部位的肌肉中间夹有丰富的脂肪,被毛细密而富有光泽,是优良肉用牛的特征。从局部上看,与肉牛产肉性能关系较大的部位有鬐甲、背、腰、前胸、尻等部位,其中以尻部最为重要。

一般而言,肉牛的皮肤较薄而有弹性,全年放牧的肉牛、水牛及寒冷地区的肉牛,皮肤较厚,被毛较粗长。被毛的颜色是重要的牛品种特征,但与生产性能无关,鉴定时对种公牛的毛色要求比母牛要严格,犊牛出生后的毛色较浅,随着年龄的增长,毛色会逐渐变深。

2. 奶牛的外貌特点

奶牛的外貌特点主要表现为:皮薄骨细,血管暴露,被毛细短而富有光泽;肌肉不发达,皮下脂肪沉积少,胸腹宽深,后躯和乳房特别发达,细致紧凑型表现明显,具有理想体型的奶牛,从侧视、前视、背视均呈楔形。

(1)前视

以鬐甲顶点为起点,分别向左右两肩下方做直线并延长,而与胸下的直线相交,构成一个楔形。表明鬐甲和肩部肌肉不多,胸部宽阔、肺活量大。

（2）侧视

将背线向前延长,再将乳房与腹线连成一条线,延长到牛头前方,而与背线的延长线相交,构成一个楔形。从体型上看,奶牛的体躯是前躯浅、后躯深,表明其消化系统、生殖器官、泌乳系统发育良好,产奶量高。

（3）背视

有鬐甲分别向左右两腰角引两条直线,与两腰角的连线相交,构成一个楔形。表明奶牛后躯宽大,发育良好。

对奶牛而言,最重要的是乳房和尻部。发育良好的标准乳房,前乳房应向前延伸至腹部和腰角垂线之前,后乳房应向股间的后上方充分延伸,附着极高,使乳房充满于股间而突出于躯体的后方。由于结缔组织的良好支撑与联系,使整个乳房牢固地附着在两大腿之间而形成半圆形,4个乳区发育匀称,4个乳头大小、长短适中而呈圆柱状,乳头间相距较宽,底线平坦。

尻部与乳房的形状有密切的关系,尻部宽广,两后肢间距离较宽,才能容纳庞大的乳房。母牛狭窄的尻部,影响其乳房的发育,后肢间距较窄,乳牛的尻部要宽,长而平,腰角间与坐骨端的间距要宽,而且在一个水平线上。

3. 兼用牛的外貌特点

兼用牛主要分乳肉兼用和肉乳兼用两种。前者以乳用为主,兼做肉用;后者则以肉用为主,兼做乳用。一般来说,兼用牛的体型结构介于乳用和肉用品种之间,体躯的结构与生理机能既适合产奶,又具有早熟、生长速度快、易肥育的肉用特点。

兼用牛的头部中等大小,较役用牛清秀,较乳用牛宽阔;颈稍短粗,肌肉发达,鬐甲平宽,背腰平直、宽阔、尻长、平而方。胸部宽深,腹部圆大。乳房发育良好,骨骼坚实而不粗大。全身肌肉丰满,皮肤致密,厚度适中。前后躯发育匀称,楔形体型不如乳用型表现明显。

4. 役用牛的外貌特点

从整体上看,役用牛的主要外貌特征是:皮厚骨粗,肌肉强大而结实,皮下脂肪不发达,全身粗糙而紧凑,属粗糙紧凑体型。役用牛的体型与正常奶牛的体型相反,它的前躯较后躯强大,表现前高后低,腹线前低后高,形成"梯子形"体型。

役用牛的前躯较发达,其前高后低的体型有利于发挥役用能力,该体型的重心靠前,有利于加大役用牛的挽力。与役用性能有关的部位主要有鬐甲、肩、胸、背、腰等部位,而以尻部、大腿、四肢最为重要。役用牛的要求表现为:鬐甲高、厚、结实紧凑,肩长而倾斜;胸深、宽,且深大于宽;背腰平直而宽阔,肌肉发达有力,尻部宽阔而长;大腿宽、深而厚;四肢骨骼坚强,筋腱明显,关节粗壮;蹄圆、厚、致密、坚实、无畸形。

二、牛的外貌鉴定

牛的外貌鉴定方法包括观察鉴定、评分鉴定、测量鉴定3种方法。其中以观察鉴定应用最广,评分鉴定、测量鉴定是辅助性鉴定。种牛鉴定时,常采用三者结合进行,以弥补观察鉴定的不足。近年来,国外发达国家在奶牛外貌鉴定上采用线形鉴定方法,代替传统沿用的记述式鉴定法,结果更为可靠。

1. 观察鉴定法

观察鉴定法是富有经验的鉴定人员,通过肉眼观察及手的触摸,根据牛体大小、体躯各部的发育程度,判断产肉及脂肪的产量和品种。

进行观察鉴定时,应使被鉴定牛自然地站在宽敞而平坦的场地上,鉴定人员站在距离被鉴定牛 5～8 m 的地方。首先进行一般观察,然后站在牛的前面、侧面和后面分别进行观察。肉眼观察完毕后,再用手触摸,了解皮肤、皮下组织、肌肉、骨骼、毛、角、乳房等发育情况,最后让牛自由行走,观察四肢的动作、姿势和步态。观察鉴定简单易行,但鉴定人员必须具有丰富的经验,才能得出比较正确的结果,初次担当鉴定的工作人员,除观察鉴定外,还须结合其他鉴定方法。

2. 测量鉴定法

(1)体尺测量

体尺测量是牛外貌鉴定的重要方法之一,将牛的体尺测量数据进行整理和生物统计处理,求出其平均值、标准差和变异系数等,然后用来代表这个牛群、品种或品系的平均体尺,是较为科学和准确的。

(2)计算体尺指数

体尺指数是指牛体某一部位体尺对另一部位体尺的百分比,可显示出两个部位之间的比例关系。在鉴定牛的体型外貌时,为进一步明确牛体各部位在发育上是否匀称,不同部位间的比例是否符合品种特征,判断牛的某些部位是否发育正常,就必须准确计算体尺指数。

3. 外貌评分鉴定

评分鉴定是指将牛体各部位依据其重要程度分别给予一定的分数,总分是 100 分。根据外貌要求分别评分,最后综合各部位评得的分数,得出该牛的总分数,然后按标准确定牛的外貌等级。

(1)肉牛外貌鉴定评分(表 4-1、表 4-2)

表 4-1 肉牛外貌鉴定评分表

(邱怀,牛生产学,1997)

部位	鉴定标准	评分	
		公牛	母牛
整体结构	品种特征明显,结构匀称,体质结实,肉用体型明显,肌肉丰满,皮肤柔软而有弹性	25	25
前躯	胸宽深,前胸突出,肩胛宽平,肌肉丰满	15	15
中躯	肋骨张开,背腰宽而平直,中躯呈圆桶形,公牛腹部不下垂	15	20
后躯	尻部长、平、宽,大腿肌肉突出伸延,母牛乳房发育良好	25	25
肢蹄	肢势端正,两肢间距宽,蹄形正,蹄质坚实,运步正常	20	15
合计		100	100

表 4-2　肉牛外貌等级评分表

（邱怀，牛生产学，1997）

性别	特等	一等	二等	三等
公	85	80	75	70
母	80	75	70	65

（2）奶牛外貌评分表（表 4-3 至表 4-5）

表 4-3　母牛外貌鉴定评分表

（邱怀，牛生产学，1997）

项目	项目与满分标准	标准分
一般外貌与乳用特征	1. 头、颈、鬐甲、后大腿等部位棱角和轮廓明显	15
	2. 皮肤薄而有弹性，毛细而有光泽	5
	3. 体高大而结实，各部位结构匀称，结合良好	5
	4. 毛色黑白花，界线分明	5
	小计	30
体躯	5. 长、宽、深	5
	6. 肋骨间距宽，长而开张	5
	7. 背腰平直	5
	8. 腹大而不下垂	5
	9. 尻长、平、宽	5
	小计	25
泌乳系统	10. 乳房形状好，向前后延伸，附着紧凑	12
	11. 乳房质地：乳腺发达，柔软而有弹性	6
	12. 四乳区：前乳区中等大，4 个乳区匀称，后乳区高、宽而圆，乳镜宽	6
	13. 乳头：大小适中，垂直呈柱形，间距匀称	3
	14. 乳静脉弯曲而明显，乳井大，乳房静脉明显	3
	小计	30
肢蹄	15. 前肢：结实，肢势良好，关节明显，蹄质坚实，蹄底呈圆形	5
	16. 后肢：结实，肢势良好，左右两肢间宽，系部有力，蹄形正，蹄质坚实，蹄底呈圆形	10
	小计	15
总计		100

表 4-4　公牛外貌鉴定评分表

（邱怀,牛生产学,1997）

项目	项目与满分标准	标准分
一般外貌	1. 毛色黑白花,体格高大	7
	2. 有雄性,肩峰中等,前躯较发达	8
	3. 各部位结合良好而匀称	7
	4. 背腰平直而坚实,腰宽而平	5
	5. 尾长而细,尾根与背线呈水平	3
	小计	30
体躯	6. 中躯:长、宽、深	10
	7. 胸部:胸围大,宽而深	5
	8. 腹部紧凑,大小适中	5
	9. 后躯:尻部长、平、宽	10
	小计	30
乳用特征	10. 头、体型、后大腿的棱角明显,皮下脂肪少	6
	11. 颈长适中,垂皮少,鬐甲呈楔形,肋骨扁长	4
	12. 皮肤薄而有弹性,毛细而有光泽	3
	13. 乳头呈柱形,排列距离大,呈方形	4
	14. 睾丸:大而左右对称	3
	小计	20
肢蹄	15. 前肢:肢势良好,结实有力,左右两肢间宽,蹄形正,蹄质坚实,系部有力	10
	16. 后肢:肢势良好,结实有力,左右两肢间宽,飞节轮廓明显,系部有力,蹄形正,蹄质坚实	10
	小计	20
总计		100

表 4-5　外貌鉴定等级标准

（邱怀,牛生产学,1997）

性别	特等	一等	二等	三等
公	85	80	75	70
母	80	75	70	65

三、牛的体重测定

犊牛应每月称重一次,育成牛每 3 个月称重一次,成年牛则在放牧前、放牧后和母牛第一、三、五胎产后 30～50 d 各测一次体重。

（1）实测法

实测法即为应用平台式或电子地磅实际称量牛的体重。对犊牛的初生重应采取实测法。每次称重时，应在早晨喂饮之前，尽量减少误差，应连续两天在同一时间称重，取平均值。

（2）估测法

在没有地磅等称重条件下，根据活重与体尺的关系计算出牛的体重。

$$体重(kg)＝胸围^2(m^2)×体直长(m)×100$$

四、牛的年龄鉴定

在缺乏可靠记录资料的情况下，可通过牛的外貌、门齿的更换与磨损情况、角轮情况鉴定牛的年龄。

1. 根据外貌鉴定

根据观察牛的外貌来判断牛的年龄，判断是老年牛、壮年牛还是青年牛。老年牛一般站立姿势不正、皮肤枯燥、被毛粗乱、缺乏光泽、眼盂凹陷、目光呆滞、眼圈上皱纹多并混生白色、行动迟缓等；青年牛的被毛长短、粗细适合、皮肤柔润而富弹性、眼盂饱满、目光明亮等；犊牛的头短而宽，眼睛活泼有神、眼皮较薄、被毛光润、体躯较窄、四肢较高。

2. 根据牙齿鉴定

牙齿鉴定法是通过观察门齿的出生和磨面情况来鉴定。

一般犊牛出生时就有 1 对乳门齿，部分有 3 对。出生后 5～6 d 或半个月左右出生最后 1 对乳门齿。3～4 月龄时，乳龋齿发育完全，全部乳门齿都已长齐而呈半圆形。从 4～5 月龄开始，乳门齿齿面逐渐磨损，磨损的次序是由中央到两侧。磨损到一定程度时，乳门齿便开始脱落，换生永久齿。更换顺序是从钳齿开始，最后及于龋齿，当门齿已更换齐全时，又逐渐磨损，最后脱落。

3. 根据牛的角轮鉴定

母牛在妊娠期和哺乳期，由于营养消耗过多而得不到及时补充，因此营养不足，使牛角组织不能充分发育，表面凹陷，形成环状痕迹，称为角轮。母牛每分娩一次，就会形成一个角轮，所以母牛的角轮数与产犊数大致相同。

第二节　牛体的各部位

一、牛体各部位的名称

解剖学上以骨骼为基础，将牛的整个躯体划分为头颈部、前躯、中躯和后躯 4 部分。

二、牛体各部位的特征

1. 头颈部

头颈部以鬐甲和肩端的连线与躯干分界，又分为头、颈两部分。

(1)头部

以头骨为解剖基础,并以枕骨脊与颈部分界,头部表现的品种特征明显,不同生产用途、性别的牛的头部特征不同。

①角部。牛角的多种形态,如有前向角、后向角、向上外曲角、扁角、扁担角等。

②眼部。牛的眼要圆大、明亮而灵活有神。公牛的眼要大而明亮,不显凶相,细小、无神而呆滞或眼球暴露出凶相均不可留种;母牛的眼应明亮而温和。

③嘴部与鼻部。牛的嘴要宽阔、口裂要深、界限明显、上下唇应整齐;牛的鼻梁要正直、鼻孔大、鼻镜宽。

(2)颈部

牛的颈部因牛的种类、品种、性别、生产类型而不同,牛的颈长为体长的 $27\%\sim30\%$,牛的头部与颈部、颈部与躯干部的联结要自然,不存在明显的凹陷。

2. 前躯

牛的前躯是指颈部至肩胛软骨后缘垂直切线之前,以前肢骨骼为基础的体表部位。

(1)鬐甲

鬐甲是以第二至第六背椎棘突和肩胛软骨为基础组成的,是连接颈部、前肢和躯干的枢纽。

(2)前肢

前肢包括肩部、臂部、下前肢部。

①肩部。肩部是以肩胛骨为基础,常见的有狭长肩、短立肩、广长斜肩、瘦肩、肥肩和松弛肩等不同类型。

②臂部。臂部位于肩关节与肘关节之间,有长、短、肥、瘦等不同类型。

③下前肢部。下前肢部包括前臂、前膝、前管、球节、系、蹄等部位。

(3)胸部

胸部容积的大小是表明心、肺发育程度和功能的标志。狭胸是发育不良、体质弱的表现。相同品种公牛的胸要比母牛宽和深。

3. 中躯部

中躯部是肩胛软骨后缘至腰角垂线之前的中间躯干段,包括背部、腰部、腹部。

(1)背部

背部是以最后的 7~8 个背椎为解剖基础的体表部位。

(2)腰部

腰部是以 6 个腰椎为解剖基础的体表部位。

(3)腹部

腹部是容纳消化器官的主要部位,有一定容积是消化器官发达的象征,不宜过大或过小。腹部可分为充实腹、平直腹、卷腹、垂腹、草腹。

4. 后躯部

后躯部是腰角之后的部分,主要以荐骨和后肢骨骼为基础的体表部位。

(1)尻部

尻部是由骨盆、荐骨及第一尾椎连接而成。母牛尻部宽广,下部容量大,有利于繁殖和母牛产犊,两后肢距离宽有利于乳房的发育,牛的产肉量高。

（2）臀部

臀部位于尻部的下方,由坐骨结节及后大腿形成。臀部的宽窄取决于尻的宽窄,优秀的肉牛要求臀部宽大、肌肉丰满。

（3）乳房

乳房是母牛的重要器官,乳用牛和乳肉兼用牛的乳房容积大、乳腺发达。

（4）生殖器官

母牛的生殖器官要大而肥润、阴门要发育正常、闭合完全、便于配种和分娩;公牛的睾丸要对称且发育良好、大小长短一致、包皮整洁、没有缺陷,睾丸过小或过度下垂均可能引起性欲不强或交配困难。

（5）后肢部

①大腿。大腿部要求宽而深、有适当的长度、腿肌厚实均匀、两腿间肌肉丰满。

②小腿。小腿部是以胫骨为解剖基础的体表部位。胫骨的长短、斜度及其所附着肌肉的丰满程度决定小腿部的生长发育,适当长度的胫骨可保证后肢的步伐伸展、灵活、坚实、有力。

③飞节部。飞节是以附关节为解剖基础的体表部位,飞节的高低要适度,便于运步。

④后管部。后管介于飞节与球节之间,后管比前管长,肌腱愈发达侧面越宽,管部呈圆形是管部肌腱发育不良的表现。

⑤后系部和后蹄部。后系部的要求与前系相同,与地面形呈 45°～50°角为宜,后蹄应比前蹄稍细长。

（6）尾部

尾部的长短、粗细、肥瘦因牛的品种、性别、体质而不同。尾粗细要适中,尾根不宜过粗,应着生良好。

5. 后肢的肢势与步伐

从后侧看,从坐骨端向下引一垂线可平分后肢,为肢势端正。

第三节 牛的生物学特性

牛属于大型反刍动物,是当前人类饲养的主要家畜之一,牛的生态分布遍及世界各地。在漫长的进化过程中,经过长期的自然选择和人工选择,牛逐渐形成了不同于其他动物的生活习性和特点,适应了各地的自然环境条件。

一、牛的生理学特性

牛的生理学特性主要表现在其特殊的消化生理和泌乳生理方面。牛作为反刍动物,具有庞大的复胃（四室胃）,包括瘤胃、网胃、瓣胃和皱胃（真胃）,其中的前三室合称为前胃。前胃的黏膜没有胃腺,只有第四室（皱胃）具有胃腺,能分泌胃液。牛消化系统的结构和消化生理功能与单胃动物相比有很大差别,瘤胃虽然不能分泌消化液,但其中有大量的多种微生物生存,可对各种饲料的分解与营养物质的合成起着重要作用。因此,牛具有较强的采食、消化、吸收和利用多种粗饲料的能力。

1. 采食和饮水

(1)牛的味觉

研究发现,牛喜欢采食带有酸甜口味的饲料,生产中可采用柠檬酸、苹果酸、酒石酸、乳酸等酸味和糖蜜、糖蜜素等甜味调味剂调制玉米、高粱、小麦等农作物的秸秆等低质粗饲料,改善其适口性,提高采食量,降低饲养成本。

(2)牛的采食速度快

牛采食饲料后,饲料在口中不经仔细咀嚼就咽下,休息时再进行反刍。牛舌厚大而灵活有力,表面有许多向后凸起的角质化刺状乳头,可阻止口腔内的饲料掉出口。当牛误食混有铁钉、铁丝、玻璃碴等异物的饲料时,异物被吞咽到瘤胃内,当瘤胃强烈收缩时,尖锐的异物会刺破胃壁,造成创伤性胃炎,甚至引起创伤性心包炎而危及牛的生命。若牛吞入过多的塑料薄膜(塑料袋)时,会造成网-瓣胃孔堵塞,严重时会造成死亡。

(3)牛有齿垫,而无上门齿

牛的嘴唇厚,吃草时靠舌头伸出把草卷入口中。放牧时,牛每天自由采食的时间约为 6 h。牛采食 30~45 cm 高的牧草最快,而不宜采食矮的草。因此在春季不宜过早放牧,应等草长到 16 cm 以上再开始放牧,否则放牧牛很难吃饱。牛采食适口性好、易咀嚼的饲料时间短,秸秆类饲料的采食时间较长。

(4)饮水

牛饮水时,把嘴伸进水里吸水,鼻孔露在水面上,一般每天至少饮水 4 次,多在午前、傍晚饮水,很少在夜间或黎明时饮水。牛的饮水量受环境温度、采食饲料的种类影响,一般每天饮水 15~30 L。

2. 唾液的分泌

研究表明,牛的唾液分泌量较大,每头牛每日的唾液分泌量为 100~200 L,唾液中含有碳酸盐和磷酸盐等缓冲物质和尿素等,对维持瘤胃内环境和内源性氮的重新利用起着重要作用。牛需要分泌大量的唾液才能维持瘤胃内容物的糜状物顺利地随瘤胃蠕动而翻转,使粗糙未嚼细的饲草料位于瘤胃上层,反刍时再返回口腔,嚼细的已充分发酵吸收水分的细碎饲草料沉于胃底,随着反刍运动向后面的第三、第四胃转移。唾液的分泌量及成分含量受牛的采食行为、饲料的物理性状、水分含量、饲料适口性等因素影响。

3. 牛前胃的微生物消化

前胃消化在牛(反刍动物)的消化过程中起着特别重要的作用,与单胃动物的消化过程相比,牛的消化特点除了反刍、食管沟反射、瘤胃运动外,更重要的区别是前胃内进行的微生物消化。牛前胃的微生物可消化饲料中含 70%~85% 的可消化干物质和约 50% 的粗纤维,并产生挥发性脂肪酸(VFA)、CO_2、NH_3 以及合成蛋白质和某些维生素等。

(1)瘤胃发酵

牛的前胃消化主要是厌氧性纤毛虫、细菌和真菌类等多种微生物消化。研究表明,瘤胃内大量生存的微生物,1 g 瘤胃内容物含 150 亿~250 亿个细菌和 60 万~180 万个纤毛虫,总体积约占瘤胃内容物的 3.6%,细菌和纤毛虫约各占一半。

瘤胃是一个可连续接种的高效活体发酵罐,具有厌氧微生物生存繁殖的良好条件,由于微生物的发酵作用,瘤胃内容物的渗透压维持在接近血浆的水平,瘤胃内温度通常高达 39~41℃;

pH 在 5.5～7.5。食物和水分相对稳定地进入瘤胃,供给微生物繁殖所需要的营养物质;瘤胃的节律性运动将内容物混合,将未消化的食物残渣和微生物均匀地排入消化道后段,随食糜进入真胃被胃酸杀死而解体,被消化液分解后,可为牛提供大量的优质单细胞蛋白质营养。

（2）瘤胃微生物的种类

纤毛虫:瘤胃内的纤毛虫可分为全毛与贫毛两类,都属于厌氧微生物,能发酵糖类产生乙酸、丁酸和乳酸、CO_2、H_2 或少量丙酸。全毛类纤毛虫主要分解淀粉等糖类产生乳酸和 VFA,并合成支链淀粉储存于体内;贫毛类纤毛虫体内含有丰富的 α-淀粉酶、蔗糖酶、呋喃果聚糖酶等糖类分解酶,蛋白酶、脱氨基酶等蛋白质分解酶类,半纤维素酶和纤维素酶等纤维素分解酶。可以分解淀粉,发酵果胶、半纤维素和纤维素类,水解脂类、氢化不饱和脂肪酸,降解蛋白质及吞噬细菌的能力。

纤毛虫的蛋白质消化率高达 91%,超过细菌蛋白质(74%),并含有丰富的赖氨酸等必需氨基酸,其营养价值优于细菌蛋白质,是牛体蛋白质营养的重要来源之一;瘤胃内的细菌除有发酵糖类和分解乳酸的区系外,主要还有分解纤维素、蛋白质以及合成菌体蛋白质和合成维生素的菌类;纤维素分解细菌约占瘤胃内细菌的 1/4,包括厌气拟杆菌属、梭菌属和球虫属等,能分解纤维素、纤维二糖及果胶,产生甲酸、乙酸和丁酸等。

（3）瘤胃微生物的作用

①瘤胃微生物可分解和利用碳水化合物,瘤胃微生物的纤维素分解酶逐级分解饲料中的纤维素,产生乙酸、丙酸、丁酸、高级脂肪酸等 VFA,供牛体利用。VFA 中的乙酸和丁酸是合成乳脂肪的主要原料,牛瘤胃一昼夜所产生的 VFA 可提供占机体所需能量的 60%～70%,3 种主要有机酸的比例可随日粮的种类而变化。瘤胃微生物分解利用饲料中的淀粉、葡萄糖和其他可溶性糖类,产生低级脂肪酸、二氧化碳和甲烷等,利用饲料分解产生的单糖和双糖合成糖原,储存于细胞内进入小肠,动物消化利用微生物糖原合成牛乳等。

②瘤胃微生物可分解和合成蛋白质,瘤胃微生物能将饲料蛋白质分解为氨基酸、氨、二氧化碳、有机酸,氨与氨基酸合成微生物蛋白质。瘤胃微生物利用饲料中尿素、铵盐、酰胺等非蛋白含氮物质分解产生可用于合成微生物蛋白质的氨。

③瘤胃微生物可合成维生素,瘤胃微生物可以利用饲料合成硫胺素(维生素 B_1)、核黄素(维生素 B_2)、生物素(维生素 B_7)、吡哆醇(维生素 B_6)、泛酸(维生素 B_3)和钴胺素(维生素 B_{12})及维生素 K 等 B 族维生素。

（4）反刍

牛在摄食时,饲料不经充分咀嚼,就匆匆吞咽进瘤胃中,在休息的时候再返回到口腔细细咀嚼,称为反刍。反刍可分为逆呕(食物自胃返回口腔的过程)、再咀嚼、再混合唾液和再吞咽 4 个阶段。一般牛饲喂后 0.5～1.0 h 开始出现反刍,每次反刍的持续时间为 40～50 min,间歇一段时间后,开始第二次反刍。成年牛每天的反刍时间累计有 6～8 h,每昼夜约进行 6～8 次反刍,犊牛反刍的次数稍多。犊牛出生后,逐渐开始采食草料。3～6 周龄时,瘤胃内开始出现微生物活动并开始反刍;3～4 月龄时,瘤胃内微生物的生长发育成熟开始正常反刍;6 月龄后基本建立完全的复胃消化功能。

（5）食管沟反射

食管沟是食道的延续,始于贲门延伸到网瓣胃口,收缩时为空闭合的管子。犊牛吸吮母乳后,能反射性引起食管沟闭合成管状,形成食管沟闭合反射,母乳不进入前胃而由食管经食管和瓣胃管直接进入皱胃进行消化,成年牛的食管沟闭合。

（6）瓣胃的消化

微生物、细碎的饲料、微生物的发酵产物等流体食糜进入瓣胃,通过瓣胃叶片间时,瓣胃起滤器的作用,大量水分被滤去,截留于叶片之间的较大食糜颗粒,被叶片粗糙表面揉搓和研磨细碎。

（7）排泄

牛每天的排泄次数和排泄量受饲料的性质、采食量、环境温度、湿度、产奶量、个体状况的影响,正常牛每天排尿约 9 次,排粪 12～18 次,每天排粪量 25～40 kg,排尿 10～15 kg。一般来说,牛吃青草比吃干草时排粪次数多,产奶牛比干奶牛排粪次数多。

（8）采食粗饲料

牛具有特殊的消化生理特点,能有效地利用各种粗饲料,获得能量和多种营养物质,所以其饲粮中必须含有一定量的粗饲料,以维持消化系统的正常功能与整体健康。粗饲料一般是指含有大量植物的茎叶部分,干物质中粗纤维含量在 18％以上的饲料,它对牛的主要作用为:①粗纤维含量高的粗饲料具有一定的粗硬度,能有效地刺激反刍和促进唾液分泌、维持瘤胃内的正常环境,保证瘤胃内微生物的繁殖和发酵活动;②能起到瘤胃填充的作用,刺激前胃壁,促进胃蠕动和胃内容物的混合与后送。避免因饲喂高比例精饲料,由于粗纤维含量低而引起乳脂含量的下降。

二、牛的生态适应性

不同品种和种类的牛经过漫长的进化过程,通过了生活环境中的风土驯化和对气候的适应,已逐渐适应当地的海拔高度、季节变化、光照强度、阳光辐射、温度、湿度、植被及饲料等自然条件。

1. 地域适应性

（1）高原、高寒适应性

牦牛是具有高原、高寒适应性的代表性特殊牛种。全球约有 90％的牦牛分布在我国海拔 3 000 m 以上的西藏、青海高原和四川、新疆、内蒙古的部分高寒高山草原地带。

（2）热带适应性

水牛适于生活在低洼、潮湿、高温地区,主要分布于热带和亚热带地区,90％的水牛分布在亚洲。由于水牛的汗腺不够发达,所以在夏天炎热季节,每天需要长时间泡在水中散热。因其被毛稀短,抗寒力差,不能适应我国北方气候。我国长江中下游地区的水牛对当地冬季的寒冷气候有较强的适应能力。

（3）广域适应性

多数品种黄牛主要分布于温带和亚热带地区,我国的黄牛品种繁多,广泛分布于全国各地,其特点是北方黄牛个体较大,耐寒不耐热;南方黄牛个体小,皮薄毛稀,耐热耐潮湿,而耐寒能力较差。

2. 环境温度适应性

一般而言,牛的耐寒能力较强,而耐热能力较差。在高温条件下,牛主要通过出汗和热性喘息调节体温。当外界环境温度超过 30℃时,牛的直肠温度开始升高,当体温升高到 40℃时,往往出现热性喘息。热应激使牛的食欲降低,反刍次数减少,消化机能明显降低,甚至抑制皱胃的食糜排空活动,泌乳牛的产奶量下降。

3. 温度适应性

适宜的环境湿度有利于牛生产潜力的发挥。高温条件下,空气湿度升高会阻碍牛体蒸发散热过程,加剧热应激;低温环境下,高湿度会使牛体的散热量加大,机体能量消耗增加。牛最适宜的空气相对湿度为50%～70%,夏季的高温高湿环境,可导致牛的生产性能明显下降,还易导致牛中暑,特别是产前、产后的母牛更容易发生。在我国南方的高温高湿地区,应调节奶牛的配种、产犊时间,避开高温季节产犊。

4. 抗病力和死亡率

牛的抗病力和对疾病的敏感性受牛的品种、个体的先天免疫特性以及生理状况影响。研究表明,外来牛种比本地品种牛对环境的应激更为敏感,极易发生消化和呼吸性疾病,外来品种比本地品种牛的死亡率高,本地牛种生产性能较差,但具有较强适应本地气候条件和饲料条件的优点。

三、牛的行为特性

1. 群居行为

牛是群居动物,具有合群行为,舍饲时有40%以上牛3～5头结群卧地休息反刍,放牧时多数牛以3～5头结群采食。牛群经过争斗会建立优势序列,放牧牛群头数不宜超过70头,否则会影响牛的辨识能力,增加争斗次数,同时影响牛的采食。肉牛分群应根据牛的年龄、健康状况、生理状态,以便于饲养管理。舍饲牛应有一定的运动场面积,面积太小,容易发生争斗,每头成年牛的运动场面积为15～30 m²。驱赶牛转移时,不宜驱赶单头牛,根据群体性强,不宜离散的特点,宜驱赶小群牛。

2. 放牧行为

牛群放牧时的主要活动是吃草,牛群的放牧吃草是有一定规律的,牛群中每头牛都在同一时间吃草、休息或反刍。牛群放牧受到季节、草场面积的影响,一般牛每次连续吃草的时间为0.5～2.0 h,每天累积的吃草时间为8～9 h,吃草活动最多的时间是黎明和黄昏,一昼夜吃草6～8次,白天约占65%,夜晚占35%。

3. 母性行为

牛的母性行为主要表现为母牛的哺乳、保护和带犊行为,初胎母牛的母性不如经产牛强。母牛舔初生犊牛被毛上的胎水时开始识别犊牛,犊牛吸吮母乳过程中母牛轻柔的叫声与舔嗅行为,可进一步巩固母牛对亲犊的记忆,经1～2 h的相处,犊牛即能从众多母牛中凭声音准确找到母亲。

4. 牛鼻镜湿润

牛的鼻镜是因鼻唇腺的分泌而湿润,牛患病时鼻唇腺停止分泌,鼻镜干燥、结痂和发热。新生10日龄以内犊牛的鼻镜在哺乳时间外是干燥的,鼻镜的潮湿程度随年龄的增长而增加。

5. 性行为

公牛的发情行为表现为驱使母牛向前移动,以头贴近母牛尾站立的守护行为。公牛的交配动作迅速,从爬跨到交配后跳下仅有数秒钟,射精时的骨盆推进动作只有一次,采精操作要求技术动作熟练、准确。

　　母牛发情过程可分为互嗅阶段、尾随阶段、爬跨阶段、退回到尾随、互嗅阶段,然后发情终止,母牛发情一般是指从尾随到尾随的这段时间。

　　适于配种发情母牛的反应是保持站立不动的姿势,该姿势有利于公牛爬跨交配并对公牛产生性刺激,母牛发情行为的主要特征是接受公牛的求偶和交配行为。发情母牛的主要表现为兴奋不安,食欲减退,反刍时间减少或停止,对周围环境的敏感性提高,哞叫和趋向公牛。

　　发情母牛外生殖器充血,肿胀,流出牵缕性黏液,并附着于尾根、阴门附近而形成结痂。被爬跨的母牛发情表现为站立不动,举尾;若没有发情,则牛弓背逃走。据统计,被爬跨的母牛中约有 90% 的母牛已发情,而爬跨的牛群中约有 79% 的母牛发情。

第五章 肉牛的生产性能及评定方法

第一节 肉牛的生产性能

肉牛的生产力是指肉牛在一定的饲养管理条件下,一定的时间内提供出来的一定标准、一定数量牛肉产品的能力。肉牛生产力评定是拟定肉牛育种指标、评定种用价值的重要依据,是组织生产、加强饲养管理、获取高产优质产品、提高经济效益的基础。肉牛的生产力评定包括乳用性能测定、肉用性能测定、繁殖性能测定、体型外貌评定;肉牛的生产力指标主要包括活重、屠宰率、净肉率、日增重、肉品质等。

一、肉牛生长发育规律

一般采用犊牛的初生重、断奶重、半岁重、周岁重、18 月龄重、阶段日增重等指标来评价肉牛的生长发育情况。肉牛的生长发育受遗传和饲养两方面的影响,增重的遗传能力较强,是选种的重要指标。

1. 胎儿生长发育规律

母牛怀孕期间的前 4 个月,胎儿的生长速度缓慢,4 个月后,胎儿的生长加快,分娩前的增重速度最快;胎儿生长早期是头部快速发育,然后是四肢生长逐渐加快,而胎儿的肌肉、脂肪的发育较迟缓。

犊牛的初生重主要受遗传、怀孕母牛的饲养管理、怀孕期的长短等因素的影响。犊牛的初生重是选种的重要指标,犊牛的初生重与断奶重、成年体重呈正相关。

2. 犊牛生长发育规律

犊牛出生后,在标准化的饲养管理条件下,犊牛 12 月龄前的生长发育速度较快,然后逐渐变缓,接近性成熟时生长速度变得很慢。犊牛前后期生长速度的变化有一个生长转缓点,生长转缓点的出现时间因品种而不同,一般来说,早熟品种生长转折点比晚熟品种早。饲料利用效率方面,增重快的牛比增重慢的要高,公牛的饲料转化率最高。犊牛的增重速度受遗传、饲养管理、年龄、性别等因素影响。公牛增重最快,其次是阉牛,母牛增重最慢。饲养生长期的公、母、阉牛应区别对待,给予公牛以较高水平的营养,使其充分发育。

3. 补偿生长

补偿生长是指犊牛因营养贫乏、饲喂量不够、饲料质量低劣、牛的生长速度变慢或停止等制约因素而发育迟缓,但犊牛的饲养管理恢复正常时,犊牛的生长速度加快,饲养一段时间后,仍能长到正常体重的特性。但如果是在胚胎期或犊牛出生后 3 个月内生长发育严重受阻，或营养不良的时间过长，以后则不能得到完全的补偿生长。肉牛在补偿生长期间的增重快、饲料转化效率高，但由于饲养期延长，达到正常体重时总饲料转化率则低于正常生长的牛。

二、肉牛生长顺序规律

肉牛在整个生长发育期间，身体各部位、组织的生长发育速度不同，每个阶段生长发育重点部位均不同。犊牛早期发育最快的部位顺序依次是头、四肢和骨骼；中期则转为体长和肌肉；后期的发育重点是脂肪。犊牛的四肢骨生长较快，然后躯干骨骼生长较快。随着年龄的增长，牛的肌肉生长速度从快到慢，脂肪组织的生长速度由慢到快，骨骼的生长速度则较平稳。

1. 肌肉比例的变化

肉牛的肌肉与骨骼的比例随着生长而增加，初生犊牛胴体中的肌肉与骨骼相对重的比例为 2∶1，当肉牛体重达到 500 kg 时，其比例就变为 5∶1。由此可见，肌肉的相对生长速度比骨骼要快得多，肌肉与活重的比例是产肉量的重要指标。

2. 脂肪比例的变化

肉牛胴体中的脂肪主要受肉牛的生长阶段、性别等因素的影响。犊牛胴体中脂肪的生长速度相对较慢，进入育肥期后脂肪增长加快；母牛比阉牛胴体中脂肪的生长速度快，阉牛比公牛胴体中脂肪的生长速度快。例如安格斯牛、海福特牛、短角牛成熟得早，肥育也早；夏洛莱牛、西门塔尔牛、利木赞牛成熟得晚，肥育也晚。

3. 骨骼比例的变化

犊牛肌肉/骨骼的比例反映了活重中肌肉的比例，初生犊牛的骨骼较发达。根据肉牛的肌肉/骨骼比例的变化规律，应在肉牛不同的生长期提供不同的营养水平的日粮，合理指导肉牛育肥。犊牛生长发育早期，应给犊牛提供钙、磷和维生素 A、维生素 D 含量较高的日粮，促进犊牛骨骼的正常生长；犊牛生长发育中期，应提供丰富、优质的蛋白质饲料和维生素 A，以促进肌肉的形成；生长后期，应提供丰富的碳水化合物饲料，以促进体脂肪沉积，加快肉牛的肥育。

4. 脂肪组织的生长顺序

肉牛体躯脂肪的生长顺序依次是肾周脂肪、腹腔和盆腔脂肪、肌肉间脂肪、皮下脂肪，最后是肌肉内脂肪。肉牛肌肉、骨骼和脂肪的生长规律受品种、性别等的影响，早熟牛种肌肉和脂肪的生长速度比晚熟牛种快；肉用牛种肌肉和脂肪的生长速度比其他品种快；不同性别肉牛的脂肪生长速度不同，母牛脂肪沉积能力最强，其次是阉牛，公牛最慢。

5. 内脏器官的生长规律

肉牛内脏器官的生长速度不同，大致规律是胃容积增长最快，瘤胃的生长速度比皱胃快；大肠生长速度比小肠快；体重生长速度比消化器官慢。尽早训练犊牛吃粗饲料，有利于锻炼犊牛的消化机能，可提高成年牛消化粗饲料的能力。但留作种用公牛犊牛期，不宜饲喂过多的粗饲料，以防形成"草腹"而影响种用价值。

三、贵州肉牛生产性能测定技术规范

1. 范围

本部分规定了肉牛生长发育性能、肥育性能、胴体性状、肉质性状的测定指标及方法、性能测定报告的编写。

本部分适用于贵州肉牛生产、品种选育中的生产性能测定。

2. 规范性引用文件

下列文件对于本文件的应用是必不可少的。凡所注日期的版本适用于本文件。凡是不注日期的引用文件,其最新版本(包括所有的修改单)适用于本文件。

NY 676 牛肉等级规格;

NY 1180 肉嫩度的测定剪切力测定法;

GB/T 9695.7 肉与肉制品总脂肪含量测定。

3. 术语和定义

下列术语和定义适用于本文件。

(1)性能测定

对肉牛个体性状表型值进行客观评定的过程。

(2)空腹重

早晨肉牛未进食前的体重。

(3)肌肉脂肪含量

眼肌肉的肌内脂肪含量。

(4)饲料转化率

每生产单位重量的产品所耗用饲料的数量,通常以料重比表示。

4. 测定内容

(1)生长发育性能

初生、6 月龄、12 月龄、18 月龄、24 月龄、36 月龄的体重、体尺指标。

(2)育肥性能

育肥始重、育肥终重、日增重、饲料转化率。

(3)胴体指标

宰前活重、胴体重、屠宰率、净肉率、骨肉比、眼肌面积、背膘厚。

(4)肉质指标

肉色、脂肪颜色、大理石花纹、剪切力值、滴水损失、肌肉脂肪含量。

5. 生长发育性能的测定

(1)测定要求

①被测肉牛的姿势。测量时,肉牛头部前伸,自然端正地站在平坦、坚实的地面上。

②测量用具。测量工具应校准,用测杖测量体高、体斜长;用软尺测量胸围、管围和腹围;用盆测器测量坐骨端宽。

(2)体重

①测定 6 月龄、12 月龄、18 月龄、24 月龄、36 月龄的体重,连续 2 d 测定空腹重,取其平均值。犊牛出生后未吃初乳时测定其初生重。

②测定用灵敏度≤0.1 kg 的磅秤称量,保留一位小数。

(3)体尺

①体高。由鬐甲最高点至地面的垂直距离。

②体斜长。由肩端前缘至同侧坐骨端的距离。

③胸围。肩胛骨后角垂直体轴绕胸一周的周长。

④腹围。于十字部(髋结节)前缘测量腹部最大处的垂直周径。

⑤管围。管骨最细处的周长,一般在左前肢胫骨由下向上 1/3 处测量。

⑥坐骨端宽。坐骨端外缘的直线距离。

6. 肥育性能测定

(1)育肥始重

预饲期结束,育肥期正式开始时,育肥牛的空腹重。

(2)育肥末重

育肥期结束时,育肥牛的空腹重。

(3)育肥期日增重

按公式(5-1)计算。

$$育肥期日增重(kg/d)=\frac{W_2-W_1}{n} \tag{5-1}$$

式中:W_1 为育肥始重(kg);W_2 为育肥末重(kg);n 为育肥天数(d)。

(4)饲料转化率

测定期内,被测牛应单槽饲喂,每天称量被测牛的精饲料采食量,粗饲料自由采食。按公式(5-2)计算。

$$饲料转化率=\frac{\sum_{i-1}^{n}X_i}{W_4-W_3} \tag{5-2}$$

式中:n 为测定的天数(d);X_i 为第 i 天的精料采食量(kg);W_3 为测定开始时被测牛空腹重(kg);W_4 为测定结束时被测牛空腹重(kg)。

7. 胴体性状测定

(1)宰前活重

宰前活重指宰前禁食 24 h 后,临宰前的实际活重。

(2)胴体重

胴体重指屠宰后剥皮,去头、尾、四肢、内脏等剩下的部分的重量。

(3)屠宰率

按公式(5-3)计算。

$$屠宰率=\frac{W_6}{W_5}\times100\% \tag{5-3}$$

式中:W_5 为宰前活重(kg);W_6 为胴体重(kg)。

(4)净肉率

按式(5-4)计算。

$$净肉率=\frac{W_7}{W_5}\times100\% \tag{5-4}$$

式中:W_5 为宰前活重(kg);W_7 为净肉重(kg)。

（5）肉骨比

按式(5-5)计算。剔骨时,要求骨头带肉不超过 2～3 kg。

$$肉骨比 = \frac{W_7}{W_8} \times 100\% \tag{5-5}$$

式中:W_7 为净肉重(kg);W_8 为骨重(kg)。

（6）眼肌面积

①宰前。屠宰前,利用超声波活体测膘仪测定,具体测定方法见本节内容。

②宰后。屠宰后,取左半胴体,将第 12～13 肋骨间处的眼肌垂直切断,用硫酸纸将眼肌描出直接计算出眼肌面积(每一小格 1 cm²),单位为平方厘米(cm²)。

（7）背膘厚

①宰前。屠宰前,利用超声波活体测膘仪测定,具体测定方法见本节内容。

②宰后。屠宰后,取左半胴体第 12～13 肋骨间眼肌横切面,从靠近脊柱一端起,在眼肌长度的 3/4 处,用游标卡尺垂直于外表面测量背膘厚度,单位为厘米(cm)。

（8）胴体等级

按照 NY/T 676 的规定执行。

8. 肉质性状测定

（1）肉色、脂肪颜色、大理石花纹

测定部位为第 12～13 肋骨间的眼肌横切面,测定方法按照 NY/T 676 的规定执行。

（2）剪切力值

取第 12～13 肋骨间的眼肌,剔除眼肌周围的脂肪和筋膜,沿平行于眼肌横切面的方向,切厚度为 3～4 cm 整块肉样后,按照 NY/T 1180 的规定执行。

（3）肌肉脂肪含量

①宰前。屠宰前,利用超声波活体测膘仪测定,具体测定方法见本节内容。

②宰后。屠宰后,取第 12～13 肋骨间的眼肌,剔除眼肌周围的脂肪和筋膜,沿平行于眼肌横切面的方向,切厚度约为 0.5 cm 的肉样,每 2～3 片混合成一份样品,每份样品取样为 50～150 g,按照 GB/T 9695.7 进行测定。

（4）pH

屠宰后 45～60 min 内,将 pH 测定仪探头插入胴体四分体第 12～13 肋骨间背最长肌内,待读数稳定 5 s 以上,记录结果。胴体在 0～4℃下冷却 24 h 后,再测一次并记录结果。

（5）滴水损失

宰后 2 h,取第 12～第 13 肋骨间处眼肌,剔除眼肌外周的脂肪和筋膜,顺肌纤维走向修成长×宽×高为 5 cm×3 cm×2 cm 的肉条,称重。用细铁丝钩住肉条的一端,使肌纤维垂直向下,悬挂于食品袋中央(避免肉样与食品袋壁接触);然后用棉线将食品袋与吊钩一起扎紧,在 0～4℃条件下吊挂 24 h 后,取出肉条并用滤纸轻轻拭去肉样表层汁液后称重,并按式(5-6)计算。

$$滴水损失 = \frac{W_9 - W_{10}}{W_9} \times 100\% \tag{5-6}$$

式中:W_9 为吊挂前肉条重(kg);W_{10} 为吊挂后肉条重(kg)。

9. 性能测定报告

测定结束后,编写测定报告。具体格式见本节内容。

10. 超声波活体测定方法

(1)仪器名称

兽用 B 超仪。

(2)设备组成

主机、超声波探头及连接线、台车、耦合剂或植物油。

(3)测量项目

肌肉脂肪含量、眼肌面积、背膘厚。

(4)测量操作流程

①将待测肉牛绑定在保定架内。

②刷拭第 12～13 肋骨间测定部位的牛毛,并涂抹耦合剂。

③用超声波探头平行按压在牛体左侧第 12～13 肋骨间脊柱侧下方,直至超声波扫描仪主机出现清晰的图像,然后计算肌肉脂肪含量。

④用超声波探头垂直按压在牛体左侧第 12～13 肋骨间脊柱侧下方约 5 cm 处测定,直至超声波扫描仪主机出现清晰的牛眼肌轮廓和大理石花纹,然后计算眼肌面积和背膘厚。

(5)注意事项

①牛只应自然端正地站在平坦、坚实的地面上,头部前伸。

②测定部位应刷拭干净,涂抹足量的耦合剂或色拉油。

③超声波探头应紧贴牛的皮肤。

④操作人员应有 1 年以上的超声波活体测定经验。

11. 肉牛个体性能测定记录

肉牛生产性能测定记录表见表 5-1。

表 5-1　肉牛生产性能测定记录表

测定单位(盖章):_____　　测定人/填表人:_____　　日期:_____

牛号			所属养殖场				性别	
出生日期			含血缘比例				备注	
系谱	亲代	牛号	出生日期	品种	备注	胴体性状测定	胴体重	
	父亲						胴体等级	
	母亲						屠宰率	
	祖父						净肉率	
	祖母						肉骨比	
	外祖父						背膘厚	
	外祖母						大理石花纹	

月龄	体重/kg、体尺指标/cm								
	体重	体高	体斜长	胸围	腹围	管围	十字部高	坐骨端宽	备注
初生									
3 月龄									

续表 5-1

月龄	体重/kg、体尺指标/cm								
	体重	体高	体斜长	胸围	腹围	管围	十字部高	坐骨端宽	备注
6 月龄									
12 月龄									
18 月龄									
24 月龄									
36 月龄									

肉质性状测定	剪切力		超声波活体测定	测定日期	背膘厚	眼肌面积	大理石花纹	肌肉脂肪含量
	肉色							
	脂肪颜色							
	pH							
	滴水损失							

育肥阶段	日增重	饲料转化率	备注

第二节 肉牛的体况评定

一、体况评定的目的

肉牛体况评定包括繁殖母牛和育肥牛。通过对肉牛体况进行评定,调整日粮结构和饲养管理措施,提高牛群的生产性能和健康水平,保持繁殖母牛群有良好的体况,可延长母牛的利用年限,可有效提高牛场的经济效益。

二、体况对肉用繁殖母牛的影响

母牛产后体况较差,可导致母牛因缺乏足够的身体储备而消瘦,母牛能量不足会延迟产后初次发情时间,易发生产后并发症;母牛体况过好,易导致怀孕母牛发生难产、胎衣滞留、产后子宫恢复困难等分娩并发症,代谢疾病的发生率也会随着升高。

三、肉牛体况评分系统

为了提高肉牛的生产性能和牛群的健康水平,制定科学合理的母牛评分表,制订合理的牛群周转计划。母牛过肥过瘦均不能具有较好的繁殖性能,母牛理想的体况评分为5~6分(表5-2)。

表 5-2　母牛体况评分表

体况	分数	描述
虚弱	1	母牛极度消瘦、棘突、横突、臀骨、肋骨触之无肉,尾根周围和肋骨凸出明显
营养不良	2	母牛虚弱,尾根周围和肋骨凸出不明显,棘突仍然很尖并可触摸到,但肋骨的背部有部分组织覆盖
纤瘦	3	棘突和尾根周围有明显、可触摸到的脂肪,肋骨的背部有少量脂肪覆盖,单个肋骨仍清晰可见,但触摸无特别尖感
临界	4	肋骨、横突、髋骨覆盖少量的脂肪组织,单个肋骨不清晰,可触摸到棘突,但触之圆突感无尖感
中等	5	母牛整体外貌良好,肋骨处脂肪触之有弹性,尾基周围可触摸到脂肪层
中等偏上	6	肋骨和尾根周围能触摸到大量的脂肪,要触摸到棘突须使劲下压
优良	7	母牛显丰满,肋骨和尾根周围覆盖有很多脂肪。外阴部和胯部均有脂肪,初见发胖征兆
肥胖	8	母牛特别丰满,营养过剩,几乎触摸不到棘突;肋骨、尾基部、外阴有大量脂肪沉积
过度肥胖	9	母牛明显肥胖,身体笨重不协调;尾根部、髋骨覆盖有厚厚的脂肪,触摸不到骨架,母牛的运动量明显减少

四、膘情评定

影响肉牛膘情的因素包括品种、性别、年龄、体重、日增重、营养水平等。科学评定肉牛的膘情,有利于促进肉牛的品种选育,制定适宜营养水平,检测畜群的繁殖力,满足市场需求,增加养殖场效益等。

1. 感官评定

通常通过观察骨骼、肌肉、脂肪等基本组织评定肉牛的膘情,通过肌肉和骨骼的分布可预测牛的脂肪含量。膘情评定的主要部位是臀部、胸部和腹部两侧。

(1)臀部

理想体况的母牛臀部应浑圆,表现出双肌性状,阴囊附近、尾根两侧应沉积一定的脂肪,肉牛的后躯应呈方形。

(2)胸部

理想体况的母牛胸部应饱满整齐且高过膝关节,胸部的肌肉量少而多脂肪。

(3)腹部

理想体况母牛的腹部水平线应高过后膝关节,是一个肌肉少而没有骨骼结构的区域,只有支持内脏器官很薄的一层肌肉和坚韧的结缔组织。

2. 触摸评定

通过用手触摸肉牛的腰椎肋横突(腰部)、胸廓、髋骨外缘、尾根部、坐骨结节等多个牛体上肌肉覆盖较少而骨骼凸出的区域,通过判断脂肪沉积量来评定膘情。

3. 超声波扫描评定

超声波扫描评定的原理是依靠扫描探头的回声装置测量第 12～13 肋骨处的膘情,该测定方法优于感官评定、触摸评定,但其准确性较大程度上依赖于操作者的经验。

第三节　牛肉的组成及评价指标

一、牛肉的组成

1. 形态学组成

形态学上,牛肉是由肌肉组织、结缔组织、脂肪组织和骨组织所组成。肉牛屠宰后,除去头、皮、前后蹄、血及内脏的部分称为胴体,牛肉是指胴体再剔除内部骨骼后的部位,牛肉的组成比例如下:肌肉组织占 50%～60%;骨组织占 15%～20%;脂肪组织占 20%～30%;结缔组织占 9%～11%。

2. 化学组成

牛肉主要由水分、蛋白质、脂肪与灰分组成。牛肉中脂肪和水分的含量主要受年龄和肥育程度影响,一般而言,育肥可降低牛肉中水分和蛋白质的含量以及提高牛肉中的脂肪含量。

二、肉牛生产力指标

肉牛生产力指标是用来衡量肉牛的经济价值,主要包括肥育性能指标、产肉性能指标和肉质。

1. 肥育性能指标

肉牛的肥育性能指标主要包括体重、日增重、饲料报酬等。日增重、体重是肉牛生长发育和肥育效果的重要指标,主要包括初生重、断奶重、半岁重、周岁重、18 月龄重、24 月龄重、肥育初始重、肥育末重、阶段日增重等。

①初生重。犊牛出生后,喂初乳前的活重。

②断奶重。一般用 205 d、210 d 的校正断奶重来表示,公式如下:

$$210\text{ d 校正断奶重(kg)} = \frac{\text{断奶体重(kg)} - \text{初生重(kg)}}{\text{断奶时日龄(d)}} \times 210 + \text{初生重(kg)}$$

③哺乳期日增重。断奶前犊牛平均每天的增重量。

$$\text{哺乳期日增重(kg)} = \frac{\text{断奶体重(kg)} - \text{初生重(kg)}}{\text{断奶日龄(d)}}$$

④育肥期日增重。

$$\text{育肥期日增重(kg)} = \frac{\text{育肥期末重(kg)} - \text{育肥始重(kg)}}{\text{育肥天数(d)}}$$

⑤饲料报酬。根据饲养期内总增重、净肉重、饲料消耗量所计算的每千克增重和净肉的饲

料消耗量,降低饲料报酬是肉牛肥育及育种的重要任务。

$$增重 1\ kg\ 消耗饲料干物质(kg)=\frac{饲养期内消耗饲料干物质总量}{饲养期内绝对增重量}$$

$$生产 1\ kg\ 净肉消耗饲料干物质(kg)=\frac{饲养期内消耗饲料干物质总量}{屠宰后的净肉量}$$

2. 产肉性能指标

肉牛的产肉性能是指肉牛屠宰时的测定项目,包括重量测量、胴体形态测定、胴体产肉指标等。

重量测定指标主要包括宰前活重、宰后重、胴体重、净体重、骨重、净肉重、切块部位肉重及各种器官重等。

①宰前重。肉牛屠宰前绝食 24 h 后的活重。

②宰后重。肉牛屠宰放血后的体重。

③血重。肉牛屠宰时放出血液的重量,即屠宰前活重减去屠宰后重的重量差。

④胴体重。屠宰放血后,除去头、尾、皮、蹄(肢下部分)和内脏后的重量。

⑤净体重。放血后,除去胃肠和膀胱内容物后的重量。

⑥胴体骨重。将胴体中所有骨骼剥离后的骨重。

⑦胴体脂重。胴体内、外侧表面及肌肉块间可剥离脂肪的总重量。

⑧净肉重(胴体肉重)。胴体除去骨、脂肪后,剩余部分的重量。

3. 胴体指标

肉牛屠宰后的胴体指标包括胴体长、胴体后腿长、胴体后腿宽、胴体后腿围、胴体体深、胴体胸深、皮厚、肌肉厚度、皮下脂肪厚度、眼肌面积等。

①背膘厚度。指第 5～6 胸椎间、离背中线 3～5 cm、相对于眼肌最厚处的皮下脂肪厚度。

②腰膘厚度。指第 12～13 胸椎间、离背中线 3～5 cm、相对于眼肌最厚处的皮下脂肪厚度。

③眼肌面积。指第 12～13 肋间眼肌的横切面积(cm^2)。包括鲜眼肌面积(屠宰后立即测定新鲜胴体)和冻眼肌面积(屠宰后将样品冷冻 24 h 后测定)。测定方法是用硫酸纸照眼肌轮廓划点后积仪计算,或用透明方格纸照眼肌平面计数求出。测定时横切面要与背线保持垂直,否则要加以校正。

4. 胴体指标

肉牛的胴体指标包括屠宰率、净肉率、胴体产肉率、肉骨比、肉脂比等。

(1)屠宰率

$$屠宰率=\frac{胴体重}{宰前重}\times100\%;$$

(2)净肉率

$$净肉率=\frac{净肉重}{宰前重}\times100\%;$$

（3）胴体产肉率

$$胴体产肉率 = \frac{胴体净肉重}{胴体重} \times 100\%;$$

（4）骨肉比

$$骨肉比 = \frac{胴体骨骼重}{胴体净肉重} \times 100\%。$$

5. 肉质指标

肉质主要由肌肉颜色、嫩度、pH、风味、系水力、大理石花纹等指标来度量，是一个综合性状。

（1）肉色

肉色是指肌肉的生理学、生物化学、微生物学变化的外部表现，可通过视觉鉴别来判断肉质。

（2）嫩度

嫩度是指肉在食用时的口感，可反映出肉的质地，是消费者评判肉质优劣的常用指标。肌肉嫩度的主观评定是根据其柔软性、易碎性、可咽性来判定；客观评定是借助于仪器来衡量，通常用剪切力来评定，即用一定钝度的刀切断一定粗细的肉所需的力量，单位为 kg。

（3）pH

肌肉 pH 是反映宰杀后牛肉糖原酵解速率的重要指标。宰后有机体的自动平衡机能终止，动物由有氧代谢转变为无氧代谢（糖酵解），其最终产物是乳酸，乳酸的积累导致肌肉 pH 降低，导致肌肉蛋白质变性，保水力降低。

（4）风味

肉的风味是由滋味和香味组合而成。滋味的呈味物质为非挥发性的，主要靠人舌面味蕾感觉，经神经传导到大脑反应出味感。香味的呈味物质主要是挥发性的芳香物质，主要靠人的嗅觉细胞感受。经神经传导到大脑产生芳香感觉，如果是异味物，则会产生厌恶感和臭味的感受。

生肉一般表现为咸味、金属味和血腥味，肉的呈味物质大都通过烹调产生的。肉加热后，通过美拉德反应、脂质氧化、热降解 3 种途径产生各种呈味物质。风味的差异主要是因为不同种动物脂肪酸组成不同，由此造成氧化产物及风味的差异。

（5）系水力（保水力）

系水力是指当肌肉受到外力作用时，如加压、切碎、加热、冷冻、融冻、贮存、加工等，保持其原有水分和添加水分的能力。

测定方法是指肌肉在一定机械压力下在一定时间中的重量的损失率，通常用滴水损失来度量，是指不施加任何外力，只受重力的作用，蛋白质系统的液体损失量。

（6）大理石花纹

大理石花纹是指肌肉纤维之间脂肪的含量和分布，是影响肉口味的主要因素。

（7）肌内脂肪含量

肌内脂肪含量是指肌肉组织内所含的脂肪，是用化学分析方法提取的脂肪量。肌内脂肪含量受肉牛的品种、月龄和育肥程度等因素的影响。

第四节　影响肉牛生产性能的因素

影响肉牛的产肉能力和肉品质量的因素主要包括品种、类型、年龄、性别、饲养水平及杂交代数等因素。

一、品种

牛的品种和类型是决定生长速度和育肥效果的重要因素，对肉牛的产肉性能起主要作用。一般来说，肉用牛种、乳用牛种、乳肉兼用牛种比役用牛种的生产力高。主要表现为较高的屠宰率和净肉率、脂肪沉积均匀、大理石纹状花纹明显、肉味优美、品质好等优点。

二、年龄

年龄对肉牛的增长速度、肉质、饲料报酬有重要影响，幼龄牛的肌纤维细嫩，水分含量高，脂肪含量少，肉色淡，经肥育可获得最佳品质的牛肉。牛的年龄越小，饲料报酬率越高。年龄小的牛主要依靠肌肉、骨骼和各种器官的生长而增加体重；年龄大的牛主要靠在体内贮积高热能的脂肪而增加体重。

三、性别与去势

性别对肉牛的产肉量、肉质有重要影响。一般来说，胴体重、屠宰率和净肉率的高低顺序为公牛、阉牛、母牛；随着胴体重量的增加，肉牛脂肪沉积能力则以母牛最快，去势牛次之，公牛最慢，母牛的肌纤维较细，肉柔嫩多汁，容易肥育，肉质最好；肥育公牛比阉牛的眼肌面积大，对饲料有较高的转化率和较快的增重速度。对于采用公牛或阉牛肥育，还是因饲养方式和饮食习惯而异。脂肪沉积是美国和日本的肉牛胴体质量等级的重要依据，规模化养殖场以饲养阉牛为主；欧盟肉食习惯上喜食瘦肉，以饲养公牛为主。

四、营养水平

提高肉牛饲喂的营养水平是提高牛肉产量和改善肉质的重要方法，一般来说，营养状况好、肥育状况良好的牛比营养差、肥育差的牛产肉量高，肉质好。所以，牛在屠宰前必须进行肥育。

五、品种改良

为了提高本地肉牛的产肉性能，通常采用改良性杂交，使其杂交后代表现出良好的杂交优势，与本地牛相比，可提高生长速度、饲料转化效率、屠宰率和胴体产肉率。

总之，牛的品种、类型、年龄、性别、饲养水平、营养状况、杂交改良等因素对肉牛的生产性能均有较大影响。因此，为了提高牛群的生产性能，肉牛生产中必须重视良种选育，根据肉牛生长发育的特点，配合良好的饲养管理，选择适宜的屠宰时间，才能提高肉牛生产性能，增加经济效益。

第六章　肉牛的育种与繁殖技术

第一节　肉牛的育种

一、贵州牛种的选育方向

1. 贵州地方牛种的选育改良

贵州省牛种资源丰富,存栏量在全国一直名列前茅,在长期的自然环境、社会经济和人工选择下,贵州地方牛种均具有体质结实、肢蹄强健、短小精悍、善于爬山、耐粗饲等优良特点。但牛的个体小,生长慢,产肉量低,为此,从20世纪70年代开始,先后引进了辛地红牛、西门塔尔牛、短角牛、利木赞牛等国外良种牛对贵州本地牛进行杂交改良,取得了较好的效果。

杂交改良使贵州省本地黄牛从单一役用向着役肉兼用方向发展,杂交改良效果十分显著,特别是肉用性能等得到了明显提高。

(1)牛体型结构的变化

贵州本地黄牛经杂交改良后体型明显增大,随着杂交代数的增加,体型逐步向父本类型过渡。①西杂牛的体躯深宽高大,结构匀称,体质结实,肌肉发达,乳房发育好。毛色一般黄(红)白花为主,花斑分布随着代数增加而趋于整齐。②利杂牛的毛色呈黄色或红色,背腰平直,体躯较长,后躯发育良好,臀部宽平,肌肉发达,四肢稍短粗,呈肉用体型。③安杂牛的被毛为黑色或黑棕色,体格低矮结实,头方,额宽,颈粗厚,体格结实,体躯较短,胸深宽,背腰平直宽广,中躯呈圆桶形,臀丰圆实,全身肌肉充实发达,四肢短直,且两前肢间、两后肢间的间距较宽,蹄形方正。

(2)生长发育

杂种牛的初生重大,生长发育快,随着改良代数的增加,初生重逐步提高。

(3)产肉性能

通过杂交改良的杂交牛的产肉性能得到了提高,肉质优良。一般情况下,杂交牛的屠宰率、净肉率、眼肌面积比本地牛均有显著的提高。

(4)产奶性能

与本地牛比较,杂交改良的杂交牛的产奶性能有很大提高。

(5)适应性

引进国外良种牛对贵州省本地牛进行杂交改良,杂种优势十分明显,除生产性能指标有显著提高外,其适应性也强。一般来说,犊牛在3月龄就可随母牛上山放牧,并可饱食,爬坡上坎,自由采食,成活率高。杂交牛的抗逆性强,耐粗饲。

2. 品种改良方法

牛的品种改良方法一般是采用引入优良肉牛品种与本地牛杂交的方法来实现,由于外来牛种的个体都很大,加上种牛的饲养技术要求和饲养成本较高,一般都采用人工授精技术来完成牛的品种改良工作。如果采用同期发情配种技术,还可以规模配种,集中产犊,便于组织肉牛批量育肥出栏。

在贵州省推广应用的肉牛良种主要有西门塔尔牛、安格斯牛、利木赞牛、皮埃蒙特牛等,目前省内各县都建立了牛的冷冻精液配种站,农户或养殖场可依托当地配种站,利用人工授精技术进行地方黄牛的杂交改良,将生产的杂交后代公牛用于育肥出售,母牛可继续进行三元杂交,所产的三元杂交牛有更好的育肥效果。在杂交组合上,建议第一代用西门塔尔或安格斯公牛与本地母牛进行杂交,生产的杂交一代母牛再用利木赞或皮埃蒙特牛杂交生产三元杂商品肉牛。

二、牛的选种选配

1. 牛的选种

牛的选种就是要从牛群中选出最优秀的公牛和母牛做种用,使其在优越的条件下繁殖优秀的后代,达到提高牛群产肉性能及健康水平的目的。随着牛人工授精和冷冻精液技术的广泛推广和应用,选择优秀的种公牛对育种工作将产生更大、更有效的影响。

选种的基本原理如下:

①选择与选种。育种的关键是选择和配种。选择包括自然选择和人工选择,其中自然选择是指随着自然环境条件的变迁,适者生存、不适者淘汰的一种选择方式;而人工选择是根据人们的需要对肉牛进行选择选种。

选种是按照牛的生产性能、经济效益,选择出优秀的种公牛和种母牛留种繁殖,使其优良的特征性能在后代中不断巩固与加强,以提高牛群产量和品质的过程。

②选种的作用。牛的经济性状属于数量性状,受微效多基因控制,微效多基因能影响经济性状的表型值,且具有累加效应。通过选种可以积累高产基因,在后代中得到提高。在肉牛的选择和繁殖过程中,经过继代选择,把世代积累的微小有利的量变转变为质变,不断提高该品种牛群的生产水平。通过控制留种的机会,定向有计划地改变牛群的基因频率和基因型频率,不断提高优良基因及优良基因组合在牛群中的频率,不断巩固与加强肉牛的优良性状。

③性状的遗传力。遗传力是育种值方差占表型值方差的比率。数量性状中,只有受基因加性效应控制的育种值部分才能真实遗传,基因的非加性效应值及环境效应的影响是不能真实遗传的。研究表明,肉牛的不同性状具有不同的遗传力。以加性效应为主、生命晚期形成的、与畜产品品质相关性状的遗传力都比较高;而受环境影响,生命早期形成,与繁殖力、生活力、适应性有关性状的遗传力较低。

2. 牛的选配

(1)牛选配的原则

选配是在鉴定和选种的基础上,安排公、母牛进行交配组合,通过选配可使双亲优良的特性、特征和生产性能结合到后裔身上,巩固选种的成果。正确的选配对牛群和品种的改良具有重要意义,选种和选配是育种工作中两个不可分割、互相衔接的技术环节。

肉牛的选配原则主要包括：①高等级的公牛可以与高等级的母牛或低等级母牛交配,但不能用低等级公牛与高等级母牛交配;②有共同缺点的公、母牛或相反缺点的公、母牛不能交配,例如内向肢势不能与外向肢势交配,弓背不能与凹背交配;③近交只有在杂交育种时的育种群使用,繁殖群不可用近交;④选配的目的是扩大牛群的优良品质,逐渐克服不良性状。

（2）选配方式

①亲缘选配。亲缘选配是根据公母牛之间亲缘关系的远近来安排交配,有意识地进行近亲繁殖或非亲缘繁殖。

亲缘关系选配可以用来固定优良性状和淘汰有害性状,近亲繁殖可以逐代地将成对基因变为纯合子,如果出现有害基因,先淘汰双亲,然后停止祖代的繁殖使用。

②类型选配。类型选配是根据肉牛体型外貌、生产性能上的特点来安排公、母牛的交配组合,包括同质选配和异质选配两种方式。

同质选配是选择具有相似性状的公、母牛相互交配。在育成杂交后期,采用同质选配可以使牛群的外貌、生产性能逐渐一致;另外,同质选配还可以巩固和发展某些优良性状,即好的配好的。同质选配不仅可以巩固双亲的优点,增加遗传稳定性,克服亲缘选配的缺陷,还会发现比双亲优良、性状突出的后代。

异质选配是挑选体格类型、生产性能不相同的公、母牛进行交配。异质选配可以改善和提高牛群的体质、外貌、生活力、适应性和生产能力。采用异质选配不仅可以结合公母双方不同的优良性状,还可以用交配一方的优点纠正另一方的缺点。

正确的异质选配能获得良好的效果,但不可用具有相反缺点的公、母牛进行交配,否则后代可能把双亲的缺点结合起来而使缺点加剧。

三、牛的育种方法

1. 纯种繁育

纯种繁育（纯种选育）是指在现有品种的牛群体内,实行本品种的公母牛间交配的繁育制度,通过选种、选配、培育,不断提高牛群质量和生产性能的方法,纯种繁育主要包括近亲繁育和品系繁育。

本地牛的体格比较高大,外貌比较一致,适应性好,抗病力强且耐粗饲,肉质良好,役用能力强,并且有稳定的遗传性,但存在尖尻、斜尻、体长不足、体躯宽、深度发育较差等缺点。为了逐步纠正本地牛外貌结构的缺点,并逐步提高其生产性能,需采用纯种繁育的方法,来提高和巩固本地肉牛的优良特征特性。

一个优良的品种,经过人们的培育,具有高度专门的生产性能及稳定的遗传性。为了增加数量,保持品种特性,不断提高品质,进行有计划的选种选配,通过纯种繁育的方法固定优良性状,使全群质量进一步提高并趋于整齐。

（1）近亲繁育

近亲繁育是本品种选育或新品种培育过程中常采用的一种方法,为了迅速地巩固牛群的优良性状,增加群体中纯合的基因型的比例,减少杂合的基因型比例,通过不同程度血缘关系的公母牛进行交配发展纯系形成品种。

近亲繁育可以纯化牛群的优良基因和隐形不利基因,可生产出生产性能高的个体和生产性能低下,畸形发育等性状的不良个体。所以近亲繁育工作应严格选择公母牛,防止有共同缺点的公、母牛交配,严格淘汰纯合劣质基因型的不良个体,一般近亲交配只用一次或两次,然后用中亲或远亲交配,以保持其优良性状。

(2)品系繁育

为了培育牛群类型上的差异,采用同质选配的方法使牛群的有益性状保持和扩大到后代牛群中,在一个品种内建立若干个品系,每个品系都有独特的特点,通过品系间的结合(杂交),保持和巩固牛群的优良特征特性,同时克服牛群的缺点。

①建立品系。培育系祖是建立品系的首要问题,系祖必须是本身表现好且能将其本身的优良特征特性遗传给后代的卓越优良公牛。

如果系祖的特征特性不显著,遗传性不稳定,当与同质母牛选配时,所产生的后代就不一定能具有品系的特征特性,所以牛群中尚未发现理想的系祖时,就不应急于建系。

通常从种子母牛群(核心母牛群)中挑选符合品系要求的母牛若干头,与较理想的种公牛进行选配,将所生公犊通过培育和后裔鉴定,"选五留一"的方法培育系祖,建立品系。通常采取亲缘选配,可避免创造和培育系祖的过程中系祖后代中可能出现的遗传性不稳定,巩固遗传性。但应避免亲子交配,由于近交系数过高而使后代生活力降低及某些不良基因结合而出现的遗传缺点。

建立品系需要认真挑选品系基础母牛,必须是符合品系要求的母牛才能与系祖公牛交配,建立品系的基础母牛至少要有 100~150 头,可供建系的基础母牛头数越多,则越能发挥种公牛的作用。

由于牛的世代间隔长,因此在建立品系后,必须及早选留和培育品系公牛的继承者。一般而言,系祖公牛的儿子可作为品系的继承者,培育系祖继承者也必须按照培育系祖公牛的要求,通过后裔鉴定选出卓越的公牛。

②品系的结合。建立品系的目的是为了品系的结合,通过品系的结合,使品系间的优良特性互相补充、取长补短。使品种内个体更能表现出固有的优点和有益的特征特性。

总之,品系的建立与品系的结合,是进行品系育种的两个阶段,这两个阶段可以循环反复,从而使品种不断获得改进和提高。

③顶交。采取近亲交配的方法可创造优秀的系祖和巩固其遗传性,为了防止近交退化,提高后代牛群的生产性能、繁殖效率和体质,通常采用近交公牛和无血缘关系的母牛交配(顶交)的方法,在相同品种内能取得杂交优势的效果,达到增强牛群体质、提高生产性能的目的。

2. 杂交育种

杂交育种就是用 2 个或 2 个以上品种(或品系、种)相杂交,创造出新的变异类型,然后通过横交固定、扩群繁育等阶段,以培育新品种或改进某品种的缺陷的育种方法。

(1)杂交育种的意义

肉牛的杂交是指不同品种或不同种间的牛进行的交配。培育新的牛种或对原有牛种进行改良,都需要通过不同基因型的个体或种群间的交配创造杂种优势。

通过杂交可以丰富和扩大牛的遗传基础,改变牛的基因型,扩大杂种牛的遗传变异幅度,增加后代的可塑性,选种育种的有效途径。杂交可以有效地改良本地品种,能把两个亲本的有益特性结合起来,满足一定的生产需要,许多肉牛新品种都是在杂交的基础上培育成功的。例如,我国引用外来品种与当地黄牛进行杂交,使杂交后代保留黄牛对当地自然条件的适应性、抗病力强、耐粗饲粗放管理的特点,并增加外来牛种体躯高大、增重快、饲料利用率高、产奶产肉性能好等优点。

（2）杂交育种的方法和方式

①杂交育种的方法。根据杂交后代的生物学特征和经济利用价值,杂交方法可分为品种内杂交、品种间杂交和种间杂交。

品种内杂交为品系间的交配,可有效减少近交、改良品系的不理想性状。如与品系成员无亲缘关系的公牛和该品系的母牛交配,其后代和该品系母牛交配,其后代又和该品系的共同祖先或共同祖先的近亲回交。

品种间杂交是指不同品种的公、母牛进行交配,是最常见的杂交。品种间杂交可有效提高牛群的生产性能,改良牛群缺陷,培育新品种。

种间杂交(远缘杂交)是指不同种间公、母牛的杂交。例如,黄牛与瘤牛杂交、黄牛与牦牛杂交、黄牛与野牛杂交均属种间杂交。通过种间杂交可培育出经济价值较高的新牛种。

②杂交育种的方式。按杂交的目的不同,可把杂交方式分为育种性杂交和经济性杂交。育种性杂交包括级进杂交、导入杂交和育成杂交3种;经济性杂交包括简单经济杂交、轮回杂交和终端公牛杂交等。

级进杂交(改造杂交)是指采用性能优越的牛种改良和提高性能较差的牛种时常用的杂交方法。级进杂交是采用优良品种的公牛与低产品种的母牛交配,所产杂种一代母牛再与该优良品种公牛交配,产下的杂种二代母牛继续与该优良品种公牛交配;按此法可得到杂种三代及四代以上的后代。当后代杂交牛表现最为理想时,便从该代起中止杂交,此后在杂种公母牛间进行横交,固定已育成的新品种。

级进杂交时应注意,改良牛种必须是生产性能高、适应性强、育成历史较久、遗传性稳定的品种;级进杂交的代数不宜过高,杂种的代数越高愈接近改良牛种,杂种的适应性、耐粗饲、体质等性能会全面下降;适宜的级进代数应该是3～4代(含外血75％～87.5％),3～4代杂种牛的生产性能较高,同时还能保留适应当地自然条件的特征和特性;级进效果的好坏在很大程度上取决于饲养条件,如果饲养管理条件低下,杂交三代牛往往很难表现出明显的杂种优势。

导入杂交(改良性杂交)是指当一个品种具有多方面的优良性状,但还存在较为明显的缺陷或主要经济性状方面需要得到提高,采用导入另一品种的优点的杂交方式纠正其缺点,使牛群的生产性能趋于理想。导入杂交的特点是在保持原有牛种主要特征和特性的基础上通过杂交克服其不足之处,进一步提高原有品种的质量而不是彻底的改造。

导入杂交的注意事项:严格挑选针对原有品种缺点的有突出优良特性的公牛品种和个体,要求导入品种的基本特征与原有品种基本一致,但不存在原有品种存在的缺陷;加强本品种的选择工作,保证在杂种一代回交时,有足够数量的本品种优良公母牛;导入外血的量应控制在1/8～1/4的范围内,导入外血过高,不利于保持原品种的特性;杂种的选择和培育非常重要,应针对缺陷方面进行严格选种,同时弥补缺陷的饲养条件。

育成杂交(创造性杂交)是通过杂交来培育新品种的方法。通过两个或两个以上的品种进行杂交,使其后代同时具有几个品种的优良特性,显示出多个品种的杂交优势,提高后代杂交牛的生产性能,提高体尺、体重指标,改进外形缺点等,育成杂交一般分为3个阶段。

杂交阶段,这个阶段主要是打破原有品种的遗传保守性,扩大变异的范围,创造形形色色的杂种,然后进行严格的选择,采用异质选配、非亲缘交配和定向培育,引导杂种向预定的培养目标变异,直到获得理想型杂种为止。

横交阶段（自群繁育）是通过杂种自群繁育，巩固和发展所获得的理想型，加强遗传稳定性。一般认为，当15%以上的杂种母牛达到理想型要求，同时已培育出理想型的杂种公牛，便可进入自群繁育的横交固定阶段。横交阶段的中心任务是选好具有一定特点的优秀系祖，建立几个无亲缘关系的优良品系，合理利用同质选配和异质选配，对后代杂交牛加强培育和从中选择品系的继承者。

纯化阶段的中心任务是进行品系间的杂交而培育新品种，通过品系间杂交，把几个品系的优良品质结合到一个牛群内。品系杂交时应以同质选配为主，对品系间杂交的后代的体质外貌和生产性能进行严格的选种选配，加强定向培育，以期培育成一个优良的新品种。

简单经济杂交是指两个品种之间的杂交，所产的二元杂种牛均不宜留种，全部作商品牛用。

轮回杂交是以两个或两个以上品种的公母牛之间不断地轮流进行交配，在经济杂交的基础上发展起来的生产性杂交。轮回杂交的杂交后代都可保持一定的杂交优势，具有初生重大、生长发育快、产肉性能好、环境的适应性强、饲料消耗少等特征。

终端杂交是先用A品种公牛与B品种纯种母牛杂交，再用C品种公牛与F_1代母牛（AB）杂交，F_2代的公母牛全部作商品用，C品种的公牛称为终端公牛，这种杂交方式称为终端公牛杂交。

3. MOET 育种体系

MOET育种体系是超数排卵和胚胎移植技术的结合，是胚胎生物技术的基础和核心内容。实施MOET育种可以加快遗传进展，不但可以在短时间内获得许多全同胞和半同胞的后代，并可根据姐妹的生产性能来评定种公牛，从而代替了传统的后裔测定方法，缩短了选育种公牛的年限。例如，奶公牛的后裔测定需要6.5年时间，而MOET育种体系只需3.7年，提早2.8年，从而缩短了世代间隔，加快了遗传进展。同时，由于MOET技术提高了种子母牛的繁殖力，因而增加了种子母牛的选择强度和育种值估计的准确性。

MOET核心群育种方案是将核心群育种与超数排卵、胚胎移植等胚胎生物技术有机结合的一种育种方案。其主要的特点是在一个或数个养殖场内，集中一定数量的优秀母牛，形成一个相对闭锁群，利用超数排卵和胚胎移植技术进行繁殖，高强度地利用最优秀的公牛和母牛，以培育出用于全群的优秀种公牛为主要目标。由于核心群的数量比整个群体的数量少，便于育种措施和性能测定的严格实施，选择强度高，可以获得较高的遗传进展；超数排卵和胚胎移植可以成倍地提高牛的繁殖力，为核心群育种方案的实施提供了有利条件。

MOET核心群育种方案与后裔测定方案相比，大大缩短了世代间隔，提高了母牛繁殖力，并且使性能记录更可靠，使性能测定更准确和有效。根据模型计算，如果这个育种方案组织得当，可望每年获得比现行的人工授精育种方案高出30%～100%的遗传开展和30%～50%的育种效益。

四、肉牛育种方案

1. 成立肉牛育种组织

畜牧业发达国家对每种畜禽都成立了品种协会等育种组织，负责组织本品种的保种和进一步的改良提高工作。我国先后成立了中国奶业协会、中国奶业协会育种专业委员会、中国良种黄牛育种委员会、中国西门塔尔牛育种委员会等育种工作组织。在农业部的统一领导下,配合当地畜牧部门,开展教学、科研与生产的工作,统一各牛种的育种方向,开展种畜鉴定、良种登记、生产性能测定、公牛后裔测定,推广人工授精技术,扶持养牛专业户等方面做了大量的工作,促进了牛种数量的持续发展和牛群质量的提高。

2. 牛的编号与标记

为了顺利开展肉牛的育种工作,必须对参加育种的牛群进行编号和标记,以便于肉牛系谱档案的建立。

3. 详细记录和准确统计

肉牛育种工作必须有准确的育种牛群资料,主要包括牛的生产发育、生产性能、系谱档案、配种记录、犊牛的体重增长、母牛的体重、产奶量、乳脂率、乳蛋白率等资料。建立记录和统计制度,了解牛只的个体特征,及时发现、分析和解决问题,检查计划任务的执行和完成情况,开展牛的选育和组织养牛生产。常见的记录表格及记录内容如下:

(1)种公、母牛卡片

记录牛的编号和良种登记号;品种和血统;出生地和日期;体尺体重、外貌结构及评分;后代品质;公牛的配种成绩;母牛的产奶性能及产犊成绩;公、母牛照片等。

(2)公牛采精记录表

记录公牛编号;出生日期、第一次采精日期;每次采精日期、次数、精液质量、稀释液种类、稀释倍数、稀释后及解冻后活率、冷冻方法等。

(3)母牛配种繁殖登记表

记录母牛发情、配种、产犊等情况与日期。

(4)母牛产奶记录表

记录每日分次产奶记录;全群每日产奶记录;每月产奶记录;各泌乳月产奶记录;牛奶质量指标等。

(5)犊牛培育记录表

登记犊牛的编号;品种和血统;初生日期和初生重;毛色及其他外貌特征;各阶段生长发育情况及鉴定成绩等。

(6)牛群饲料消耗记录表

登记每头牛和全群每天各种饲草、饲料消耗数量等。

4. 建立肉牛良种登记制度

建立良种登记制度是育种工作中的重要措施,肉牛的良种登记包括系谱、生产性能、体型外貌等内容。通过良种登记,可以促进肉牛选配工作的开展,选出种子母牛群与经过后裔测定的优秀公牛进行选配,不断改进和提高牛群质量。

5. 制订肉牛育种计划

根据国家的育种方针、《全国牛的品种区域规划》、贵州牛种改良规划,结合贵州牛场的生产任务及具体条件,制订合理的肉牛育种计划,有目的地进行牛群的育种工作。编制育种工作计划应包括本地区的生产任务和自然条件、牛群的类型及饲养水平等特点、采用品种、繁育方法、年度育种目标等内容。因牛的育种工作具有长期性,计划一旦拟定,就要贯彻执行。

肉牛育种计划主要包括牛场和牛群的基本情况、育种方向和目标、育种措施3部分内容。

（1）基本情况

基本情况主要包括牛群所在地的自然、地理、气候、社会经济条件，牛群结构、品种及其来源和亲缘关系，体型外貌特点及其缺点，生产性能以及目前的饲养管理水平和饲料供应情况。

（2）育种方向和目标

育种方向和目标主要包括牛群逐年增长的头数和育种指标，育种指标包括犊牛初生重、各阶段体重、体尺、平均日增重、屠宰率、净肉率、眼肌面积、骨肉比、新品种体型外貌等指标。

（3）育种措施

育种措施主要包括加强组织领导，建立健全育种机构；建立育种档案及记载制度；育种方向、选配方法、育种方法；加强犊牛培育，肉牛的饲养管理技术规程；建立饲料基地，合理供应饲草饲料；畜牧机械化及畜舍的布局与建筑；制定和认真落实奖励政策；培训技术人员以及加强疫病防治工作等措施。

第二节 肉牛的繁殖

牛的繁殖技术包括牛人工授精技术、同期发情—定时输精技术、胚胎移植技术等，其中牛人工授精技术是牛品种改良、增加牛群数量、提高牛群质量重要的技术手段。

一、牛的生殖生理

1. 母牛生殖器官的构造及机能

（1）卵巢

母牛的卵巢是产生卵子和排卵的地方，由于卵巢的周期性出现卵泡和黄体，它能产生雌激素和孕酮，从而使牛出现发情周期。

（2）输卵管

母牛的输卵管是精子和卵子受精的地方，也是受精卵进入子宫的通道。

（3）子宫

母牛的子宫分为子宫角、子宫体、子宫颈。子宫角是受精卵嵌植发育的地方；子宫体是左右子宫角汇合后与子宫颈相连的一段，是胚胎进一步发育的地方。子宫颈是子宫和阴道的门户通道。

（4）阴道

母牛的阴道是母牛的交配器官和分娩时的产道。

（5）阴户

母牛的阴户包括尿生殖前庭、阴蒂和阴门。

2. 母牛的性激素

母牛的性激素主要包括 3 种，分别是促卵泡激素、促黄体素、催乳素等脑下垂体前叶激素和雌激素、孕酮两种卵巢激素。

（1）脑下垂体前叶激素

脑下垂体前叶激素可控制发情周期，作用于性腺（卵巢）的激素总称为促性腺激素。促性腺素主要包括促卵泡激素(FSH)、促黄体素(LH)、催乳素(LTH)3 种。

①促卵泡激素。促卵泡激素的作用是刺激卵巢卵泡的生长,它是母牛发情的原动力。在正常情况下,若没有卵泡的生长发育,就没有发情表现。

②促黄体素。促黄体素是由腺垂体细胞分泌的一种糖蛋白类促性腺激素,可促进胆固醇在性腺细胞内转化为性激素。

③催乳素。催乳素的作用是维持已形成的黄体发生功能的作用。若无催乳素,黄体即停止分泌孕酮(助孕素,又名黄体酮),催乳素也是促使泌乳必需的。

(2)卵巢激素

卵巢激素的结构式与公畜的睾丸酮类似。卵巢激素中的雌激素和孕酮发情周期有关。

①雌激素。雌激素的作用除了造成发情表现外,还刺激管状生殖道的生长和血液流动,并促使乳腺系统的生长发育。

②孕酮。孕酮产生于黄体,是维持妊娠所必需,并促使乳腺的泌乳生长。雌激素和孕酮还产生于一些动物的胎盘中,母牛和母山羊的胎盘产生孕酮较少,因此它们直至妊娠后期均不能离开黄体,否则容易流产。

3. 牛的发情与排卵

牛是全年发情,但会受季节、气候和饲养管理因素的影响,还受使役情况的影响。在贵州自然饲养情况下,黄牛多在春、秋两季发情,水牛发情配种多在秋、冬两季。

(1)母牛发情

牛可全年多次发情,发情是母牛性活动的表现,是由卵巢上的卵泡发育引起、受下丘脑-垂体-卵巢性腺轴调控的生理现象。垂体促性腺激素促使母牛卵巢上的卵泡发育与成熟时分泌雌二醇,当雌二醇在血液中浓度达到一定量时,就会引起母牛性冲动,愿意接近公牛,并接受交配等生殖生理变化。

①卵巢的变化。母牛发情的前 2~3 d,卵巢内卵泡发育迅速,卵泡液不断增多,卵泡体积逐渐增大,卵泡壁变薄,突出于卵巢表面,成熟后排卵,排卵后逐渐形成黄体。

②生殖道、外阴部的变化。发情母牛在雌激素的作用下,母牛的外阴部肿胀、充血,子宫颈松弛、充血,子宫颈口开放,腺体分泌增多,阴门流出透明的黏液。输卵管上皮细胞增长,管腔扩大,分泌物增多,输卵管伞兴奋张开、包裹卵巢。

③行为变化。母牛发情后,表现出兴奋、不安、哞哞叫,食欲减退,排尿次数增多,眼睛充血,眼神锐利,爬跨其他牛或接受其他牛爬跨,发情旺盛时接受其他牛爬跨且静立不动。

(2)发情周期的分期和特点

母牛的发情周期是把从这一次发情开始到下一次发情开始之间的时间计算为一个发情周期,母牛发情周期平均为 21 d(18~25 d)。

母牛出现第一次发情后,母牛的生殖器官、机体的生理状态发生一系列的周期性变化(妊娠期除外,到停止繁殖年龄为止),这种周期性的性活动称为发情周期或性周期。

①发情周期的分期。根据母牛的精神状态、卵巢变化、生殖道的生理变化等可把母牛的发情周期分为 4 个时期。

发情前期:一般持续 1~3 d,是母牛发情的准备阶段。母牛上一个发情周期结束后,黄体逐渐萎缩退化,新的卵泡开始发育并逐渐增大,雌性激素在血液中的浓度也逐渐增加,生殖器官逐渐充血,黏膜增生,子宫颈口逐渐开放,但无性欲表现。

发情期(性欲期):即发情持续期,在此期内按其发情的程度又分为发情初期、发情盛期、发情末期。在这个时期,母牛的外阴部呈充血肿胀状态,腺体分泌活动增加,流出黏液,子宫颈管道松弛,卵巢的卵泡发育很快,多数在发情末期排卵。发情初期的母牛表现兴奋不安,鸣叫,抬头,游走,不接受爬跨,外阴肿胀、充血,阴道黏液量少、稀薄、牵缕性差,子宫颈口开放,持续时间约为 9 h;发情盛期的母牛表现为接受爬跨,交配欲强烈,阴道黏液增多,流出后呈玻璃棒样,牵缕性强,极易粘于尾部等,子宫颈口红润开张,持续时间约为 9 h;发情末期的母牛表现为母牛变得平静,不再接受爬跨,阴道黏液减少、变稠、牵缕性差,持续时间约为 18 h。肉牛一般为 1~2 d,水牛一般为 1~3 d。母牛发情期的长短受品种、气候、营养状况等因素的影响,一般是温暖季节较寒冷季节短,营养状况差的较营养状况好的短。

发情后期:是指母牛排卵以后,母牛从发情的性兴奋状态逐渐转入安静状态,没有发情表现。雌激素水平降低,子宫颈管逐渐收缩,腺体分泌活动逐渐减弱,黏液分泌量少而稠密,子宫内膜逐渐增厚,排卵后的卵巢上形成血红体,卵泡破裂后开始形成黄体,孕酮的分泌逐渐增加,在该时期内约有 90% 育成母牛和 50% 成年母牛从阴道流出少量的血,说明母牛在 2~4 d 前发情,如果漏配,可在 16~19 d 后注意观察其发情,这段时间为 3~4 d。

休情期(间情期):是指母牛发情结束后生理状态相对静止稳定的一段时期。间情早期的卵巢上的黄体分泌大量孕酮;间情后期的黄体逐渐萎缩,卵泡开始发育;肉牛的休情期为 11~15 d。

②发情周期的特点。母牛的发情持续时间短,母牛的发情周期约为 17 h,短的约为 6 h,长的约为 36 h;母牛多表现为安静发情,部分进入发情期的母牛,卵巢上有成熟卵泡,能够正常排卵、妊娠,但外部发情表现不明显,甚至无发情表现,安静发情的母牛易漏配;母牛产后初次发情时间受带犊哺乳、营养、季节等因素影响,肉牛为产后 40~83 d,奶牛为产后 30~72 d;母牛发情结束后,因血中雌二醇的浓度急剧降低,子宫黏膜、子宫肉阜之间黏膜的微血管破裂,通过子宫颈、阴道排出体外。70%~80% 的青年母牛,30%~40% 的经产母牛于发情后的 1~4 d 出现生殖道排血现象;母牛的子宫颈肌肉特别发达,子宫颈管平时完全闭合,发情是稍有开张,但开张程度较猪、马等动物小。

(3)排卵

①卵泡发育。牛的每个发情周期中,卵巢有 2~3 批原始卵泡发育成为三级卵泡,即每个发情周期有 2 个或 3 个卵泡发生波;每个卵泡活动波中,一般只有一个卵泡发育较快,直径约在 1.1 cm 以上,称为优势卵泡,其他卵泡称为劣势卵泡,一般迟于优势卵泡 1~2 d 出现,约能维持 1 d,体积也较小;在牛的 2 个或 3 个卵泡发生波中,只有最后一个发生波中的优势卵泡发育成熟并排卵,其余的卵泡均发生闭锁;一般出现 2 个卵泡发生波的母牛,发情周期较短,约为 19.5 d,出现 3 个卵泡发生波的母牛,母牛周期较长,约为 23.4 d。

②排卵。牛为自发性排卵动物,一般一次只排一个卵,只有少数排 2 个卵。母牛发情结束后 4~16 h,在多种激素的作用下,卵子由卵泡释放而进入输卵管的过程叫作排卵。

4. 适龄配种与产后配种

(1)适龄配种

①母牛的适龄配种。母牛达到性成熟年龄时,机体和生殖器官的发育尚未完成,过早妊娠会妨碍自身的生长发育,生产的后代犊牛多易体弱、发育不良。生产中,母牛的适配年龄应充分考虑年龄、体重、体况等因素。因患病或营养不良造成的发育不良,体重偏小母畜的适配年龄需延迟;而个体发育较快的母畜的配种年龄应适当提前。一般母牛的适配年龄为 14~22 月

龄,且体重应达到成年母牛体重的65%~75%。

②公牛的配种适龄。种公牛适配年龄一般相当于体成熟的年龄,为18~24月龄。若使用过早,易影响其本身的生长发育和缩短其使用年限。

（2）母牛产后配种

为了让母牛的子宫恢复到受孕前的大小和位置,母牛产后需要有生理恢复过程,为12~56 d。产后卵泡开始发育的时间与丘脑下部和脑垂体前叶所分泌的激素有关。产后至第一次发情的时间间隔变化范围较大,肉牛为40~104 d,奶牛为30~72 d。时间间隔受品种、生产水平、哺乳、营养状况、产犊前后饲养水平个体、气候、环境等因素影响。一般营养差、体质弱母牛的间隔时间较长;老龄母牛、难产母牛或有产科疾病的母牛的子宫复原时间较长。

5. 母牛妊娠

母牛妊娠是母牛特有的一种生理现象,从卵子受精开始,经过卵裂、形成囊胚,胚胎着床,胎儿分化,胎儿生长,胎儿发育成熟,胎儿与胎盘及附属膜排出母体的生理过程。

（1）胚胎的发育与附植

受精卵形成合子后,卵裂球不断进行分裂增殖,经过桑葚胚、囊胚、扩张囊胚等阶段,从透明带中孵出,形成泡状透明的胚泡。初期的胚泡在子宫内的活动受到限制,在子宫中的位置逐渐固定下来并开始与子宫内膜发生组织上的联系,附植在子宫黏膜上。牛受精后20~30 d开始着床,着床紧密的时间约为受精后60~75 d。胚泡由两部分细胞组成,一部分在胚泡的顶端集聚成团,将发育成为胚体;另一部分构成胚泡壁,覆盖胚泡,形成胎膜和胎儿胎盘。

（2）胎膜和胎盘

胎膜是胎儿外包被的卵黄膜、羊膜、尿膜、绒毛膜等,是胎儿在母体子宫内发育过程中的临时性器官,作用是与母体间进行物质交换,保护胎儿的正常生长发育。

卵黄膜的存在时间很短,28~50胎龄时完全消失;羊膜位于最内侧,环绕着胎儿,形成的羊膜腔内有羊水;最外层为绒毛膜。3种膜紧密接触形成尿膜羊膜、尿膜绒毛膜和羊膜绒毛膜,尿膜羊膜与尿膜绒毛膜形成尿膜腔;羊膜腔内的羊水和尿膜腔内的尿水合称为胎水,可保护胎儿的正常发育,防止胎儿与周围组织或胎儿本身的皮肤相互粘连,分娩时润滑产道,利于胎儿产出。

胎盘是指由尿膜绒毛膜与子宫黏膜形成的特殊构造,其中尿膜绒毛膜部分为胎儿胎盘,子宫黏膜部分为母体胎盘。胎盘上有丰富的血管,具有物质转运、合成、分解、代谢、分泌激素等功能,可维持胎儿在子宫内的正常发育。

牛的胎盘为子叶型胎盘,胎儿子叶上的绒毛与母体子叶上的腺窝紧密嵌合,胎儿子叶包着母体子叶。特点是绒毛膜在和子宫阜相对应的部分形成绒毛丛(胎儿子叶),和母体子宫阜(母体子叶)紧紧嵌合,母体子叶(或母体胎盘)和子体子叶(或子体胎盘)紧密地嵌合在一起,共同组成了胎盘。

胎儿与胎膜相联系的带状物为脐带。牛的脐带长30~40 cm,内有1条脐尿管、2条脐动脉和2条脐静脉等,动、静脉在尿膜绒毛膜处,各分为两支,再分成小支进入绒毛膜,后又分成多个小支密布在尿膜绒毛膜上。

当母牛怀双胎时,胎儿各自有完整的胎膜,但绒毛膜互相粘连,血管吻合而血流互通,如果是双合子孪生,且一公一母,出生后92%的母犊不育。原因为雄性胎儿的睾丸发育早于雌性,雌性胎儿的发育受雄激素影响,导致成年母牛的生殖器官发育异常,表现为阴门狭窄,子宫如细绳样粗,卵巢非常小。

（3）妊娠母牛的生理变化

妊娠期间,为了维持母体和胎儿之间的平衡,母牛的内分泌、生殖系统发生明显的变化。

①内分泌。妊娠期间,内分泌系统发生明显改变,各种激素协调平衡以维持妊娠。

雌激素:较大的卵泡和胎盘分泌少量的雌激素,但维持在最低水平;分娩前分泌增加,到妊娠9个月时分泌明显增加。

孕激素:妊娠期间黄体、肾上腺、胎盘组织均能分泌孕酮,血液中孕酮的含量保持不变,分娩前数天孕酮水平急剧下降。

促性腺激素:妊娠期间,在孕酮的作用下,垂体前叶分泌促性腺激素的机能逐渐下降。

②生殖器官的变化。在生殖激素的作用下,胎儿在母体内不断发育,生殖系统也发生明显的变化。

卵巢:配种妊娠后,黄体、卵巢变大,怀孕后黄体迅速发育,妊娠黄体比周期性黄体大,排卵侧卵巢的体积比对侧大,妊娠黄体可以维持到分娩后;若没有妊娠则黄体消退。

子宫:怀孕后,子宫迅速发育,体积增大,位置下沉;母体胎盘组织增长;血液供应增加,分布于子宫的主要血管增粗,分支增多;孕激素可抑制子宫的活动,降低子宫对催产素、雌激素等激素的敏感性,从而造就一个适于妊娠的安静状态。

子宫颈:子宫颈是保证胎儿正常发育的重要门户,妊娠后子宫颈括约肌收缩,子宫颈紧紧关闭;子宫颈内膜的腺体增生,分泌出一种黏稠的黏液堵塞子宫颈管和子宫颈外口,完全封闭子宫。

阴道和外阴部:阴道黏膜变得苍白,黏膜上覆盖有从子宫颈分泌出来的浓稠黏液。阴唇收缩,阴门紧闭,直到临分娩前变为水肿而柔软。

子宫韧带:子宫韧带中平滑肌纤维、结缔组织增生变厚,子宫重量增加,子宫下垂,子宫韧带伸长。

子宫动脉:子宫动脉变粗,血流量增加,妊娠中、后期出现妊娠脉搏。

③母牛体况的变化。初次妊娠的青年母牛在妊娠期仍能生长发育。妊娠后食欲增加,消化能力提高,体重增加,毛色光润,母牛的营养状况得到改善。

（4）妊娠期

妊娠期是指从精子和卵子在母牛生殖道内形成受精卵开始,到胎儿产出时所持续的时间。从最后一次配种日算起,母牛的妊娠期为270～285 d,母牛的妊娠期有较稳定的遗传性,妊娠期的长短受品种、个体、年龄、季节、饲养管理条件等因素的影响。一般冬、春分娩的牛比夏、秋分娩的牛妊娠期长,饲养管理条件较差的牛妊娠期较长。

二、牛的繁殖技术

1. 发情鉴定

母牛发情时身体外部表现较明显,生产中多根据外部观察法、阴道检查法、直肠检查法来进行母牛的发情鉴定。

（1）外部观察法

外部观察法是鉴定母牛发情的主要方法,主要根据母牛的外部表现来判断发情的状况。母牛发情时表现兴奋不安,食欲减少,尾根举起,追随、爬跨其他母牛,接受其他母牛爬跨,外阴红肿,从阴门流出黏液等。根据母牛发情的表现,可以将发情期分为发情初期、发情中期、发情后期。

①发情初期。爬跨其他母牛,神态不安,鸣叫数声,但不愿接受其他母牛爬跨。阴唇轻微肿胀,黏膜充血呈粉红色,阴门中流出少量的透明黏液,如清水样,黏性弱。

②发情中期。追随和爬跨其他母牛,愿意接受其他牛的爬跨,鸣叫不已,黏膜充血潮红,阴唇肿胀明显。阴门中流出大量透明黏液,黏性强,呈粗玻璃棒状,不易拉断。

③发情后期。不爬跨其他母牛,也拒绝其他牛的爬跨,不再鸣叫,黏膜变为淡红色,阴唇肿胀消退,阴门流出少量半透明或混浊的黏液,黏性减退。

(2)阴道检查法

阴道检查法是用阴道开张器来观察阴道的黏膜、分泌物和子宫颈口的变化来判断发情与否。不发情母牛的阴道黏膜苍白、干燥、子宫颈口紧闭。发情母牛的阴道黏膜充血、色红、表面光亮湿润、有透明黏液流出;子宫颈口充血、松弛、开张并有黏液流出;黏液开始时较稀,随着发情时间的增加,黏液逐渐变稠,量也由少变多,到发情后期逐渐减少、黏稠、稍混浊。

(3)直肠检查法

牛保定后,用绳绊住后腿,指甲剪短磨光,手臂上涂以润滑剂,用温水清洗牛的外阴部和肛门;将五指并拢呈锥状,慢慢插入肛门深入直肠,然后分数次掏出直肠内粪便,而后在直肠内将手掌伸开,掌心向下,隔着直肠臂触摸卵巢上卵泡发育的情况来判断发情与否;母牛发情,可触摸到突出于卵巢表面并有波动感的卵泡;排卵后,卵泡上有一个小的凹陷;黄体形成后,可摸到稍微突出于卵巢表面、质地较硬的黄体。发情母牛的子宫收缩反应比较明显,子宫角坚实,由于子宫黏膜水肿,子宫角体积也增大。

2. 人工授精

牛的配种方式有本交(自然交配)和人工授精两种。

(1)人工授精的优点

①提高优秀种公牛的配种利用率。自然交配下,一头种公牛一年可完成80~100头母牛的配种任务;若采用人工授精技术,一头种公牛每年可完成1万头母牛以上的配种任务。

②加快牛群改良速度。选择优秀的种公牛用于配种,可提高种公牛的配种能力,有效加快牛群的改良速度。

③防止疾病传播。自然交配时,公、母牛生殖器官直接接触,易传播布氏杆菌病、阴道滴虫病、传染性阴道炎等传染性疾病,而采用人工授精技术则可避免生殖器官接触,防止疾病的传播。

④可有效提高配种受胎率。通过精液品质检查、分析精液品质,及时采取措施提高公牛的精液质量;提高发情鉴定,检查生殖器官,及早发现和治疗阴道炎、子宫内膜炎及卵巢囊肿等疾病,提高母牛的受胎率。

(2)精液品质检查

精液品质的优劣是影响受胎率的重要因素,通过精液品质检查,可以确定公牛的配种能力好坏,调整公牛的营养水平的高低,确定精液的稀释倍数。

①精液颜色、气味、混浊度。肉眼观察新采出的精液色泽,估算精液的密度、活率、是否异常等。

牛精液呈乳白色或乳黄色,精液的密度很高,每毫升含精子10亿个以上;若精液呈红色、红褐色或绿色,则表明公牛的生殖系统有炎症;若精液量大,有明显气味,呈黄色,则精液中可能混有尿液;品质优良的牛精液精子活率、浓度都很高,像云雾翻滚呈雾状。

②精子活率。精子活率是精液品质最重要的指标,精子活率高低直接决定着母牛配种受胎率,冷冻精液需要进行原精、稀释后、解冻后 3 次检查。因精子活率受温度的影响很大,因此精子活率检查要在 37℃ 的环境下进行。显微镜下作旋转、摇摆运动的精子已不具受精能力,呈直线前进的精子为有活率的。通常采用精子活率的评分标准是十级评分法,视野中 90% 的精子呈直线前进运动评分 0.9,80% 的精子呈直线前进运动评分 0.8,其余依此类推。

③精子畸形率。精子畸形率是判别精液品质的一项重要指标,形态不正常的精子为畸形精子,一般说来,用于输精精液的精子畸形率不能超过 18%。通常活率好的精液,精子畸形率较低;活率差的精液精子的畸形率较高。

④牛冻精的国际要求。采精用的种公牛应具有种用价值,外貌评分为特等或一等,体质健康,无遗传病,不允许有已发布的动物防疫法中所明确的二类疫病中的任何一种;新鲜精液色泽乳白色或淡黄色,精子活率 ≥0.65,精子密度 ≥6×10^8 个/mL,精子畸形率 ≤15%;细管无裂痕,两端封口严密;每剂量肉牛冻精解冻后精子活率 ≥0.35,前进运动精子数 ≥800 万个,精子畸形率 ≤18%,细菌数 ≤800 个;每剂量水牛冻精解冻后精子活率 ≥0.3,前进运动精子数 ≥1 000 万个,精子畸形率 ≤20%,细菌数 ≤800 个。

（3）牛的人工输精方法

①输精前准备工作。检查精液的活率,准备好输精器材和精液,用温水清洗并消毒母牛的阴门、会阴等。

②直肠把握输精法。直肠把握输精法的受胎率较高,但初学者不易掌握。左手插入直肠,抓住子宫颈,左臂用力下压,使阴门开张,另一只手持输精枪,自阴门向上斜插并避开尿道口,向前插入。使输精枪对准子宫颈口,插入子宫颈深部输精。

输精部位:将输精枪插入子宫颈深部或后半部输精,在子宫颈的 5 cm 以上。

有效精子数:液态精液输精量 1～2 mL,有效精子数 3 000 万～5 000 万个;冷冻精液的输精量 0.25～0.5 mL,有效精子数 1 000 万～2 000 万个。

输精时间:结合母牛的发情表现、流出黏液的性质、卵泡发育的状况来综合判断确定输精时间。

输精次数:一般根据输精母牛发情情况确定,若掌握得好,输精一次即可,否则应输精两次。或上午发现发情下午输精,第二天上午再输精一次;下午发现发情,第二天上午和下午各输精一次;两次输精的间隔时间 8～10 h 为宜。

最佳输精时间的判定:发情行为表现已终止,后躯沾有糨糊状黏液,或不见黏液迹象;爬跨、鸣叫、流出稀薄黏液等发情症状后 24 h;阴门微肿或不肿,可视黏膜呈粉红色或淡红白色,两侧阴唇干湿不润滑;黏液呈不透明玻璃棒状、黄白色块状流出,相当于发情后期;卵泡已成熟,卵泡不再增大,卵泡壁变薄,紧张性增强,触之即破。

3. 妊娠诊断

妊娠诊断是指采用外部观察、阴道检查、直肠检查、孕酮水平测定和超声波诊断等多种方法对母牛的妊娠情况进行诊断,其中,直肠检查法是牛妊娠诊断中最基本、最可靠的方法。妊娠诊断可有效减少母牛群的空怀率,提高牛群的繁殖率。

（1）外部观察法

若母牛配种 3 周后，不再发情，性情变得安静温顺，食欲增加，则可粗略地判断母牛已怀孕。该方法常作为早期妊娠诊断的辅助方法，准确性较差。

（2）阴道检查法

阴道检查法是通过开张器进行阴道检查，若母牛阴道黏膜和子宫颈苍白而无光泽，子宫颈口闭合偏到一边，被灰暗的子宫颈栓堵塞，则母牛可能已怀孕；若母牛阴道和子宫颈黏膜呈粉红色，具有光泽，则母牛未怀孕。该方法的准确性较差，可作为早期妊娠诊断的辅助方法。

（3）直肠检查法

①基本方法。找到子宫颈，中指向前滑动寻找角间沟，把手向下移动，握住子宫角，触摸两子宫角，在子宫角尖端外侧找到卵巢，分别检查两侧卵巢，妊娠母牛的卵巢上有突出的黄体。

②妊娠 20 d 时，子宫变化不明显，可采用黄体比较法进行直检。配种后 15 d、17 d、19 d、21 d 分别直检，如果 4 次黄体形态相同，可判定该牛已怀孕。若后 3 次黄体形态比第一次黄体形态缩小或消失，则未孕。

③妊娠 30 d 时，妊娠侧卵巢增大，妊娠角变粗、松软、有波动，空角稍有弹性，并有液体波动的感觉。

④妊娠 60 d 时，妊娠侧卵巢增大移至耻骨前缘，孕角子宫增大，角间沟已不清，但仍能分辨，可以摸到全部子宫。

⑤妊娠 90 d 时，孕角大呈球形，波动明显，可摸到黄豆大的子叶，子宫开始沉入腹腔，初产牛子宫下沉较晚。

⑥妊娠 120 d 时，子宫已全部沉入腹腔，仅能摸到子宫的背侧，该处的子叶形如蚕豆，妊娠角子宫中动脉清楚。

⑦妊娠 120 d 后，子宫继续膨大，沉入腹腔并抵达胸骨区，子叶大如鸡蛋，子宫动脉粗如拇指。

（4）孕酮水平测定法

母牛妊娠后，血中和奶中孕酮含量明显高于未妊娠母牛，可通过测定血液或奶中孕酮含量，进行妊娠诊断，该方法的准确率可达 80%～95%。

（5）超声波诊断法

将超声波扫描仪的探头深入阴道或直肠内，紧贴在子宫或卵巢上进行探查和影像扫描，根据超声波在传播过程中遇到母牛子宫不同组织结构出现不同的反射，探知胚胎的存在、胎动、胎儿心音和胎儿脉搏等情况来进行妊娠诊断的方法。

4. 分娩与助产

分娩是指母牛经过一定时间的妊娠后，胎儿发育成熟，母牛将胎儿及附属膜从子宫排出体外的过程。

（1）分娩预兆

分娩前母牛的乳房迅速膨大，腺体充实，乳头膨胀，乳头表面呈蜡状光泽，临产前有初乳滴出；阴唇松弛变软、水肿，皮肤上的皱襞展平，阴道黏膜潮红，子宫颈肿胀、松软，子宫颈栓溶化变成半透明状黏液，排出阴门；骨盆韧带柔软、松弛，耻骨缝隙扩大，尾根两侧凹陷，便于胎儿通过；母牛表现活动困难，起立不安，尾高举，回顾腹部，常作排尿状，食欲减少或停止。

（2）分娩特点

由于母牛的产道、胎儿及胎盘结构的特点，母牛在分娩过程中常表现出如下特点：

①产程长，易难产。因牛的盆骨构造复杂，骨盆轴呈 S 状折线，胎儿的头部、肩胛及臀围较大，所以牛的产程较长，牛的头部额宽是胎儿最难排出的部分，易难产。

②胎衣易滞留。牛的胎衣排出时间较长，为 2～8 h。牛的胎盘属于上皮绒毛膜与结缔组织绒毛膜混合型胎盘，胎儿胎盘包被着母体胎盘，子宫肌的收缩不能促进母体胎盘和胎儿胎盘的分离，当母体胎盘的肿胀消退后，胎儿胎盘的绒毛才能从母体胎盘上脱落。

（3）助产

生产中，当发现分娩异常时，应及时给予必要的助产矫正，有利于犊牛的产出和母牛的安全，若助产不当，极易引发一系列的产科疾病。

①产前准备。产房：临产母牛应在预产期前 1 周左右进入产房，随时注意观察分娩预兆。产房墙壁地面平整，以便于消毒、清洁，产房还应干燥、阳光充足、通风良好、宽敞，以便于助产操作。

器械和药品：产房应常备助产器械和药品，如酒精、碘酒、来苏儿、细线绳、剪刀、催产素、镊子、枕头、注射器、搪瓷盆、胶鞋、产科绳、手电筒、塑料布、药棉、纱布、手套、手术刀、肥皂、毛巾、工作服等。

助产人员：应受过助产专业训练，熟悉母牛分娩的生理规律，遵守助产的操作规程。助产者要穿工作服、剪指甲，手、工具和产科器械都要严格消毒，以防病毒带入子宫内，造成生殖系统疾病。

②助产原则。发现母牛有分娩症状时，用 0.1%～0.2% 的高锰酸钾温水或皂溶液洗涤外阴部，并用毛巾擦干。

发现子宫颈开张，胎水已排出，但无力将胎儿排出时，应设法将胎儿拉出；若初产母牛娩出动力过强，阵缩、努责频繁而强烈，间歇时间短，应将母牛后躯抬高，让其缓慢走动。

当胎儿前置部分进入产道时，助产人员应检查胎儿的胎向、胎位和胎势，及早发现异常现象并校正，以免胎儿挤入骨盆而难以校正。

当胎儿的胎头露出阴门时，若覆盖有羊膜，需撕破并清除，擦净胎儿鼻孔内的黏液，以利于呼吸，防止胎儿因窒息而死。但不能过早撕破羊膜，以免胎水流失过早，引起产道干涩，影响分娩。

当胎儿头部通过阴门时，若阴唇、阴门过度紧张，可用两手拉开阴门并下压胎头，使阴门的横径扩大，促使胎头顺利通过，以免造成会阴和阴唇撕裂。

胎儿牵拉时，胎儿姿势必须正常，异常姿势须矫正后再进行牵拉；配合母牛努责牵引；按照骨盆轴的方向牵拉，向后上方牵拉；当胎儿臀部将要拉出时，轻缓用力，以免造成子宫内翻或脱出；胎儿腹部通过阴门时，应将手伸到腹下握着脐带，和胎儿同时牵出，以免脐带断在脐孔内；当胎儿肩部通过骨盆入口时，因横径大，阻力也大，应注意不要同时牵拉两前肢，应交替牵拉两条腿，缩小肩宽横径拉出胎儿。

③犊牛护理。保证呼吸畅通：胎儿产出后，应立即擦净口腔和鼻孔的黏液，并观察呼吸是否正常。

处理脐带：向胎儿方向捋动脐带中血液，将脐带扯断，再涂以碘酒。

擦净犊牛体表：犊牛出生后，将身上的羊水擦干，也可让母牛舔干。

尽早吮食初乳；待体表被毛干燥后，可帮助犊牛吮乳，部分初产母牛因母性不强，应辅助犊牛吮乳。犊牛摄取初乳中的大量抗体，可增加犊牛的抵抗力，利于犊牛胎粪的排出。

④母牛的产后处理。可用温热的麸皮粥饲喂产后母牛，利于母牛恢复体力；清洗消毒产后母牛的后躯部；密切注意母牛排出胎衣情况及恶露排出情况。

5. 同期发情

同期发情是指采用药物处理一群母牛，控制和改变母牛的发情过程，使牛群在预定的时间内集中发情、排卵，以便有计划地、合理地组织人工授精和胚胎移植工作。

（1）同期发情的意义

①同期发情技术可使母牛集中发情、集中配种；

②可使一群母牛的发情、排卵、配种、妊娠和分娩时间一致，便于饲养管理，科学组织生产；

③同期发情处理中使用的外源性激素可改变内源性生殖激素的水平，促使牛的发情，可提高母牛的受配率，从而提高整个牛群的繁殖率。

（2）同期发情的机理

母牛的性周期受下丘脑—垂体—卵巢性腺轴激素的控制。发情周期可分为卵泡期、黄体期两个阶段。黄体期血液中孕酮含量高，可抑制母牛发情，而血中孕酮含量的下降则是卵泡期到来的前提。因此控制血液中孕酮的含量，就可控制母牛的发情。

6. 胚胎移植

将良种母牛的早期胚胎取出，或通过体外受精方式获得的胚胎，移植给另外一头或数头生理状态相同的母牛体内，使之继续发育成新个体，就叫胚胎移植。通俗地说就是"借腹怀胎"。提供胚胎的母牛称为供体，接受胚胎的母牛称为受体。

7. 性别控制

牛的性别控制是指通过人为地干预，使母牛繁殖特定性别犊牛的技术，它在牛生产中具有重要意义。对乳牛而言，只有母牛才能产奶；对肉牛，公牛的产肉量、生长速度以及饲料报酬等均优于母牛。因此，通过性别控制技术，使奶牛场只生母犊，肉牛场只生公犊，可以产生明显的经济效益，具有广阔的应用前景。

三、贵州规模化场肉牛繁殖技术规程

1. 范围

本部分规定了贵州肉牛繁殖技术中的人工授精技术要点以及母牛妊娠诊断、接生、良种登记。

本部分适用于贵州肉牛的繁殖技术推广应用。

2. 规范性引用文件

下列文件对于本文件的应用是必不可少的。凡所注日期的版本适用于本文件。凡是不注日期的引用文件，其最新版本（包括所有的修改单）适用于本文件。

GB 4143 牛冷冻精液。

3. 人工输精技术要点

（1）细管冻精的保存、运输、解冻

应符合 GB 4143 的规定。

（2）母牛的发情配种

①初配年龄。初配年龄≥18 月龄，体重≥成年体重的 70%。

②发情鉴定。询问畜主：输精人员向畜主询问受配母牛年龄、胎次、发情等情况。

外观检查：母牛食欲减退、精神兴奋不安、哞叫、接受爬跨或爬跨他牛、站立不动、阴门充血肿胀并有黏液流出。发情初期黏液为乳白色或灰白色较黏稠，发情中期黏液量多色淡，发情后期黏液量少而混浊。

直肠检查：保定好母牛，检查人员戴上一次性消毒塑料手套，五指并拢呈锥形插入母牛直肠，掏出宿粪，然后触摸子宫颈、子宫及卵巢，检查卵泡发育情况，对发情母牛直检、判定卵泡发育，排除生殖疾患、妊娠及妊娠后假发情。

阴道检查：用开膣器打开阴道，观察阴道黏膜和子宫颈口，发情母牛阴道黏膜潮红，子宫颈口张开，有黏液。

（3）输精方法

①解冻。将细管冻精从液氮罐迅速取出，将封闭端置于 38～39℃ 的水杯中，水浴解冻 10～15 s 后取出，拭去水珠。

尽快使用解冻好的冻精，在温度 25～30℃ 条件下，30 min 内使用。

②镜检。将细管封闭的一端剪去，剪口捏圆，挤一滴于载玻片上镜检精子活力，精子活力达到 0.3 以上。

③装枪。将解冻后的细管冻精装入输精枪，套上塑料外套管。

④输精。采用直把式输精法将精液输入子宫体。输精的关键要点是慢插、适深、轻注、缓出、防倒流。输精员手臂戴上一次性塑料手套，五指并拢呈锥形插入母牛直肠，掏出宿粪，然后把握子宫颈。另一只手持装有精液的输精枪，插入阴道后直至子宫颈深 2～3 cm。

⑤消毒。输精后弃去外套管，对枪体用酒精棉球擦拭消毒后，用干净纱布包裹置于瓷盘。

⑥登记。填写统一印制的肉牛改良登记册，畜主签名，详见表 6-1。

表 6-1　贵州肉牛改良登记表（册）

市　　　　　　县　　　　　　乡镇　　　　　村（点）

序号	母牛			第一次配种			第二次配种			第三次配种			备注
	品种	毛色	牛号	公牛号	品种	日期	公牛号	品种	日期	公牛号	品种	日期	

4. 母牛妊娠诊断

（1）外部观察法。母牛配种后 18～22 d 不再发情,且食欲大增,性情温和,毛色光亮,体重增加,则可能怀孕。

（2）直肠检查法。与发情检查步骤相同,依据卵巢上黄体、子宫形态和质地、子宫动脉情况综合判断,应符合表 6-2 的规定。

表 6-2　母牛怀孕各月份生殖器官变化情况表

妊娠期	卵巢	子宫	子宫动脉
1 月	孕角卵巢体积增大,黄体明显	角间沟仍明显,孕角稍粗,变软,内有液体感,收缩反应减弱或消失	
2 月	孕角卵巢位置前移至骨盆腔入口前缘处	位于耻骨前下方,角间沟不清楚;孕角比空角粗一倍,子宫角软且有波动感	
3 月	孕角卵巢沉入腹腔,不易触及	子宫颈前移至耻骨前缘处,子宫孕角呈软圆袋状,垂入腹腔,波动感明显	
4 月	两侧卵巢均沉入腹腔不易触及	子宫颈移至耻骨前缘前方,子宫体增大,沉入腹腔底,不易触摸到,子宫壁薄,波动明显	孕侧子宫动脉出现妊娠脉搏,但不明显
5 月	两侧卵巢均沉入腹腔,不易触及	子宫体积和子叶都进一步增大,在骨盆入口前缘下方可摸到胎儿,子宫颈在耻骨前缘前下方	孕侧子宫动脉出现明显妊娠脉搏
6 月	两侧卵巢均沉入腹腔,不易触及	因位置低,摸不到胎儿,子叶大如鸽蛋,子宫颈在腹腔内	空角侧子宫动脉有微弱妊娠脉搏
7 月	两侧卵巢均沉入腹腔,不易触及	易摸到胎儿,子宫颈在腹腔	空角侧子宫动脉妊娠脉搏明显
8 月	两侧卵巢均沉入腹腔,不易触及	子宫颈回至骨盆入口,子叶如鸡蛋大	孕角中动脉妊娠脉搏明显
9 月	两侧卵巢均沉入腹腔,不易触及	子宫颈回到骨盆腔内	两侧子宫动脉妊娠脉搏明显

5. 良种登记

采用贵州肉用母牛系谱表进行登记,详见表 6-3。

表 6-3　肉用母牛系谱

市＿＿＿＿　县＿＿＿＿　乡镇＿＿＿＿　村组＿＿＿＿　畜主(养殖场)＿＿＿＿　备注

牛只情况	牛　号		良种登记号		来　源	
	品　种		出生日期		登记日期	
	毛色特征		初生重		登记人	

续表 6-3

<table>
<tr><td rowspan="10">系谱</td><td>父、牛号</td><td colspan="2"></td><td rowspan="5">照片</td></tr>
<tr><td>品 种</td><td>祖父、牛号</td><td></td></tr>
<tr><td>出生日期</td><td>品 种</td><td></td></tr>
<tr><td>初生重</td><td>祖母、牛号</td><td></td></tr>
<tr><td>断奶重</td><td>品 种</td><td></td></tr>
<tr><td>母、牛号</td><td colspan="2"></td></tr>
<tr><td>品 种</td><td>外祖父、牛号</td><td></td></tr>
<tr><td>出生日期</td><td>品 种</td><td></td></tr>
<tr><td>初生重</td><td>外祖母、牛号</td><td></td></tr>
<tr><td>断奶重</td><td>品 种</td><td></td></tr>
</table>

生长发育情况	项 目	体重/kg	体高/cm	体斜长/cm	胸围/cm	管围/cm	胸宽/cm	尻宽/cm	测量日期	备注
	初生重									
	6 月龄									
	12 月龄									
	18 月龄									
	24 月龄									
	36 月龄									
	成年									

妊娠情况	项 目	胎次 1	胎次 2	胎次 3	胎次 4	胎次 5	胎次 6
	始配日期						
	始配月龄						
	配妊日期						
	配妊次数						
	公牛号						
	妊娠天数						

产犊情况	项 目	胎次 1	胎次 2	胎次 3	胎次 4	胎次 5	胎次 6
	出生日期						
	性 别						
	毛 色						
	初生重						
	编 号						
	健康情况						
	产犊情况						

四、牛同期发情定时输精操作技术规程

1. 范围

本标准规定了牛同期发情定时输精技术的准备工作、母牛选择、牛群规模、妊娠检查、同期发情方法、定时输精方法、记录、注意事项等技术要求。

本标准适用于贵州省牛人工授精站、养牛场(户)。

2. 规范性引用文件

下列文件中的条款通过本文件的引用而成为本标准的条款。凡是注日期的引用文件,其随后所有的修改单(不包括勘误的内容)或修订版均不适用于本文件,然而鼓励根据本文件达成协议的各方研究是否可使用这些文件的最新版本。凡是不注日期的引用文件,其最新版本适用于本文件。

GB 4143—2008 牛冷冻精液。

NY/T 1335—2007 牛人工授精技术规程。

3. 术语和定义

下列术语和定义适用于本标准。

①冷冻精液。将原精液用稀释液等温稀释、平衡后快速冷冻,在液氮中保存。冷冻精液包括颗粒冷冻精液和细管冷冻精液。

②发情鉴定。通过外部观察或其他方式确定母牛发情程度的方法。

③情期受胎率。同期受胎母牛数占同期输精情期数的百分比。

④受胎率。同期受胎母牛数占同期参加输精母牛数的百分比。

⑤同期发情。利用外源激素人为控制和改变一群空怀母畜卵巢的活动规律,使其在预定时间内集中发情并正常排卵的一种技术。

⑥定时输精。对一群母畜进行同期发情处理后,不需观察发情表现,在预定时间进行人工输精的一项技术。

4. 准备工作

(1)人员准备及分工

①每组 3 人,操作者 1 人,助手 2 人。

②操作者负责牛的妊娠、子宫检查和人工授精操作。

③助手 1 负责注射药品的准备,精液的解冻、装枪和记录。

④助手 2 负责牛的保定、注射、协助操作者输配。

(2)设施与器械准备

①每组准备保定架 2 个。

②5 mL 金属注射器 3 个、16 号兽用注射针头 40 颗以上。

③输精枪 5 把、输精枪帽 30 个。

④注射器械、碘酊、酒精、药棉、一次性塑料外套等足量。

(3)器械的清洗消毒

①输精枪、输精枪帽、注射针头,先用清洗液清洗,再用清水洗净,用纱布分类包扎,置锅内煮沸 1 h 后,干燥后备用。

②输精枪枪柄先用清洗液清洗,再用清水洗净,最后用 75％的酒精擦拭消毒,风干后备用。

5. 母牛的选择和要求

①年龄。黄牛 2～8 岁;杂交肉牛 1.5～8 岁;水牛 3～10 岁。

②体重。经产母牛不作要求。处女母牛中黄牛 150 kg 以上、杂交肉牛 200 kg 以上、水牛 180 kg 以上。

③膘情。中等以上。

④健康。健康无病。

⑤发情周期。要求母牛处于黄体期,即发情后 5～17 d,最好是在 8～12 d,刚发完情或即将发情的母牛不能注射药物。

⑥带犊母牛。所带犊牛 2 个月以上,且子宫恢复正常,膘情较好。

⑦其他。过肥、过瘦、生长发育不正常及刚进行了疫苗注射或驱虫的母牛不能选用。

6. 牛群规模

每次同期发情的适宜规模为:每组 50～80 头。

7. 时间选择

一年四季均可进行,其中最佳时间是在秋季,冬季气温低于 0℃、夏季气温高于 30℃不宜进行;药物处理时要避开牛的使役期。

8. 妊娠检查

药物处理前所有母牛必须进行妊娠检查,通过直肠检查确定空怀者才能注射药物,否则怀孕牛会造成流产。

9. 药品选择

氯前列烯醇等类似药物。

10. 注射剂量

氯前列烯醇每头牛 2 mL,个体较大者注射 3 mL;其他类似药物按使用说明使用。

11. 注射部位

臀部肌肉注射。

12. 定时输精

所有牛注射药物后,以打针当天为第 0 天,黄牛在第 3 天、第 4 天各输精 1 次;水牛在第 4 天、第 5 天各输精 1 次。不管牛是否有发情表现都要输配。

13. 输配方法

按 NY/T 1335—2007 要求进行。

14. 精液要求

符合 GB 4143—2008 标准。

15. 注意事项

(1)注射药物

①药物要避免高温或太阳直射。

②不能用其他部位和皮下注射代替臀部肌肉注射。

③要确保药物足量注入,取针时如发现有药物余留或滴漏,要补充注射。

（2）精液解冻

①取冻精时,提筒不能超出液氮罐的颈口,操作时间不得超过 5 s。

②细管冻精每次只能解冻 1～2 支,不能多支一起解冻,连续解冻时需检查水温。

③解冻温度的范围为 38～42℃。

④解冻好的冻精,要避免二次污染和阳光直射。

⑤尽快使用解冻好的冻精,在温度 25～30℃条件下,30 min 内使用。

注意检查精子活率,解冻后精子活率若低于 30%（即 0.3）则不能用于输精。

（3）输精操作

①对母牛保定时,要加后保定绳。

②不宜用消毒药水清洗外阴,对外阴太脏的牛要用清水清洗后擦干。

③输精枪在插入阴道时避免枪头接触外阴污物,可由助手分开阴唇再将枪头插入阴道,枪头被污染必须更换。

④输精完毕,要检查细管内是否有精液残留和回流,若有应另取精液重新输配。

（4）补配

在配种后第 16 天开始观察牛群,适时补配,持续时间 7 d。

第三节　肉牛繁殖力低下的原因分析及提高措施

随着肉牛产业的发展,肉牛的规模养殖场不断增加,但繁殖力有下降的趋势,养殖场的肉牛常表现出不发情,发情症状不明显,情期延长,排卵迟缓、受胎率下降及胚胎早期死亡等症状,从而导致肉牛繁殖力低下,对我国肉牛产业的发展造成不利影响。笔者结合多年的工作经验,就导致肉牛繁殖力低下的原因进行分析,并提出相应的防治措施。

一、衡量繁殖力的指标

繁殖力是指母牛在一定时间内繁殖后代的能力,是牛生产力的重要指标。在生产上对繁殖力的度量和评价有多种指标,如公牛方面有配种利用率和精液产量、质量;母牛方面有受胎率、犊牛成活率等。

1. 受胎率

受胎率是指年度内妊娠母牛数占参加配种母牛数的百分率,受胎率又可分为总受胎率、情期受胎率和第一情期受胎率,总受胎率应在 95% 以上。

（1）年总受胎率

年总受胎率反映全年总的配种效果。

$$年总受胎率 = \frac{年受胎母牛头数}{年受配母牛头数} \times 100\%$$

统计日期由上年 10 月 1 日至本年 9 月 30 日;年内受胎两次以上的母牛（包括正产受胎两

次和流产后受胎的),受胎头数和受配头数应一起统计,即各计为两次以上;受配后 2～3 个月的妊娠结果确认受胎要参加统计;配种后两个月内出群的母牛,不能确定是否妊娠的不参加统计,配种两个月后出群的母牛全部参加统计。

(2)年情期受胎率

年情期受胎率即以情期为单位的受胎率,反应母牛发情周期的配种质量。

$$年情期受胎率 = \frac{年受胎母牛头数}{年输精总情期数} \times 100\%$$

凡经输精的情期均应统计在内。年内出群的牛只,如最后一次配种距出群日不足两个月时,该情期不参加统计,但此情期以前的受配情期必须参加统计;统计的起止日期与年受胎率相同。

(3)第一情期受胎率

第一个情期配种的受胎母牛数占配种母牛数的百分比,它便于及早发现问题,从而改进配种技术。

$$第一情期受胎率 = \frac{第一情期配种受胎母牛头数}{第一情期配种母牛头数} \times 100\%$$

2. 繁殖率指标

通常用一年中出生犊牛的头数与繁殖母牛头数之比表示,集中表现牛繁殖犊牛的效率或繁殖率,在一般情况下,奶牛的繁殖率在 90% 以上,黄牛为 40%～70%。衡量牛繁殖率有以下指标:

(1)年繁殖率

年繁殖率反映牛群在一个繁殖年度内的繁殖效率。

$$年繁殖率 = \frac{年实繁母牛头数}{年应繁母牛头数} \times 100\%$$

实繁母牛头数指自然年度(1—12 月)内分娩的母牛数,年内分娩两次的以两头计,一产双胎的以一头计,妊娠 7 个月以上的早产计入实繁头数,妊娠 7 个月以下的流产不计入实繁头数。应繁母牛头数指年初(1 月 1 日)18 月龄以上母牛数,加上年初未满 18 月龄而在年内实繁的母牛数。年内出群的母牛,凡产犊后出群的全部计算,未产犊而出群的一律不计算。

(2)空怀天数

空怀时间以 80 d 为理想天数,大多数情况为 90～100 d。这样既能保证 1 年 1 胎,又可充分发挥牛的泌乳潜力。

(3)不返情率

指一头公牛的所有与配种母牛在第一次输精后的一定时间间隔(如 60 d 或 90 d)内不返情的比例,它与受胎率呈正相关,可以在一定程度上反映牛群受胎率,但往往高于实际受胎率。

(4)年平均胎间距(产犊间隔)

$$年平均胎间距 = \frac{胎间距之和}{统计头数}$$

胎间距为各母牛本胎产犊日距上胎产犊日(不含)的间隔天数。按自然年度统计,凡在年内繁殖的母牛均进行统计。年内繁殖两次的(指正产),其所形成的两个胎间距一起进行统计。流产也计为产一胎,遇到流产情况时,不足 270 d 的胎间距不参加统计,超过 270 d 的胎间距一起参加统计。

（5）犊牛成活率

在本年度内断奶成活的犊牛数占本年度出生犊牛数的百分率,反映母牛育仔能力和犊牛生活力及饲养管理水平。

二、造成肉牛繁殖力低下的原因

1. 营养物质缺乏或不平衡

日粮中营养物质缺乏或不平衡是造成肉牛繁殖障碍与疾病发生的主要原因,饲养管理中营养物质和矿物质不足或过量均可引起繁殖疾病,尤其是能量、蛋白、矿物质和维生素对母牛的繁殖力影响较大。维生素 A、维生素 E 及微量元素的缺乏,会延迟青年母牛初情期的到来,导致经产母牛乏情或发情不规律、不排卵、受精卵着床困难、胚胎早期死亡等;粗纤维不足可导致代谢疾病、胎衣不下及产科疾病。据调查,贵州省肉牛养殖主要以放牧为主,自然条件不足(草场严重退化,生产力下降),一旦遇到自然灾害(干旱、凝冻等),极易造成饲料短缺,放牧季节很少补饲或基本不补饲精饲料,这种掠夺式经营方式和粗放的管理模式使大多母牛处于"夏肥秋壮、冬瘦春乏"的恶性循环中,造成母牛繁殖性能低下,犊牛长期营养不足,生长发育受阻,降低了繁殖成活率。

2. 缺乏科学的饲养管理水平

科学的饲养管理对提高母牛的繁殖率非常重要。合理调整牛群结构、规划牛群生产,调查母牛发情、妊娠与产犊情况,对空怀、流产、难产母牛的检查与治疗,及时组织配种,严格遵守卫生防疫制度等,都直接关系到肉牛繁殖力的高低。任何环节的疏忽或遗漏,都会造成群体繁殖力的降低。

3. 繁殖配种技术不规范

边远落后山区养殖户和基层畜牧兽医技术人员普遍存在文化素质较低,掌握新技术、新方法的能力较差,观念陈旧,加之边远贫穷地区设施、交通、信息等环境因素恶劣,管理粗放,降低了肉牛繁殖力。

（1）发情鉴定不准确

由于绝大多数养殖户不具备系统的母牛发情鉴定知识,无法判断最佳输精时间,由于母牛发情持续时间较短,所以早配、迟配、漏配的现象经常发生。有的是粗放经营,不具备母牛饲养经验,错过发情期。

（2）配种员不能做到适时输精

输精是人工配种的非常重要的技术环节,适时而准确地输精是提高母牛受胎率的关键。①养殖户发情鉴定不准确,造成配种员不能在最佳时间输精;②配种员技术不全面,只依赖养殖户提供的发情时间而进行输精,这样就有 30％排卵或早或迟的母牛因不能适时输精而不能受胎;③输精员在解冻冻精时不用温度计调节水温,凭经验、手感,造成冻精活力下降;④输精员技术不熟练,输精位置不准确。

4. 繁殖性疾病治疗不当

（1）冲洗子宫不当

肉牛生产是一种自然规律,产后子宫可自然净化恢复。只要肉牛产犊过程顺利,胎衣排出正常,产后 15 d 左右就能自行净化,不需要进行子宫冲洗;只有在发生难产、胎衣不下、子宫复旧发生障碍时,才需根据子宫复旧情况进行冲洗。但部分养殖户往往在让牛产犊后第 3 天就开始大剂量向子宫灌注药液进行子宫冲洗,破坏了子宫内环境,致使子宫复旧时间延长,产后发情妊娠时间推后。

（2）滥用外源性激素

由于受到饲养环境条件及饲料营养物质搭配不合理的影响,许多肉牛往往是营养性不发情或不孕,但一些农户不是从改善饲养管理,调整营养结构着手,而是频繁使用大剂量的激素类药物催情,打乱了肉牛正常的激素调节机能,致使屡配不孕。

5. 卫生防疫措施不到位

卫生防疫与肉牛繁殖力密切相关。卫生防疫措施不到位,设备不健全,养殖人员对消毒、卫生、防疫意识淡漠是肉牛疾病得不到控制的主要原因,从而使肉牛繁殖力下降,淘汰率上升,缩短肉牛使用寿命,最终提高养殖成本,降低收入,甚至出现亏损。

三、提高肉牛繁殖力的技术措施

提高肉牛繁殖成活率的途径主要是针对影响母牛繁殖成活率的因素,从加强营养和饲养管理,提高繁殖技术,进行繁殖疾病的治疗,加强传染病的预防等,采取多种有效措施,应用先进的繁殖技术,最大限度地提高母牛繁殖成活率。

1. 提供适宜的营养水平

母牛怀孕后,除了维持自身所需要的营养外,还需要供给胎儿的生长发育的营养,同时还需储存足够的养分保证生产和泌乳。无论在农区、牧区还是半农半牧区,均应根据肉牛的营养需要,科学设计日粮结构,合理搭配日粮,充分发挥肉牛的繁殖潜力,严禁使用发霉、变质及含有毒物质的饲料,否则,易损害肉牛的生殖机能,导致不孕。能量和蛋白质对肉牛繁殖力的影响最大,应根据肉牛的体重、生理阶段等实际情况,制定合理的能量和蛋白质水平。一般可通过增加日粮中脂肪的含量以提高日粮的能量浓度来减少肉牛采食量的限制,同时提供胆固醇,促进孕激素的合成,刺激卵泡发育,保证肉牛良好的繁殖性能;选择过瘤胃蛋白高,而瘤胃降解蛋白低的蛋白质饲料用于配制精料补充料,保证饲料中可降解碳水化合物与瘤胃降解蛋白的适当平衡。

2. 加强围产期饲养管理

在母牛产前 15 d 开始,每天每头牛增加精料 0.2～0.4 kg,直到产犊,精料增加到 7～10 kg 为止,并适当增加运动。围产期应注意维生素 A、维生素 D、维生素 E 和微量元素硒的补充,以减少胎衣滞留和子宫复旧延迟,促进肉牛生殖机能恢复,并注意奶牛食欲恢复、恶露排出及饲料的精粗搭配等情况,发现问题及时处理。

3. 加强卫生防疫措施,对牛舍定期消毒

做好牛群的卫生防疫工作。在肉牛生产中,传染病、寄生虫病、中毒性疾病和繁殖疾病等严重威胁肉牛的健康。为了尽量避免疾病的发生,一定要搞好卫生防疫工作(其中包括清洁卫生、消毒措施、预防注射以及驱虫药浴等)。牛舍每月定期用高压水枪冲洗 1 次,彻底清扫干净,并在牛舍入口、产床和牛床下面撒生石灰、2% 火碱或用 3%～5% 来苏儿溶液进行喷雾消毒。产房每周进行 1 次大消毒,分娩室在牛临产时及产前、产后各进行 1 次消毒,或用甲醛加高锰酸钾熏蒸消毒。

4. 准确鉴定发情,适时输精,提高受胎率

做好母牛的发情鉴定,适时输精配种可提高肉牛的繁殖力和牛场的经济效益。母牛发情持续时间短,一般在 8～18 h,当天下午至第二天清晨发情的要比白天多。65% 的发情母牛在当天下午6:00 至第二天早上 6:00 表现爬跨行为,尤其集中在晚上 8:00 至凌晨 3:00 之间。所以要勤于观察母牛发情,做到早、中、晚各一次,每次观察 30 min 以上,对发情不正常的母牛重点观察。

掌握好适时输精配种是防止漏配、提高受胎率的重要技术措施。要求母牛产后 60～90 d 完成配种,个别体况良好、子宫复原早的母牛可在产后 40～60 d 内配种。在生产中,可根据肉牛的爬跨行为判定发情生理变化:发情初期,他牛爬跨,但拒绝他牛爬跨;发情盛期,主动举尾弓腰,稳当地接受他牛爬跨;发情后期,他牛仍追逐,但发情母牛拒绝爬跨。母牛最适宜的配种时间,是当母牛拒绝爬跨后 4～6 h,此时即将排卵。

5. 做好早期妊娠诊断,提高复配效率

早期妊娠诊断是提高肉牛繁殖力的重要手段,若能尽早发现空怀,及时采取复配措施,减少繁殖损失。早期妊娠诊断的方法很多,以直肠检查法准确率较高,实用价值较大。直肠检查子宫角两侧不对称,受孕牛一边子宫角伸长,子宫角变软,形状变粗,而未孕子宫角一侧子宫角相对短、硬、细。用食指轻轻触摸子宫角,不要用力扣、压、挖,怀孕母牛子宫角有波动感,空怀牛子宫角呈肉样。检查时注意动作要轻、快而对肉牛无损伤。

6. 重视母牛繁殖障碍病的防治

肉牛繁殖障碍主要是卵巢机能与子宫内膜炎。实际生产工作中对产犊前后肉牛的后躯阴户严格消毒,防止产犊感染,对产后母牛 10 d 内子宫恶露排出情况实行监控。若有异常及时处理,使子宫尽快净化,对产后不发情、屡配不孕及发情异常的肉牛,应认真检查准确诊断,依据不同情况,采用不同外源激素或药物对症治疗。

7. 提高犊牛的成活率

母牛受胎后,切实做好母牛的保胎防流产工作,避免和减少胎儿的产前死亡。犊牛出生后,一定要做好对新生犊牛的护理工作,如消毒、清除口鼻及身体上的黏液、断脐和及时吃上初乳,对吃不上初乳的犊牛,必须要及时饲喂代乳粉,减少断奶前犊牛的死亡。犊牛出生 2 周后,饲养人员就要开始训练犊牛开食,逐渐投喂精饲料,并且开始训练犊牛采食青干草,犊牛舍要求宽敞、干燥、安静、通风、保温。同时,犊牛还应加强运动,及时治疗病牛。

8. 推广母犊分离、淘汰更新母牛

(1)适时进行母牛和犊牛的分离

实行母牛和犊牛分开饲养,缩短母牛产后初次发情和配种的时间,推广应用犊牛早期断奶技术,减轻哺乳母牛的泌乳负担,缩短母牛的产犊间隔,延长母牛的使用年限。

(2)加强分开后犊牛的饲养管理

对母、犊牛分开提早补饲,可以促进犊牛瘤胃发育,减少消化道疾病的发病率,提高早期断奶犊牛的料肉比。注意环境卫生和疫病防治,特别要注意防治犊牛腹泻病的发生。

(3)建立母牛淘汰制度,保证母牛群结构合理

引导养殖户及时淘汰老、弱、病、残母牛,及时补充优质育成母牛进入基础母牛群体,建立动态母牛淘汰机制,提高母牛群生产力,降低饲养成本,提高养殖效益。

9. 积极采用和推广肉牛繁育新技术

采用先进的肉牛繁育技术,加快肉牛产业的发展。从母牛的性成熟、发情、配种、妊娠、分娩到犊牛的断奶、代乳料的配制及饲喂方法、犊牛的早期护理等环节都有一套较成熟的技术,如人工授精、同期发情、诱发双胎、性别控制、冷冻精液、犊牛早断奶等。采用上述技术,可有效提高肉牛的繁殖性能。

第四节　不同品种肉牛改良本地牛的效果

贵州省牛种资源丰富,存栏量在全国一直名列前茅,但牛的个体小,生长慢,产肉量低,为此,从 20 世纪 70 年代开始,先后引进了辛地红牛、西门塔尔牛、短角牛、利木赞牛等国外良种牛对贵州本地牛进行杂交改良,取得了较好的效果。随着杂交改良的深入,各地对二元杂母牛的进一步杂交或培育的认识不统一,在杂交母牛的利用、杂交品种的组合及肉牛选育等方面出现了一些困惑。本试验通过对利西本、安西本、夏西本三种三元杂交肉牛的生长性能进行测定分析,为贵州省三元杂交肉牛生产提供科学依据。

一、材料与方法

1. 试验牛的选择与分组

在贵州省肉牛主产区选择 300 头西本杂交母牛分为 3 组(表 6-4),每组 100 头,分别利用利木赞牛、安格斯牛、夏洛莱牛冻精进行交配产犊,然后从每组犊牛重挑选 30 头三元杂交肉牛(公、母各半)进行饲养试验。试验于 2012 年 3 月开始,预试期 14 d,整个饲养试验分为 3 个阶段共 24 个月,前期(0~8 月龄)、中期(9~16 月龄)、后期(17~24 月龄)。

表 6-4　试验牛的选择与分组

组别	三元杂交组合	三元杂交肉牛数量/头	测定性能
试验Ⅰ组	利木赞牛(♂)×西门塔尔牛(♂)×本地牛(♀)	30	外貌特征＋生长性能
试验Ⅱ组	安格斯牛(♂)×西门塔尔牛(♂)×本地牛(♀)	30	外貌特征＋生长性能
试验Ⅲ组	夏洛莱牛(♂)×西门塔尔牛(♂)×本地牛(♀)	30	外貌特征＋生长性能
对照组	西门塔尔牛(♂)×本地牛(♀)	30	外貌特征＋生长性能

2. 试验日粮

参照冯仰廉主编《肉牛饲养标准》(2004)和我国饲料营养价值表并结合当地饲料资源的特点,制定试验牛群不同阶段的饲料配方(表 6-5)。为节省饲料成本,将饲料制成粉料,饲喂时加适量水搅拌均匀,日粮由混合精料、酒糟、玉米青贮、苜蓿、野青草、稻草组成,预试期 14 d。

3. 饲养管理

预饲期间对所有供试牛进行体内外驱虫、健胃、防疫。试验牛采用拴系舍饲的方式,每日喂 2 次,饲喂时间分别在上午 8:30 和下午 6:00,每次投料少量多次,每次投料时间不少于

0.5 h。饲喂方式为先精后粗,精料、青贮玉米、青草定量饲喂,逐日记录饲料消耗,喂后半小时饮水。每天刷拭牛体1次,并保持圈舍清洁干燥,观察试验牛的饮食及疾病情况。

表6-5 试验牛精料补充料组成及营养水平(风干基础)

日粮组成	含量			营养水平	含量		
	前期	中期	后期		前期	中期	后期
玉米/%	53	58	70	干物质/%	89.91	89.77	89.64
豆粕/%	9	6	4	粗蛋白质/%	14.83	13.26	11.27
菜籽饼/%	10	8	5	综合净能/(MJ/kg)	7.06	7.11	7.27
麸皮/%	10	10	3	钙/%	0.38	0.36	0.32
米糠/%	11	11	10.5	磷/%	0.53	0.51	0.43
碳酸氢钠/%	1	1	1.5				
磷酸氢钙/%	1	1	1				
食盐/%	1	1	1				
预混料/%	4	4	4				

注:预混料为4%肉牛预混料,每千克预混料中含有维生素A 300 000 IU,维生素D 60 000 IU,维生素E 1 000 mg/kg,维生素B₁ 750 mg/kg,铜 500 mg/kg,锌 1 500 mg/kg,铁 500 mg/kg,锰 1 000 mg/kg,钴 5 mg/kg,硒 5 mg/kg,碘 22 mg/kg,硫 10 000 mg/kg,钙 15 mg/kg,磷 2 mg/kg。

4. 测定项目

(1)外貌特征

观察3组试验牛的毛色、体躯、头、颈、胸、肋骨、背、臀等外部特征。

(2)生长性能

测定对3组试验牛初生、半岁、1岁的体重和体尺进行测量。

5. 统计分析

试验数据用 Excel 软件进行初步处理后,采用 DPS 软件(9.0)进行方差分析。

二、试验结果与分析

1. 试验牛的外貌特征

(1)试验Ⅰ组(利西本)

被毛为红黄色(黄褐色),少部分头上有白花,四肢内则及尾帚毛色较浅,口、鼻、眼周为肉色,体格结实,体躯较长,呈圆桶状。头部清秀、额宽,胸部宽深,背腰较短,背腰及臀部肌肉丰满,四肢强壮,骨骼较细。

(2)试验Ⅱ组(安西本)

被毛为黑色或黑棕色,体格低矮结实,头方,额宽,颈粗厚,体格结实,体躯较短,胸深宽,背腰平直宽广,中躯呈圆桶形,臀丰圆实,全身肌肉充实发达,四肢短直,且两前肢间、两后肢间的间距较宽,蹄形方正。

(3)试验Ⅲ组(夏西本)

被毛为白色或乳白色,体格强壮,体躯呈圆桶状,头较大而宽,颈粗短、胸宽深,肋骨方圆,背宽肉厚,臀部肌肉丰满,四肢强壮,骨骼较粗。

（4）对照组（西本杂）

被毛为黄白色或红白色，头部、肚腹、尾梢、四肢为白色，脚蹄蜡黄色，鼻镜肉色；体躯深宽高大，结构匀称，体质结实，肌肉发达，头大额宽，胸部宽深，背腰平直，尻长面平，四肢强健，乳房发育良好。

2. 试验牛的体重、体尺指标

（1）不同杂交组合后代犊牛体重的比较

根据试验测定的数据进行统计分析，试验牛体重变化及体尺变化详见表 6-6。由表 6-6 可得出，在同一饲养管理条件下，试验Ⅲ组（夏×西×本）的初生重、3 月龄重、6 月龄重、12 月龄重、18 月龄重最高，依次为试验Ⅰ组（利×西×本）、试验Ⅱ组（安×西×本）、对照组（西×本）；试验Ⅰ组、试验Ⅱ组、试验Ⅲ组 3 组杂交牛的初生重、3 月龄重、6 月龄重、12 月龄重、18 月龄重差异不显著（$P > 0.05$），但均极显著高于对照组（西×本）（$P < 0.01$）。

（2）不同杂交组合后代犊牛体尺的比较

由表 6-6 可得出，从初生到 18 月龄，试验Ⅲ组（夏×西×本）不同月龄的胸围、管围、体高、体斜长均为最优，依次为试验Ⅰ组（利×西×本）、试验Ⅱ组（安×西×本）、对照组（西×本）；试验Ⅰ组、试验Ⅱ组、试验Ⅲ组 3 组杂交牛不同月龄的胸围、管围、体高、体斜长均差异不显著（$P > 0.05$），但均显著高于对照组（西×本）（$P < 0.05$）。说明，采用利木赞牛、安格斯牛、夏洛莱牛作为终端父本、西本杂为母本的三元杂交后代犊牛在生长性能方面表现出了较好的杂种优势，本次试验取得了良好的效果。

表 6-6　不同杂交组合后代犊牛生长性能情况

年龄	组别	头数	体重/kg	胸围/cm	管围/cm	体高/cm	体斜长/cm
初生	试验Ⅰ组	30	31.75±2.05	75.76±4.68	10.67±0.53	70.55±3.12	63.29±1.84
	试验Ⅱ组	30	28.65±2.48	73.69±4.92	10.56±0.67	68.35±2.98	62.35±1.63
	试验Ⅲ组	30	32.80±2.46	76.29±4.86	11.13±0.26	71.25±0.63	64.51±2.44
	对照组	30	26.79±5.36	69.34±6.62	8.99±0.82	65.37±2.19	60.23±1.35
3月龄	试验Ⅰ组	30	74.47±2.02	87.68±4.61	11.14±0.30	83.24±3.08	81.00±1.82
	试验Ⅱ组	30	65.85±2.44	86.13±4.42	11.12±0.60	79.28±2.68	79.18±1.11
	试验Ⅲ组	30	83.42±2.42	89.86±3.88	11.84±0.26	84.64±0.57	83.09±1.93
	对照组	30	59.21±5.28	79.29±3.96	9.38±0.65	76.35±2.19	72.15±1.05
6月龄	试验Ⅰ组	30	131.29±1.96	100.33±4.14	12.92±0.23	98.89±2.15	99.47±1.62
	试验Ⅱ组	30	114.22±2.20	98.48±2.65	12.79±0.34	92.59±2.09	95.64±0.97
	试验Ⅲ组	30	147.06±2.37	103.01±1.55	13.86±0.11	100.56±0.57	102.86±1.73
	对照组	30	98.46±5.23	90.66±2.77	10.79±0.54	89.18±2.16	83.90±0.95
12月龄	试验Ⅰ组	30	259.12±1.90	145.83±2.76	15.26±0.16	120.44±1.46	126.13±1.58
	试验Ⅱ组	30	224.25±2.08	142.94±1.79	14.84±0.30	111.28±1.86	120.32±0.66
	试验Ⅲ组	30	294.46±2.27	150.61±1.37	16.63±0.11	122.48±0.55	132.48±1.03
	对照组	30	175.85±5.06	125.62±2.19	12.09±0.54	106.83±1.51	107.22±0.85

续表 6-6

年龄	组别	头数	体重/kg	胸围/cm	管围/cm	体高/cm	体斜长/cm
18 月龄	试验Ⅰ组	30	475.70±1.78	157.70±2.73	18.01±0.14	134.65±1.17	135.31±1.26
	试验Ⅱ组	30	451.63±1.93	153.15±1.61	17.07±0.27	121.49±1.67	127.87±0.59
	试验Ⅲ组	30	497.14±2.09	163.78±1.37	19.30±0.10	135.85±0.50	143.45±0.70
	对照组	30	359.38±4.80	139.98±1.68	13.79±0.48	123.71±0.88	124.09±0.67

三、讨论与结论

通过试验观察,发现利木赞牛、安格斯牛、夏洛莱牛作为终端父本、西本杂为母本的三元杂交后代犊牛适应性强、生长快、抗病力强,性情温顺,易于管理。从试验结果可看出,在同一饲养管理条件下,从初生到 18 月龄,试验Ⅲ组(夏×西×本)不同月龄的体重、体尺指标均为最优,依次为试验Ⅰ组(利×西×本)、试验Ⅱ组(安×西×本)、对照组(西×本);试验Ⅰ组、试验Ⅱ组、试验Ⅲ组 3 组杂交牛不同月龄的体重、体尺指标均差异不显著($P>0.05$),但均显著高于对照组(西×本)($P<0.05$)。

1. 不同遗传基础对肉牛体重、体尺的影响

体重、体尺是衡量肉牛生长发育的重要指标,是判断肉牛品种改良效果的关键依据。本次试验 3 个三元杂交组合后代犊牛的体重、体尺均高于对照组,且以试验Ⅲ组的效果最好,这可能是因为夏洛莱牛、利木赞牛属于专门化的大型肉牛品种,而安格斯牛为小型、早熟肉牛品种。本次试验结果表明,采用利木赞牛、安格斯牛、夏洛莱牛作为终端父本、西本杂牛为母本进行三元杂交肉牛生产均能获得较高的杂种优势,而且外貌都显示出终端父本的特征,与本地牛和西本杂相比,利西本、安西本、夏西本都更加接近肉牛体型,后躯、背腰均得到了明显改善。但在试验和调查中发现,肉牛养殖户更偏爱于利西本和安西本,夏西本虽然生长性能更好,但由于其被毛为白色,产犊难产比例较高,当地养殖户有所顾虑,不宜大面积推广。

2. 结论

贵州本地牛的特点适应强,耐粗饲,母性强,繁殖性能好,适应贵州的自然环境,主要缺点是个体小、生长慢、母牛的泌乳量少,通过多年的品种改良,西门塔尔牛以其体型大、泌乳性能好、早期生长快、适应范围广,在贵州各地的杂交改良中已经取得了较好效果。

杂交组合决定杂交后代的生长发育性能,根据本次试验研究,课题组认为采用夏洛莱牛、利木赞牛、安格斯牛为父本,西本杂为母本生产的三元杂交牛均具有明显的杂种优势,能显著提高肉牛养殖的经济效益。考虑到当地养殖户对肉牛品种的偏爱,建议在本省饲养条件好的地区或规模养殖场推广利木赞牛、安格斯牛为父本,西本杂为母本进行三元杂交牛生产,提高肉牛养殖的经济效益。

第五节　放牧肉牛同期发情及定时输精效果

同期发情是指利用某些外源激素人为控制和改变一群空怀母畜卵巢的活动规律,使其在

预定时间内集中发情并正常排卵的一种技术,可提高母畜的受胎率和繁殖效率,缩短产犊间隔,降低生产成本。氯前列烯醇是 $PGF_{2\alpha}$ 的类似物,其药理作用和临床用途与 $PGF_{2\alpha}$ 相似,与其他激素相比,它具有操作简单、成本低、在母畜体内性质稳定等优点。

定时输精是指对一群母畜进行同期发情处理后,不需要观察发情表现而根据同期发情处理时间进行人工输精的一项技术。它是在生产应用中发情观察烦琐、隐情率升高的基础上提出的一种同期发情技术。观察发情是一项较为困难的工作,不仅费时费力,往往存在隐性发情和夜间发情,导致发情观察很难全面和准确,生产中存在严重的漏配现象。

贵州是我国肉牛养殖大省,主要分散饲养于广大农村山区,饲养管理粗放,体质相对较差,常表现出不发情,发情症状不明显,情期延长,排卵迟缓,受胎率下降,产犊间隔增加等现象,课题组在金沙县开展了放牧肉牛同期发情试验,分析了不同时期发情处理方法对放牧母牛(经产)的发情效果,并比较研究定时输精技术对受胎率的影响,试图建立一套适合贵州山区放牧肉牛同情发情及定时输精配种的实用技术,以达到缩短产犊间隔,提高受胎率和牛群的繁殖力,促进贵州肉牛产业持续健康发展。

一、材料和方法

1. 材料

(1)试验动物

课题组在金沙县金福牧业有限责任公司、金沙柒彩农业科技发展有限责任公司及金沙县农牧局组织的当地肉牛养殖大户,选择常年放牧肉牛 238 头作为试验牛群。试验牛选择要求为:产犊间隔在 60 d 以上,经直肠检查为空怀,子宫正常,无生殖道疾病,触摸卵巢上有周期性黄体或陈旧黄体,排除卵泡囊肿。

(2)药品和器械

氯前列烯醇(PG):上海计划生育科学研究所生产,规格为 0.2 mg(2 mL)/支;10 mL 一次性注射器,0.25 mL 凯苏式不锈钢输精枪、不锈钢颗粒冻精输精针;恒温水浴锅及牛用输精器械。

2. 方法

(1)试验分组与处理

将选择的 238 头试验牛随机分为 6 组,分组情况、同期发情处理方法及输精方法见表6-7。

表 6-7　试验牛的分组及处理方法

组　别	试验牛头数	同期发情处理方法	输精方法
试验Ⅰ组	42	方法Ⅰ(1 次肌肉注射法)	观察发情后 13～15 h 输精
试验Ⅱ组	39	方法Ⅱ(2 次肌肉注射法)	观察发情后 13～15 h 输精
试验Ⅲ组	38	方法Ⅱ(2 次肌肉注射法)	定时输精
试验Ⅳ组	40	方法Ⅲ(1 次子宫颈注入法)	观察发情后 13～15 h 输精
试验Ⅴ组	43	方法Ⅳ(2 次子宫颈注入法)	观察发情后 13～15 h 输精
试验Ⅵ组	36	方法Ⅳ(2 次子宫颈注入法)	定时输精

（2）同期发情方法

方法Ⅰ：1次肌肉注射法，剂量为氯前列烯醇2支（0.2 mg/支），注射部位为臀部。

方法Ⅱ：2次肌肉注射法，在第1次注射氯前列烯醇2支（0.2 mg/支）后，注射后不作发情鉴定和配种，以第1次注射时间为0 d算起，第11天第2次注射2支（0.2 mg/支）。

方法Ⅲ：1次子宫注入法，用不锈钢颗粒冻精输精针接上一次性注射器进行注射，剂量为氯前列烯醇1支（0.2 mg/支），注入部位为子宫颈内口。

方法Ⅳ：2次子宫注入法，在第1次注射氯前列烯醇1支（0.2 mg/支）后，注射后不作发情鉴定和配种，以第1次注射时间为0 d算起，第11天第2次注射1支（0.2 mg/支）。

（3）发情鉴定

本试验的试验Ⅰ组、Ⅱ组、Ⅳ组和Ⅴ组均按人工授精要求，进行发情鉴定适时输精，试验Ⅲ组、试验Ⅵ组不进行发情鉴定。对肉牛发情的观察采用3次观察法，即在用药后的第2天开始，每天早晨7:00、下午4:00和晚10:00左右进行发情观察，每次观察时间大于1 h，连续观察4 d。主要采用外部观察法和阴道检查法进行发情鉴定，观察到站立发情后13～15 h或判断为发情后期时进行输精。

（4）人工输精

各组均按肉牛人工授精操作规程要求进行输精。冻精的解冻统一规定为：解冻温度40℃，时间10～15 s，解冻后精液的活力在0.3以上，并在30 min内使用。在外阴处理上，不采用消毒液对母牛外阴进行清洗消毒的传统方法，而是改用课题组自制的输精枪保护外套，操作方法为：输精时先插入输精枪保护外套（注意不要沾上外阴污物），一直插到阴道深部子宫颈外口前沿，然后通过保护外套中孔插入输精枪进行人工授精操作，输精部位为子宫颈内口。

试验Ⅰ组、Ⅱ组、Ⅳ组、Ⅴ组均在观察到站立发情后13～15 h或在发情后期输精一次，个别牛根据发情表现进行二次补配；试验Ⅲ组、试验Ⅵ组采用定时输精方法，在第2次注入氯前列烯醇后，不经发情鉴定，不论发情与否，均在第3天和第4天各输精一次。

（5）数据收集和处理

试验数据统计后，利用SPSS 11.0软件进行方差分析，并参考《数理统计方法》和《常用数理统计方法》。

二、试验结果与分析

1. 不同处理方法对试验牛同期发情率、受胎率的影响

试验结束后，统计试验Ⅰ组、Ⅱ组、Ⅳ组及Ⅴ组肉牛的同期发情头数、70 d直肠检查受胎头数，并计算同期发情率和受胎率（表6-8）。

表6-8　不同处理方法对同期发情率、受胎率的影响

试验组别	处理数/头	同期发情数/头	同期发情率/%	受胎数/头	受胎率/%
试验Ⅰ组	42	26	61.90	15	57.69(15/26)
试验Ⅱ组	39	35	89.74	21	60.00(21/35)
试验Ⅳ组	40	26	65.00	16	61.54(16/26)
试验Ⅴ组	43	39	90.70	25	64.10(25/39)

由表 6-8 可知：①试验Ⅱ组和试验Ⅴ组均取得了较高的同期发情率,采用注射 2 次氯前列烯醇的试验Ⅱ组、试验Ⅴ组的同期发情率极显著高于采用注射 1 次氯前列烯醇的试验Ⅰ组 ($P<0.01$)、试验Ⅳ组($P<0.01$)。②采用子宫颈内注入氯前列烯醇的效果较好,试验Ⅴ组 (子宫颈内注入 2 次)的同期发情率比试验Ⅱ组(肌肉注射 2 次)的同期发情率高出 0.96 个百分点,但差异不显著($P>0.05$);试验Ⅳ组(子宫颈内注入 1 次)的同期发情率比试验Ⅰ组(肌肉注射 1 次)的同期发情率高出 3.10 个百分点,差异也不显著($P>0.05$)。③4 个试验组的受胎率差异不显著($P>0.05$),采用注射 2 次氯前列烯醇的试验Ⅱ组、试验Ⅴ组的受胎率要分别高于注射 1 次氯前列烯醇的试验Ⅰ组和试验Ⅳ组的受胎率;采用子宫颈内注入氯前列烯醇的试验Ⅳ组、试验Ⅴ组的受胎率分别高于采用肌肉注射氯前列烯醇的试验Ⅰ组和试验Ⅱ组。④采用 2 次子宫颈内注入氯前列烯醇的试验Ⅴ组的同期发情率和受胎率最高,采用 1 次肌肉注射氯前列烯醇的试验Ⅰ组的同期发情率和受胎率最低。

2. 定时输精法与常规输精法对试验牛受胎率的影响

试验结束后,分别统计试验Ⅱ组、试验Ⅲ组、试验Ⅴ组和试验Ⅵ组的受胎头数,并计算每组的受胎率(表 6-9)。

表 6-9 定时输精与常规输精对试验牛受胎率的影响

试验组别	处理数/头	受胎数/头	受胎率/%
试验Ⅱ组	39	21	53.85 (21/39)
试验Ⅲ组	38	24	63.16 (24/38)
试验Ⅴ组	43	25	58.14 (25/43)
试验Ⅵ组	36	24	66.67 (24/36)

从表 6-9 中可以看出：①采用定时输精法的试验Ⅲ组、试验Ⅵ组的受胎率分别显著高于试验Ⅱ组($P<0.05$)、试验Ⅴ组的受胎率($P<0.05$);②采用定时输精法的试验Ⅲ组和试验Ⅵ组的受胎率差异不显著($P>0.05$),采用鉴定肉牛发情然后输精的试验Ⅱ组和试验Ⅴ组的受胎率差异不显著($P>0.05$);③采用子宫颈内注入氯前列烯醇的试验Ⅵ组的受胎率较高。由此可见,采用定时输精技术可以提高肉牛的受胎率,采用子宫颈内注入氯前列烯醇比采用肌肉注射氯前列烯醇诱导肉牛发情可获得更高的受胎率。

三、讨论与结论

1. 注射不同次数氯前列烯醇对发情率和受胎率的影响

氯前列烯醇可加速黄体退化,使卵巢提前摆脱体内孕激素的控制,促进卵泡开始发育,从而使母畜达到同期发情。本次试验中,采用注射 2 次氯前列烯醇的试验Ⅱ组、试验Ⅴ组的同期发情率极显著高于采用注射 1 次氯前列烯醇的试验Ⅰ组($P<0.01$)、试验Ⅳ组($P<0.01$),且试验Ⅱ组、试验Ⅴ组的受胎率均高于试验Ⅰ组和试验Ⅳ组的受胎率,但差异不显著($P>0.05$)。说明注射 2 次氯前列烯醇的效果要明显优于注射 1 次的效果。这可能是因为氯前列烯醇只对母牛在发情周期的第 6~18 天的黄体(功能性黄体)有溶解功能,而对发情周期的第 1~5 天的新生黄体及第 19~21 天的黄体无溶解功能。为了获得一群母牛较高的同期发情率,对第 1 次处理后表现发情的母牛不予配种,经过 11 d 后,第 1 次处理后有发情表现和无发情表现的母牛,均处于发情周期的第6~18天,这时再用氯前列烯醇对全群母牛进行第2次处理,就能取得较高的同期发情率和受胎率。

2. 不同部位注射氯前列烯醇对发情率和受胎率的影响

本次试验结果表明,采用子宫颈内注入氯前列烯醇的效果较好,试验Ⅴ组(子宫颈内注入2次)的同期发情率和受胎率均高于试验Ⅱ组(肌肉注射2次)的同期发情率和受胎率高($P>0.05$),试验Ⅳ组(子宫颈内注入1次)的同期发情率和受胎率也高于试验Ⅰ组(肌肉注射1次)的同期发情率和受胎率($P>0.05$)。肉牛的同期发情效果受药物的剂量、处理方式的影响,子宫颈内注入氯前列烯醇首先作用于子宫内膜细胞,促进分泌内源性溶黄体素。肌肉注射的外源氯前列烯醇通过毛细血管进入血液中,然后再作用于卵巢上的黄体细胞,使其溶解。因此,子宫注入法的效果比肌肉注射法的效果好。子宫颈内注入法用药剂量少,效果明显,但注入不够方便,肌肉注射法操作较简单,但用药剂量较大,一般是子宫颈内注入法的2倍。

3. 采用定时输精法对试验牛受胎率的影响

定时输精是国外应用比较普遍的一种同期发情技术。本次试验中,采用定时输精方法的试验Ⅲ组、试验Ⅵ组的受胎率分别显著高于试验Ⅱ组($P<0.05$)、试验Ⅴ组($P<0.05$)的受胎率。常规的人工输精需要对每头牛进行发情鉴定,而山区放牧肉牛的发情鉴定在规模化肉牛养殖中是一个难题,很容易因发情鉴定不及时和隐性发情而错过配种期,延长产犊间隔,降低繁殖效率。采用定时输精法一般需要输精两次,但因其可以省去发情鉴定这一中间步骤,减少漏配的发生,有很高的应用价值。

4. 结论

运用同期发情技术对贵州山区放牧的肉牛进行处理,人为控制肉牛的发情周期,使其在预定的时间内集中发情、配种、产犊,可以提高劳动效率,提高肉牛繁殖力,同时可避开本地冬季低温高湿的凝冻天气对肉牛分娩和犊牛饲养的影响。肌肉注射法和子宫注入法对肉牛进行同期发情处理,各有优缺点,但因肌肉注射法给药操作简单,对牛生殖系统损伤较小,易于被养殖户接受,建议在生产中推广应用。本次试验结果表明,定时输精技术不仅可以省去观察发情,还可以减少因发情鉴定不及时和隐性发情造成的漏配,具有很高的推广应用价值。

第六节 肉牛人工授精操作技术的改进与推广应用

人工授精技术的应用对我国肉牛品种改良和培育发挥了重要作用,是肉牛养殖中不可缺少的一项关键技术。在良好的饲养管理条件下,肉牛情期受胎率可达50%以上,年总受胎率可达85%~90%甚至95%以上。近年贵州省肉牛养殖业发展迅速,但部分肉牛养殖场的牛群受胎率偏低,繁殖疾病频发,对贵州省肉牛产业的持续健康发展造成了不利影响。人工授精操作不当是引起牛群受胎率低,繁殖疾病频发的主要因素之一。

项目组对贵州省部分肉牛养殖场进行调研,发现在肉牛人工授精操作上,普遍存在不按照《牛人工授精技术规程》进行操作的现象,主要存在以下问题:①发情观察不认真,每天仅早上和下午观察2次,且观察时间较短,导致母牛的漏配和误配比例较高;②冻精解冻不规范,输精员大多凭"经验",没有按照规程规定的水温范围和时间解冻冻精,无法保证解冻后精液的质量;③输精时对母牛外阴的清洗不规范,存在两个极端,过度清洗消毒,使消毒液进入阴道,输精时带入子宫而杀死精子;不重视外阴的清洁,操作时把粪便带入阴道,污染阴道并对精子造成损伤。为此,项目组提出人工授精操作技术的改进措施,并制定《肉牛人工授精操作技术规程》,通过对输精员进行培训,在贵州省3个肉牛养殖场进行推广应用,取得了很好的效果。

一、材料和方法

1. 试验地点、规模

项目组选择贵州金沙县金福牧业有限责任公司、务川自治县亿佬牧业发展有限公司、贵州瑞利乌蒙生态农业发展有限公司等肉牛养殖场为试验地点,进行肉牛人工输精的改进和推广应用,试验结束后分别统计项目后第一年、项目后第二年的受胎率等指标,与项目实施前3年的统计指标进行比较。

2. 人工授精技术改进要点与操作方法

(1)发情鉴定

对肉牛发情的观察从原来的2次改为3次,即每天早晨7:00,下午5:00和晚上10:00左右进行发情观察,每次观察时间大于1 h。采用外部观察结合阴道检查进行发情鉴定,观察到站立发情后6~10 h或根据外阴及分泌物的变化判断为发情后期时进行输精。

(2)细管冻精解冻温度和时间的确定

调查中,我们发现输精员在解冻过程中,解冻温度很不规范(很随心所欲或凭经验),即使能按《牛人工授精技术规程》(NY/T 1335—2007)操作者,也由于规程中没有明确规定解冻时间,输精员在操作时常出现解冻时间不够或让精液在热水中浸泡时间过长的情况,严重影响了解冻精液的质量。项目组经过大量的试验,确定了0.25 mL细管冻精解冻的最佳程序为:用镊子取出细管冻精直接平放入(40±2)℃水浴中摇15 s,然后取出用无菌纱布擦干水迹,再用专用细管剪刀剪去封口端1.0~1.5 cm,断面要平整,装枪待用,并在20 min内完成输配。

(3)利用防污染外套替代外阴清洗消毒

按《牛人工授精技术规程》(NY/T 1335—2007)或输精员的习惯,一般在输精前,掏净母牛直肠宿粪,然后用温水和消毒水清洗母牛外阴并擦拭干净。这一操作步骤在实际操作中不仅烦琐,且易污染输精枪,为解决这一难题,项目组研制了牛人工授精防污染外套,使用该外套可省去清洗母牛外阴的步骤,并保证母牛生殖系统不会被污染。防污染外套使用方法如下:输精员先不进行排母牛宿粪的工作,用一只手掰开母牛阴唇,另一只手轻柔地将防污染外套插入母牛阴道(注意不要沾上外阴污物),直到插入阴道深部。防污染外套插入阴道后,再把左手伸入直肠进行人工授精操作,直肠中的手抓到子宫颈后,右手把握输精枪,枪头通过防污染外套的中孔,将输精枪插入母牛子宫颈进行输精。

(4)输精器械和防污染外套的消毒

①金属输精器械的消毒。输精枪、输精枪帽和剪刀等先用新洁尔灭洗涤消毒,然后用清水冲洗数次,再进行蒸煮或高压灭菌消毒,消毒完毕后,用消毒纱布包好,放在无菌的器皿盘中密闭存放备用;如有恒温箱,清洗后放入恒温箱内,120℃、60 min消毒。

②防污染外套的消毒。冲洗过程同金属输精器械冲洗方法,然后放入恒温箱内,60℃、

120 min 杀菌或擦干水后,用紫外线(30 W,20 min)照射消毒,最后用塑料薄膜包装(用封口机)待用。若没有条件,可采用纱布包裹蒸煮消毒。

二、试验结果与分析

试验结束后,分别统计试验牛群在项目开始后第一年、第二年的情期受胎率、年总受胎率、繁殖障碍疾病的发病率(表 6-10),并与项目实施前 3 年的统计指标进行比较。

表 6-10　不同年度牛群的受胎率及繁殖疾病的发病率　　　　　　　　　%

年　　度	一次配种受胎率	两次配种受胎率	年受胎率	流产率	子宫内膜炎发病率
项目前第三年	52.1	71.1	86.6	9.45	10.01
项目前第二年	50.3	70.7	82.1	10.12	9.06
项目前第一年	46.3	68.3	80.2	11.31	8.12
项目后第一年	53.7	75.3	87.2	7.9	7.32
项目后第二年	57.3	80.3	89.8	4.5	6.51
项目实施前三年均值	49.57	70.03	82.97	10.29	9.06
项目后两年均值	55.50	77.80	88.50	6.20	6.92

表 6-10 结果显示:①项目实施前 3 年肉牛群的一次配种受胎率、两次配种受胎率及年受胎率均较低,且有逐年下降的趋势。经过改进人工输精技术后,牛群第一年、第二年的一次配种受胎率、两次配种受胎率及年受胎率均比前 3 年有所提高,且呈逐年好转的趋势。项目后第一年、第二年的年受胎率分别比项目前第一年提高了 7 个百分点和 9.6 个百分点;分别比项目前第二年提高了 5.1 个百分点和 7.7 个百分点。②牛群项目实施前三年的流产率较高,也有逐年增加的趋势,项目后第一年、第二年牛群的流产率分别比 2009 年下降了 3.41、6.81 个百分点,分别比项目前第二年下降了 2.22、5.62 个百分点,说明改进人工输精技术后,牛群的流产率得到了有效的控制。③牛群子宫内膜炎的发病率从项目前第三年至今逐年降低,说明采用防污染外套可减少因操作不当对肉牛生殖系统造成的损伤和感染,既保证了精卵的有效结合,又降低了子宫炎症的发生。

三、讨论与结论

1. 准确进行发情鉴定可有效提高牛群的授配率

肉牛具有发情持续时间短、排卵快、发情结束后排卵等特点,准确掌握发情时间是提高肉牛受胎率的关键因素,而肉牛的发情鉴定在规模化肉牛养殖中是一个难题,很容易因发情鉴定不及时而错过配种期,延长产犊间隔,降低繁殖效率。本项目增加了对肉牛发情的观察次数和时间,即从原来的 2 次观察改为 3 次观察,每天早上 7:00、下午 5:00 和晚上 10:00 左右进行发情观察,每次观察时间大于 1 h,并结合阴道检查进行发情鉴定,观察肉牛站立发情后 6~10 h 或根据外阴及分泌物的变化判断为发情后期时进行输精,有效提高了肉牛发情鉴定的全面性和准确性,减少牛群的漏配和误配现象,提高了牛群的授配率,具有较高的推广应用价值。

2. 细管冻精的解冻是提高牛群受胎率的关键因素

采用细管冻精进行人工输配比自然交配进入母畜生殖道的有效精子数要少得多,因此要求使用冻精输配时,要严格控制解冻冻精的温度和时间,保证解冻后精液的质量,把每头份的精液全部输入到子宫内,才能保证母畜具有较高的受胎率。针对调研中发现输精员在解冻冻精时操作不规范、不科学的现象,项目组通过培训输精员并推广应用 0.25 mL 细管冻精解冻的程序:用镊子取出细管冻精直接平放入(40±2)℃水浴中摇 15 s,用无菌纱布擦干水迹,再用专用的细管剪刀剪去封口端,装枪在 20 min 内完成输配。有效避免了因解冻不当对精液造成的二次伤害,提高了牛人工授精的受胎率。

3. 防污染外套替代外阴清洗消毒的使用效果

传统输精前,需要用手掏净母牛直肠宿粪,然后清洗消毒母牛外阴并擦拭干净。这个操作过程不仅烦琐,且易降低人工授精的受胎率:①在清洗外阴和输精操作时,母牛还会排出粪便污染外阴和输精枪头;②在清洗过程,易把水、消毒药水、污物带入阴道,输精时可使污物、消毒药水进入子宫,污物含有大量细菌,可感染子宫,消毒药水可杀死精子,直接影响精卵结合和受胎率的高低。

项目组研制的牛人工授精防污染外套,省去牛人工授精操作中的清洗母牛外阴的步骤,减少阴道口粪便污染物对精子的杀害和阴道疾病的传入,同时防污染外套是采用特殊材料制成的导热性差,可以减少对肉牛阴道的刺激,从而缓解肉牛子宫颈的紧张,有利于输精枪进入子宫颈深部,减轻对阴道黏膜的伤害和生殖道炎的发生,达到提高受胎率的目的。

4. 结论

人工授精技术包括及时发现发情母牛并准确进行发情鉴定、适时输精、冻精的储存运输和解冻、输精部位的准确性、输精器械的消毒等很多技术环节,任何一个环节做得不好,都直接影响肉牛受胎率的高低和繁殖疾病的发生。因此,只有严格按照人工输精操作技术规程,认真做好每个步骤,总结经验并进行改进提高,才能不断提高牛群的受胎率和养殖的经济效益。项目通过 2 年的时间在务川自治县仡佬牧业发展有限公司、贵州瑞利乌蒙生态农业发展有限公司和贵州金沙县金福牧业有限责任公司的肉牛养殖场进行肉牛人工输精技术的改进推广,扭转了牛群受胎率逐年下降的趋势,减少了繁殖疾病的发生,取得了较好的经济效益和社会效益,有进一步在更多肉牛养殖场推广应用的价值。

第七章 肉牛的饲养管理与牛场经营

第一节 犊牛的饲养管理技术

一、犊牛的培育

犊牛是指从初生至断奶的小牛,可分为初生期和哺乳期两阶段,该时期的饲养管理要点是提高成活率和让犊牛正常生长发育。肉牛肥育效果的好坏,犊牛培育是关键。犊牛断奶重将会影响到以后的肥育日增重和成年体重的大小。因此,在饲养管理上要根据犊牛消化生理特点搞好犊牛的饲养管理工作。

1. 犊牛的消化特点

初生犊牛与成年牛有很大差别,它具有自己的生理特点,主要表现在以下几个方面:犊牛体内含有大量的水分,比成年肉牛多2倍以上;犊牛的体表面积大,蒸发掉的水分含量多;犊牛运输氧气的能力较差;刚出生的犊牛血液里没有抗体,必须通过乳汁获得免疫;犊牛的消化器官还没有完全成熟,初生犊牛的前胃未发育完全,瘤胃微生物体系未建立,无消化功能,吸吮奶时是靠神经反射作用形成管状食道沟结构,采食的初乳通过食道沟直接进入皱胃,由口腔分泌的唾液脂肪酶和真胃分泌的凝乳酶对牛奶进行消化,在肠道里分泌乳糖酶消化牛奶中的乳糖。3周龄后,犊牛开始采食咀嚼青草、干草、青贮和精料,瘤胃微生物开始形成,犊牛可以有效消化植物和动物蛋白质。

根据犊牛消化功能发育的情况,犊牛的营养需要可分为3个阶段:液体饲料饲喂阶段,犊牛全部营养需要均由乳或代用乳提供,食管沟能使液体饲料直接进入皱胃,从而避免瘤胃-网胃微生物的降解破坏;过渡阶段,犊牛的营养需要由液体饲料和开食料共同提供;反刍阶段,犊牛主要通过瘤胃-网胃微生物的发酵作用从固体饲料中获取营养。

2. 初生期犊牛的培育

初生期犊牛是指出生至7日龄的牛。初生期犊牛的消化器官尚未发育健全,瘤胃网胃只有雏形而无功能,真胃初具消化功能,但缺乏黏液,消化道黏膜易受细菌入侵。犊牛对外界不良环境的抵抗力、适应性和调节体温的能力均较差,稍微有点疏忽就会受各种病菌的侵袭而引起疾病,甚至死亡。因此,这一阶段的主要任务是预防疾病和促进机体防御机能的发育。

母牛应在清洁干燥的场所、安静的环境下产犊,让犊牛出生在准备好的清洁、干燥、柔软的垫草上,及时清除初生犊牛口、鼻、耳及身上的黏液。

犊牛脐带通常会自然扯断,若未自然扯断,应用消毒剪刀在离腹部 6~8 cm 处剪断,挤净滞留在脐带的血液和黏液,并用 5%~10%的碘酊药液浸泡 2~3 min。

母牛分娩后 7 d 内分泌的乳汁称为初乳,初乳具有特殊的生物学特性,是新生犊牛不可缺少的营养品。初生犊牛主要靠初乳提供大量免疫球蛋白抗体和比较全面的营养物质。

初乳的质量对犊牛免疫功能影响甚大,正常的初乳应呈黏稠状,初乳吸吮时间的早晚与犊牛的发病率有很大的相关性。第一次喂初乳越早越好,犊牛出生后能站立时即引导犊牛吃初乳。第一次初乳的哺乳量以 1~1.5 kg 为宜,并在 24 h 以内哺喂 3 次,使哺乳量达到 5.5~6.1 kg,这样才能达到提高犊牛免疫力的目的。

3. 哺乳期犊牛的培育

犊牛的哺乳期一般以 4~6 个月为宜。哺乳期是犊牛体尺体重增长及胃肠道发育最快的时期,直接影响成年后的生产性能。

（1）哺乳

犊牛通常随母吮乳,每昼夜哺乳 7~9 次,每次 12~15 min。自然哺乳时应注意观察犊牛哺乳时的表现,当犊牛频繁地顶撞母牛乳房,说明母牛奶量低,犊牛不够吃,应加大补饲量;若犊牛吸吮一段时间后,犊牛口角出现白色泡沫,说明犊牛已经吃饱,应将犊牛拉开,否则易造成犊牛哺乳过量而引起消化不良。

（2）及早补饲

犊牛出生后 3 个月内,母牛的泌乳量可满足犊牛生长发育的营养需要。3 个月后母牛的泌乳量逐渐下降,犊牛的营养需要却逐渐增加,母牛的泌乳量满足不了犊牛的营养需要,母牛的泌乳量和犊牛的营养需要之差越来越大。为了满足犊牛所需的营养,促进瘤胃的发育,应提早补饲青粗饲料和精料,使犊牛在哺乳后期能采食较多的植物性饲料。

补饲一般在犊牛出生后 7~10 d 开始。训练犊牛采食优质干草,可以促进瘤胃的早期发育,提高瘤胃消化饲料的能力。一般在犊牛出生后 10~15 d 开始饲喂犊牛料,犊牛料是根据犊牛的营养需要而配制成的易消化吸收的精料补充料,犊牛料的配制原则是 20%以上的粗蛋白质、7.5%~12.5%的脂肪,干物质含量 72%~75%,粗纤维不高于 5%,此外添加矿物质、维生素、抗生素等。

青绿多汁饲料可促进犊牛消化器官的发育,应尽早训练犊牛吃青草。出生 20 d 后开始喂给切碎的胡萝卜,出生 5 周龄后开始饲喂青贮饲料,3 月龄时可喂 1.5~2 kg,4~6 月龄可增至 4~6 kg。哺乳后期犊牛可饲喂大量优质青干草、青贮饲料,任其自由采食。

（3）犊牛断奶

根据当地实际情况和补饲情况给犊牛断奶,犊牛在 3~4 月龄时,若能采食 0.5~0.75 kg 犊牛料,有效地反刍时,即可断奶。若犊牛体质较弱,可适当延长哺乳时间,增加哺乳量。

二、犊牛的管理技术

1. 保证吃到初乳

初乳是母牛产后 7 d 以内分泌的乳汁,它不仅营养丰富,而且含有抗体,可提高犊牛的免疫力,防止犊牛拉稀等症状的发生。因此,应让犊牛尽早吃上初乳。超过 10~15 h 吃不上初乳的犊牛,将失去吸吮初乳的能力,其死亡率也高。

2. 提早补饲

犊牛 7 日龄时,可训练饮温水;10～20 日龄开始训练吃料,即将精料制成糊状,加少许牛奶,每日喂量为 10～20 g,逐日增加;从 20 日龄起加喂胡萝卜碎块和优质青绿牧草;30～60 日龄可诱食优质干草和青贮,每天 100～150 g,逐日增加,并保证清洁饮水。在管理上应与母牛分栏饲养,定时放出哺乳,这有利于母牛的产后发情。

3. 早期断奶

在我国,尤其是农村多为自然哺乳和自然断奶,一般为 7～8 个月,有的长达 1 岁左右,对犊牛的发育和母牛的健康和繁殖都极为不利。目前犊牛的断奶,国外多为 4 个月,早期断奶一般指 7～8 周龄断奶,也有人主张 35 d 断奶的,认为这样就可确保母牛一年一犊,缩短产犊间隔。贵州本地很多母牛由于种种原因,其产奶量很低,往往不能满足小牛的营养需要,可给母牛加强营养催奶或给小牛补饲人工乳。

4. 预防疾病

犊牛在出生后易患肺炎和下痢。肺炎多是由环境温度的骤变而引起的,因此,一定要加强犊牛的防寒保暖工作,特别是在冬季。下痢多是由病原菌感染、营养不当、哺乳不当或腹部受凉而引起的。对于病原菌感染所引起的下痢,应及时清洗奶具和饲槽,及时打扫牛舍卫生,并应常晒太阳、保持干燥。对于营养不当所引起的下痢,应减少难以消化食物的喂量,对于哺乳不当所引起的下痢,应减少哺乳次数和哺乳量,并应增饮温开水。对于腹部受凉所引起的下痢,应补饮酸牛奶、温热而浓的红茶或少许鸡蛋白等。

5. 称重、编号

犊牛出生后第一次哺乳前,应称重,同时进行编号,然后与父母血统号码等登记入犊牛登记卡片,存档留用。生产上应用比较广泛的编号法是耳标法,先在金属耳标或塑料耳标上打上号码或用不褪色的笔写上号码,然后固定在牛的耳朵上。

6. 防暑降温、保温防寒

犊牛适应外部环境的能力较差,北方地区冬季要注意犊牛舍的保暖,防贼风侵入,犊牛圈内要铺柔软、干净的垫草,保持舍温在 5℃以上。夏季温度、湿度较高,蚊、蝇较多,勤换垫料及采取必要的降温措施。

7. 运动与放牧

犊牛从生后 8～10 日龄起,即可开始在舍外运动场作短时间的运动,以后可逐渐延长时间。如果犊牛出生在温暖季节,开始运动的日龄可提前,但必须根据气温的变化,掌握每日运动的时间。有条件的地方,可从生后第 30 天开始放牧,放牧可使犊牛采食到各种青绿饲草,使犊牛得到充足的运动,有利于犊牛的生长发育和体质健康。放牧场应有饮水供应和遮阴条件。

8. 去角

对用作育肥的犊牛,去角后便于管理。去角的时间越早越好,最好是在出生后 5～7 d 内进行,这样犊牛的痛苦小,去角比较容易和彻底,常用的去角方法有固体苛性钠去角和电烙铁去角。

9. 刷拭

在犊牛阶段,因基本上是采用舍饲的方式,所以皮肤易被粪便及尘土所黏附而形成皮垢,这样对皮肤的保温散热能力和血液循环都会造成不良影响,严重时会使犊牛患病。为此,对犊牛每日必须刷拭一次。

10. 防止舔癖

犊牛舔癖是指犊牛互相吸吮,是一种不良习惯,危害极大。其吸吮部位包括嘴巴、耳朵、脐带、乳头、牛毛等。吸吮嘴巴易造成传染病;吸吮耳朵在寒冷情况下容易造成冻疮;吸吮脐带容易引发脐带炎。防止舔癖,首先犊牛要分栏饲养,定时放出哺乳,犊牛最好单栏饲养。其次,犊牛每次喂奶完毕,擦净犊牛口鼻部的残奶。

加强犊牛的饲养管理还需要经常观察犊牛的精神状态及粪便,发现疾病应及时治疗,以提高犊牛的成活率。健康犊牛一般表现为机灵、眼睛明亮、耳朵竖立、被毛闪光,否则易生病。犊牛的饮水和食槽应保持清洁卫生,哺乳用具应该每用 1 次就清洗和消毒 1 次。垫草要经常更换,饲料不能有发霉变质和冻结冰块的现象,不能含有铁丝、铁钉、牛毛、粪便等杂质。保证犊牛不被污泥浊水和粪便污染,坚持每天刷拭皮肤,能够保持牛体清洁,防止体表滋生寄生虫,并养成犊牛温顺的性格。

三、犊牛的早期断奶技术

对于新生犊牛来说,母乳是最理想的食物,通常犊牛先吃足初乳然后是常乳,牛奶既能满足新生犊牛的营养需要,又在味觉和体液类型方面与犊牛相吻合。然而,随着肉用犊牛的现代化、集约化生产,要求必须用能代替母乳的代乳料来代替母乳。近年来,贵州省肉牛养殖业发展迅速,但饲养水平较低,普遍存在犊牛饲养管理不标准、日粮平衡性差的现象,导致犊牛胃肠道发育不良、消化吸收差、腹泻发病率增高、严重者导致死亡,直接影响犊牛后期生产性能的发挥。采取积极有效的措施,减少犊牛的疾病发生率,提高犊牛成活率和饲养管理水平势在必行。

在国际牛业发达的国家和地区,多用代乳料和开食料组合对犊牛实施早期断奶。在我国利用开食料对犊牛进行早期断奶已经取得成功的经验并为广大牛场(户)所采用,而代乳料却迟迟未能得到应用,主要原因是从生产成本的角度考虑使用代乳料未必合算。然而随着我国肉牛业集约化生产,牛场生产、管理水平的提高及人们对牛肉需求量的持续增长,我国出现肉源紧张、肉价上涨的局面,这就需要开发经济实用的代乳料来喂。

国外大量研究资料已经证明,过多的哺乳量和过长的哺乳期虽然可以取得较高的日增重和断奶重,但不利于犊牛消化器官的生长发育和机能锻炼,影响犊牛健康、体型和以后的生产性能。自 20 世纪以来的大量研究表明,早断奶不仅可以提高肉牛群体管理水平,避免乳腺炎、沙门氏杆菌的传染,节省哺乳用鲜奶量、减轻劳动强度、降低培育成本,同时犊牛较早地采食犊牛料,促进了犊牛的消化器官,提高了犊牛的培育质量。在牛业发达的国家,犊牛早期断奶技术已广泛应用于生产实践中。实施早期断奶,在生产实践中是完全可行的。但是,早期断奶给犊牛带来的应激是必然的。

1. 早期断奶的适当时期

犊牛 4 周龄时,瘤胃容积可占全胃容积的 52%;6～8 周龄时,前两胃的净重约占全胃净重的 60%,接近成年牛相应指标的 70%,犊牛瘤胃发酵精、粗饲料产生的挥发性脂肪酸的组成和比例与成年牛相似,说明此时犊牛对固体性饲料已具备了较高的消化能力,因此 4～8 周龄是犊牛断奶的适当时期。

2. 早期断奶的技术要点

根据代乳料(开食料)、人工乳的生产数量和质量、犊牛的生产方向、饲养管理技术水平等,制定合适的早期断奶技术方案。

(1)喂足初乳

前3周为犊牛提供正常哺乳量,其后递减,使新生犊牛在平稳的状态下,尽早建立犊牛自身的免疫系统。

(2)尽早补饲精粗饲料

犊牛出生1周左右可训练其采食代乳料,代乳料可配制成粉状或颗粒饲料。2周左右开始向牛栏内投放优质干草供其自由采食。忽视犊牛早期采草能力的训练,或长期采草不足,将导致犊牛瘤胃消化迟缓,营养不全及维生素缺乏等症状。犊牛在21日龄时出现反刍,需给犊牛喂些鲜嫩的青草、菜叶、粉碎的粗饲料等,并逐渐增多其喂量。

(3)供给犊牛充足的饮水

为了保证犊牛的健康,奶中的水不能满足犊牛生理代谢的需要,尤其是早期断奶的犊牛,需要采食干物质量6～7倍的水,应设水槽供水。在气温较低的冬季,水温应保持在35～37℃,饮水量限制在500～1 000 mL/d。若饮水过多,胃肠容积随之增大,血管通透性增高,肾脏排泄加快,容易引起犊牛血尿发生和腹大下垂。

(4)加强犊牛的运动

犊牛在15日龄即可开始运动,开始的运动时间可短些,以后逐渐增加到2～4 h,保证充分的运动时间。应设立犊牛运动场地,集中管理,防止犊牛到处乱跑,运动场、舍内要保持清洁卫生,做到勤打扫、勤更换垫草、定期消毒。舍内阳光充足,通风良好,冬暖夏凉。同时定时刷拭,保持犊牛身体清洁,做好疫病防治工作,加强饲养管理,促使犊牛正常生长发育。饲养员每天定时对犊牛进行细心观察,主要观察采食(哺乳)、饮水和粪便状况及精神状况等,发现问题及时解决。

3. 代乳料的配制技术

犊牛早期断奶成败的关键是犊牛代乳料的配制技术和犊牛的饲养管理技术。犊牛代乳料是根据犊牛的营养需要用精料配制而成,形态多为粉状或颗粒状,原料主要为植物性饲料、乳制品、矿物质、微量元素、维生素、抗生素等。一般从犊牛出生后的第二周开始供给,任犊牛自由采食。犊牛代乳料的作用是促使犊牛由吃乳为主向采食植物性饲料过渡,犊牛断奶后应限制代乳料的供给量,逐渐向普通犊牛料过渡。提早补饲,促进犊牛瘤胃的发育,减少消化道疾病的发病率,减轻哺乳母牛的泌乳负担,可确保每年繁殖一头犊牛。

(1)代乳料的能量与蛋白质水平

为了有利于蛋白质的吸收,代乳料的能量与蛋白质水平应高于牛奶的能量蛋白质水平。代乳料的蛋白质来源为奶或奶制品,代乳料的蛋白质含量需在20%以上;代乳料中含有植物性的蛋白质来源,蛋白质含量需高于22%。这主要是因为植物蛋白质氨基酸平衡不如奶源蛋白质,犊牛的消化系统发育不完全,不能产生足够的蛋白质消化酶来消化植物蛋白质。

(2)代乳料的配制要点

代乳料的配制和使用注意事项:①代乳料内应配合糖蜜和其他诱食剂;②如果代乳料中

NDF 低于 25％,需另补饲干草,任犊牛自由采食;③犊牛代乳料应含 18％CP,75％～80％的 TDN,还必须补充维生素 A、维生素 D、维生素 E 等;④代乳料内的谷物饲料必须过粗磨碎,但不宜过细;⑤代乳料需保证新鲜,不能有异味,勤喂少给;⑥犊牛出生后需限制喂乳量,不宜超过犊牛体重的 10％,促使犊牛多吃代乳料;⑦饮水槽内随时有新鲜、清洁的饮水,有助于提高代乳料采食量;⑧在犊牛吃完乳后可在犊牛口部或乳桶底放置一些代乳料,训练犊牛吃料。

乳糖是代乳料中碳水化合物最佳来源。犊牛没有足够的消化酶分解和消化淀粉、蔗糖,因此代乳料中不宜含大量的淀粉、蔗糖等。过量淀粉和蔗糖会导致犊牛严重腹泻,其中淀粉含量过高是造成 3 周龄内的犊牛营养性腹泻的主要原因。因为犊牛瘤胃功能发育不完善,瘤胃微生物不能合成所需的多种维生素,所以代乳料中应添加适量的微量元素和维生素。

（3）贵州山区犊牛早断奶配套养殖技术

为了提高母牛的繁殖力,减少犊牛的哺乳量,增加养殖者的经济效益,国内外已经广泛采用犊牛早期断奶技术。犊牛的断奶已从过去的 5～6 月龄缩短为 4～5 周龄,早期断奶也给犊牛生长发育带来了一些负面影响。主要表现为食欲降低,采食量减少,消化代谢紊乱,免疫力降低,腹泻,生长缓慢,甚至死亡。因此,减少犊牛哺乳量,针对早期断奶对犊牛产生的各种应激,研究短期在日粮中添加谷氨酰胺、葡萄糖、矿物质、维生素,以及含有适量抗生素,如土霉素以促进犊牛的生长,强化补饲缓解早期断奶给犊牛生长发育带来的不利影响,是当前畜牧业生产中迫切需要解决的问题。

养牛场应从贵州实际出发,提出适合贵州特点的典型奶犊牛代乳料配方及奶公犊早期断奶技术规范,有利于肉牛业的综合协调发展和可持续发展,有着广阔的推广应用前景。不同的气候特点、饲养环境、饲料来源可能导致不同地区的奶牛营养需要量与我国《奶牛饲养标准》(NY/T 34—2004)中的推荐量有一定的差异。围绕一定的生产目标和营养调控目标,根据当地可利用的饲料资源和其他各种影响因素,提出具有地区特点的犊牛营养需要模型是当前犊牛营养的重点研究内容。近些年来,随着贵州省牛业集约化生产,这就需要开发经济适用、营养全面、容易消化吸收,并能有效缓解断奶产生的采食量显著降低、生长缓慢等症状的代乳料饲喂犊牛。

第二节　种公牛的饲养管理技术

一、种公牛的生理特性

从生理角度看,种公牛与其他种公畜相比,它具有记忆力强、防御反射强和性反射性强的特点。

1. 记忆力强

种公牛对周围的事物和人具有超强的记忆力。比如,给它打过针、做过手术、鞭打过它的人,当再次接触时即表现出反感。因此,种公牛的饲养员不宜参加兽医的治疗工作,以免发生意外。一般情况下,种公牛必须指定专人负责饲养管理,不宜随意更换,饲养员可通过饲喂、饮水、刷拭、抚摸等,了解种公牛的脾气,与种公牛建立感情,便于饲养管理。

2. 防御反射强

种公牛具有较强的自卫性,当初次接近种公牛时,种公牛立即发出粗声粗气,表现出对来者进行攻击的架势,因此外来人不宜轻易接近种公牛。

3. 性反射强

公牛在采精时,勃起反射、爬跨反射、射精反射均很快。若公牛长期不采精或采精技术不良,易导致公牛的脾气变差,公牛出现顶人、自淫等恶癖,所以应加强种公牛的饲养管理。

二、种公牛的培育要求

种公牛对牛群的改良和提高起着决定性作用,在人工授精和冷冻精液日益普及的今天,种公牛的饲养数量大大减少,对种公牛的选择与质量要求却越来越高,种公牛的重要性表现得更为突出。世界各地都十分重视种公牛的培育,以期发挥种公牛的种用价值。种公牛的培育技术复杂,培育时间较漫长,培育要求则很具体、明确,总的培育目标是种公牛应具备优秀的遗传素质、健壮的体质、充沛的精力、较强的性欲、较长的使用年限。

1. 具有优秀的遗传素质

冷冻精液和人工授精技术的广泛使用,公牛在畜群遗传改良中的作用很重要。为了培育优秀的种公牛,种牛场不停在寻找最优秀的公母牛作为下一代的年轻公牛的亲本,选择的重点通常是小公牛的生产性能遗传潜力。

2. 健壮的体质

种公牛应具有精力充沛、雄性威势、体质健壮的特征。生产中要保持种公牛中上等膘情,腰角明显而不突出,肋骨微露而不明显。若营养过度、运动不足,会导致公牛因肥胖而精神萎靡不振、性欲迟钝、配种时懒于爬跨;若营养不足、牛体瘦弱,可降低公牛的性欲和精液质量。

3. 精液品质优质

种公牛的精液品质的评价指标有射精量、精子密度、精子活力等,只有高品质的精液,才能耐冷冻,适于制作冻精和长期保存。

4. 利用年限长

选择和培育优秀的种公牛很难,需尽可能延长种公牛的利用年限,充分发挥其改良作用。合理的饲养管理和利用,可使种公牛的利用年限超过 10 岁而精力不衰,反之可导致种公牛在 2～3 年内精力衰退,或因感染疾病而被淘汰。

三、种公牛的饲养

1. 种公犊的饲养

加强种公犊的饲养,可促使其充分发育,充分发挥其遗传潜力。出生 2 月龄内的种公犊与母犊的日粮、饲养方式相似,但需适当补喂鲜奶或脱脂乳;种公犊的断奶时间约为 6 月龄,第 1 个月每日的喂鲜奶量为 7～8 kg;第 2 个月每日的喂鲜奶量约为 6 kg,加喂 3～4 kg 的脱脂乳;第 3 个月每日的喂鲜奶量为 4～5 kg,加喂 8～10 kg 的脱脂乳;第 4～6 个月内,应逐渐减少鲜奶的喂量,增加脱脂乳的喂量。

2. 育成公牛的饲养

育成公牛是指从断奶到配种前处于生长发育的公牛,习惯上称为后备种公牛。育成公牛的生长发育快、体重增加快,机体组成变化明显,育成公牛的生长发育直接关系到成年公牛的种用价值,应给予科学合理的饲养管理。

育成公牛的饲养水平直接影响其生长发育、体型结构和种用价值以及整个牛群的质量。育成公牛的生长比母牛快,需要以精料形式提供较多的营养物质,以促进其快速生长和性器官的发育。育成公牛的日粮搭配要合理,喂给品质优良的精、粗饲料,提供充足的蛋白质、矿物质、脂溶性维生素(特别是维生素 A)的供应,不允许使用抗生素和激素类药物,以免影响性器官的发育。若饲养过于粗放、营养水平过低会延迟育成公牛的性成熟,生产的精液品质低劣。后备公牛的日粮应以精料为主,搭配优质的青粗饲料,以优质的青干草为主,少用多汁饲料,尽量不用劣质粗料饲喂,以免使公牛的消化器官扩容增大,形成草腹而影响繁殖性能的发挥。10 月龄后,可将干草、青草、青贮饲料作为日粮的主要部分,同时补充维生素和微量元素的喂量。

3. 成年种公牛的饲养

为了保证种公牛的营养需要,种公牛的日粮应该是品质优良的青、粗、精饲料搭配的优质、全价、组成多样、易消化,但体积不宜过大,全年均衡供应。饲喂要定时定量,饮水充足。种公牛的饲养是影响种公牛精液品质的重要因素,种公牛饲料的全价性是保证正常生产及生殖器官正常发育的首要条件,特别是饲料中应含有足够的蛋白质、矿物质和维生素,这些营养物质对精液的生成与质量提高,以及对成年种公牛的健康均有良好的作用。种公牛的饲养,应注意以下几点:

①供给营养全面的精料补充料。给种公牛提供的精料补充料应由生物学价值较高的麦麸、玉米、豆饼、燕麦等组成。采精频繁时,精料补充料中可适当补加优质蛋白质饲料。

②供给优质青干草。合理搭配使用青绿多汁饲料,但切勿过量饲喂多汁饲料和粗饲料,长期饲喂过多的粗饲料,尤其是质量低劣的粗饲料,会使种公牛的消化器官扩张,形成"草腹",腹部下垂,导致种公牛精神委顿而影响配种性能。

③合理搭配种公牛的日粮。种公牛的日粮可由青草、青干草、块根类饲料、混合精料组成。一般按每 100 kg 体重每日喂给 1 kg 干草,0.5 kg 混合精料。

④控制干物质的摄入量。根据种公牛的实际重量和体况,给种公牛提供适宜水平的日粮,一般成熟种公牛每日的总干物质摄入量应为体重的 1.2%~1.4%。还需根据季节温度的变化进行调整,寒冷季节总干物质的摄入量要适当增加,炎热气候时总干物质摄入量应适当减少。

⑤饲喂方法。种公牛应单圈饲养,两头种公牛间的距离应保持 3 m 以上,以免相互爬跨和顶架。种公牛应定时定量,先精后粗的饲喂顺序。

⑥提供充足的饮水。种公牛的饮水应保证随时供给,否则种公牛有可能处于应激状态,影响精液产量,一般采用自由饮水,但种公牛采精前或运动前后半小时内不宜饮水,以免影响健康。

四、种公牛的管理

种公牛的饲养人员在日常管理过程中,要胆大心细,平时加强对公牛的调教,切忌随意逗弄、鞭打、虐待公牛。

1. 分群

育成公牛应分群单槽饲喂管理，育成公牛和育成母牛的生长发育特点不同，对饲养管理的条件和需求不同。若性成熟的育成公牛和母牛混养，易互相干扰而影响生长发育。

2. 穿鼻戴环

为了便于管理，育成公牛年龄达到 10～12 月龄时应进行穿鼻戴环。穿鼻时，应先将牛保定，用碘酒消毒穿鼻部位和穿鼻钳后，从鼻中隔正直穿过，塞进木棍以免伤口长闭。伤口愈合后可先戴小鼻环，随着年龄的增加，可更换较大鼻环。

3. 加强运动

种公牛必须强制性运动，运动是种公牛日常管理的一项重要工作。适当运动可增强种公牛肌肉、韧带、骨骼的健康，防止肢蹄变形，保证种公牛举动活泼、性欲旺盛、精液品质优良，防止公牛变肥。育成公牛每天上、下午各进行一次舍外运动，每次 1.5～2.0 h，行走距离约 4 km。

4. 刷拭

种公牛上槽后每天进行 1～2 次刷拭牛体，以保证牛体的清洁卫生和健康，也利于做到人和牛的亲和，防止发生恶癖。但刷拭牛体不可在饲喂时进行，以免牛毛和尘土落入饲槽，影响公牛健康。牛体刷拭应仔细，将牛体各部位的污垢清除干净，特别注意角尖、额顶、头颈等处尘土的清除。

5. 护蹄

种公牛的蹄部护理非常重要，蹄形不正会影响种公牛的运动、采食、采精。保持牛蹄清洁干燥、常涂抹凡士林等措施可有效防治蹄壁龟裂，坚持每年春、秋季节修蹄两次，保持牛舍和运动场干燥。

6. 性情调教

种公牛性情的好坏直接影响其利用效果。针对种公牛记忆力强、有较强的自卫性，调教种公牛应从幼年开始，饲养员通过抚摸、刷拭等活动与其建立感情。不能鞭打公牛，不能随意更换饲养员，给公牛治疗打针时，饲养员应避开。

7. 按摩睾丸

睾丸发育的大小与精子的生成有密切关系，为了促进睾丸发育，应加强种公牛的选种和饲养，加强睾丸的按摩和护理。可结合刷拭，每日对阴囊、精索、睾丸进行按摩，每次 5～10 min，可促进睾丸的发育和改善精液品质。

8. 称重

成年种公牛应每 3 个月称重 1 次，根据体重变化进行合理饲养，保持中等体况，不可过肥。

9. 合理利用

根据后裔鉴定的要求，公牛多于 12～14 月龄开始采精，每月 2 次，连续采精 2 个月，至 18 月龄。正式投产采精后，开始每 10 d 采精 1 次，以后每周 2 次，每次射精 2 次，夏季每周采精 1 次，检查采精量和精液品质，并试配部分母牛，测定后代有无遗传缺陷，决定是否留作种用。采精时应注意人畜安全，采精架应合适，不能影响公牛爬跨，伤到牛蹄。采精室的地面一般采用混凝土地面,上铺橡胶垫,以确保公牛安全。

10. 防疫注射

定期对种公牛进行防疫注射,防止传染病的发生。

第三节　母牛的饲养管理技术

母牛的饲养管理的评价主要包括犊牛是否健康、初生重、断奶重、哺乳犊牛的能力、断奶成活率、产犊后的初次发情时间、泌乳量等。

一、育成母牛的饲养管理

育成母牛是指断奶后到配种前的母牛。从牛群选出生长发育好、性情温顺、增重快、体质结实、不宜过肥的4~6月龄的育成母牛留作后备母牛。

1. 育成母牛的生长发育特点

育成期是母牛的骨骼、肌肉发育最快时期,体型变化大,消化器官中瘤胃的发育迅速,随着年龄的增长,瘤胃功能日趋完善,12月龄时接近成年水平。6~9月龄时,卵巢上出现成熟卵泡,开始发情排卵,18月龄左右,当体重约为成年体重的70%时可配种。

2. 育成母牛的饲养

育成母牛不同的年龄阶段的生长发育特点、消化能力、饲养方法上均不相同。

(1)断奶至1岁

断奶至1岁是育成母牛生长最快的时期,性器官、第二性征、体高、体长、消化器官等均快速发育。前胃已具有了较大的容积和消化青饲料的能力,但还保证不了采食足够的青粗饲料来满足此期强烈生长发育的营养需要。消化器官本身也处于强烈的生长发育阶段,需继续锻炼。

(2)12月龄至初次妊娠

此阶段育成母牛的消化器官容积继续增大,消化能力不断增强,生殖器官和卵巢的内分泌功能趋于健全。16~18月龄时,育成母牛的体重可达成年母牛的70%~75%,生长速度逐渐递减。此阶段无妊娠和产奶负担,饲喂优质青粗饲料基本上能满足育成母牛的营养需要。此阶段育成母牛的日粮以青粗料为主,不仅能满足母牛的营养需要,还能促进消化器官的生长发育。

(3)初次妊娠至第一次分娩

此阶段育成母牛的生长速度逐渐下降,体躯向宽深方向迅速发展。若营养水平过高,易在母牛体内沉积过多的脂肪,导致牛体过肥,造成不孕或难产。育成母牛在此阶段前期的日粮以优质青贮料为主,但应全价性、多样化,保证胎儿的正常发育;妊娠最后2~3个月,体内胎儿生长迅速,母牛的营养需要增多。因此,需要提高营养浓度,减少粗料,增加精料量,以免压迫胎儿。母牛每日补充2~3 kg精料,精料与粗料比以3:7为宜。

3. 育成母牛的管理

(1)分群

为了避免育成母牛因早配而影响生长发育,应在性成熟前分群。育成母牛应按年龄、体重分群,月龄不宜超过1.5~2个月,活重不宜超过25~30 kg。

（2）转群

根据母牛的年龄、发育情况，按时转群。一般在 12 月龄、18 月龄、初配定胎后进行 3 次转群，同时进行体重、体尺测量，淘汰达不到正常生长发育的母牛。

（3）加强运动

舍饲条件下，育成母牛每天需要的运动时间约为 2 h，适量的运动对保持育成母牛的健康和提高繁殖性能有重要意义。

（4）刷拭

为了保持牛体清洁，促使皮肤代谢和养成温顺的脾气，每天刷拭母牛 1～2 次，每次约 5 min。

（5）按摩乳房

从开始配种起，每天上槽后用热毛巾按摩乳房 1～2 min，促进乳房的生长发育，产前 1～2 个月停止按摩。

（6）初配

在 18 月龄左右根据母牛的生长发育情况决定是否参加配种。初配前，应注意观察育成母牛的发情日期，以便在以后的发情期进行配种。

二、妊娠母牛的饲养管理

1. 妊娠母牛的饲养

犊牛的初生重与出生后的生长和育肥呈正相关，妊娠母牛的营养供给和胎儿的生长有着直接关系。胎儿的增重主要在妊娠后期，需要从母体吸收大量的营养，若胎儿生长发育不良，出生后就难以补偿，造成犊牛增重速度减慢，饲养成本增加。

（1）妊娠前 6 个月

该阶段妊娠母牛的胚胎生长发育较慢，胎儿各组织器官处于分化形成阶段。该阶段母牛的营养需要不会增加，但日粮须全价性，日粮应以优质青干草、青贮料为主，适当添加精料和青绿多汁料，满足妊娠母牛对矿物元素、维生素 A、维生素 D、维生素 E 的需要。

（2）妊娠最后 3 个月

该阶段是胎儿增重最快的阶段，胎儿的增重占犊牛初生重的 75% 以上，胎儿的骨骼、肌肉、皮肤等组织器官快速生长，需要大量的营养物质，尤其是蛋白质和矿物质的供给尤为重要。同时，妊娠母牛也需要贮存一定的营养物质，以供分娩泌乳需要。若营养不足，会导致犊牛体高增长受阻、身体虚弱、犊牛初生重小、食欲差、发育慢、易患病等。饲养上应增加精料量，多供给蛋白质含量高的饲料。

（3）分娩前 2 周

临近分娩的母牛，饲养应以优质青干草为主，逐渐增加精料的方法，对体弱的临产牛可适当增加喂量，对过肥的临产母牛可适当减少喂量；分娩前 2 周，通常给混合精料 2～3 kg；分娩前 7 d，可适量逐渐增加精料喂量，但最大喂量不宜超过母牛体重的 1%，精料中要适当增加麸皮含量，以防止母牛发生便秘。

2. 妊娠母牛的管理

（1）保持适当膘情

妊娠期间，母牛需增重 45～70 kg，才足以保证产犊后的正常泌乳与发情，妊娠母牛应保持中上等膘情。

(2)牛舍、产房

妊娠母牛舍应保持清洁、干燥、通风良好、阳光充足、冬暖夏凉;产房要求宽敞、清洁、保暖性能好、环境安静,且经过严格的消毒;产房的地面上应铺干燥、经过日光照射的柔软垫草。为了减少环境改变对母牛的应激,预产期前约 10 d 需将母牛转入产房。

(3)饲料、药物

妊娠母牛应禁止饲喂棉籽饼、菜籽饼、酒糟等含有大量抗营养因子的饲料和冰冻、发霉变质的饲料;母牛妊娠期禁止防疫注射,避免使用对胎儿不利的刺激性较强的药物。

(4)适当运动

妊娠母牛的管理上应做好保胎工作,严防受惊吓、滑跌、挤撞、鞭打等;每天应保持适当的运动,夏季可在良好的草地上自由放牧,但应与其他牛群分开,以免出现挤撞而流产;雨天不要进行放牧和进行驱赶运动,防止滑倒。

(5)产前准备

母牛在产房内可以取掉缰绳,让其自由活动,在此期间要饲喂青干草或少量的精饲料等容易消化的饲料;为减少病菌感染,产房必须事先用 2% 火碱水喷洒消毒,然后铺上清洁干燥的垫草;分娩前母牛后躯和外阴部用 2%~3% 来苏儿溶液洗刷,然后用毛巾擦干;发现母牛有临产症状,即表现腹痛,不安,频繁起卧,需用 0.1% 高锰酸钾溶液擦洗生殖道外部,做好接产准备。

三、哺乳母牛的饲养管理

1. 哺乳母牛的饲养

哺乳母牛的主要任务是满足犊牛生长发育所需要的营养,母牛在哺乳期所消耗的营养比妊娠后期多,犊牛出生 2 个月内每天需哺乳母乳 5~7 kg。若哺乳母牛营养不足,泌乳量就会下降,直接影响犊牛的生长发育和母牛的健康。

母牛分娩前 30 d 和产后 70 d 是母牛饲养的关键 100 d,该阶段饲养的好坏直接影响母牛的分娩、泌乳、产后发情、配种受胎、犊牛的初生重和断奶重、犊牛的健康和正常生长发育。

母牛分娩 3 周后,泌乳量迅速上升,母牛的体况逐渐恢复正常。此阶段母牛能量饲料的需要比妊娠时高出 50% 左右,蛋白质、钙、磷的需要量加倍。因此应增加精料的饲喂量,每日干物质进食量为 9~11 kg,日粮中粗蛋白质含量以 10%~11% 为宜,并需供给优质粗饲料,以保证母牛泌乳和母牛发情。

2. 哺乳母牛的管理

产后期应加强对母牛的护理,促使其尽快恢复到正常状态,防止产后疾病的发生。正常情况下,母牛子宫在产后 9~12 d 可恢复,需 26~47 d 可完全恢复到未妊娠的状态;约需 1 个月时间恢复卵巢;阴门、阴道、骨盆及韧带等在产后几天就可恢复正常。

母牛产后应驱赶让其站立,舔初生犊牛,让母牛充分饮用备好的麦麸盐温水,以补充体内水分,帮助维持体内酸碱平衡、暖腹、充饥、增加腹压,以避免产犊后腹内压突然下降,使血液集中到内脏,造成临时性贫血而休克。

产后 1~2 d 的母牛应继续饮用温水,同时饲喂质量好、易消化的饲料,但投料不宜过多,严禁突然增加精料量,以免引起消化道疾病,一般产后5~6 d后可以逐渐恢复正常饲养。

产后母牛生理有很大变化,机体抵抗力降低,产道黏膜损伤,可能成为疾病侵入的门户。因此要加强外阴部的清洁和消毒,用温水、肥皂水、1%~2%来苏儿或0.1%的高锰酸钾水冲洗刚产完犊的母牛外阴部及周围并擦干。

母牛产后从生殖道排出大量分泌物(恶露),最初为红褐色,之后为黄褐色,最后变为无色透明。母牛产后持续排出恶露时间为10~14 d,及时更换被污染的垫草,防止贼风吹入,以免母牛发生感冒。

胎衣排出后,应让母牛适当运动,同时注意乳房护理,哺乳前应用温水洗涤,以防乳房的污染,保证乳汁的卫生。要经常打扫牛舍,保持乳房的清洁卫生,避免有害微生物污染母牛的乳房和乳汁,引起犊牛疾病。

第四节　规模化牛场的生产管理

规模化牛场的生产管理是通过制定各种规章、制度和方案作为生产过程中的管理依据,对生产进行计划、组织、协调和控制等工作,保证生产顺利进行,并取得较好的经济效益。

一、建立健全牛场管理部门

为保证牛场生产有序进行,需建立健全牛场的管理部门,有效地组织生产。牛场一般为场长负责制,由场长通过部门经理和技术人员直接管理牛群和经营工作。规模化牛场可建立科室、场长助理来协助场长管理生产,科室、场长助理对场长负责,深入第一线指挥生产和管理工作。

二、牛场生产计划制订

牛场管理部门应根据已拟定的生产计划组织牛场生产、协调运转牛场的各生产环节,顺利完成生产任务。

1. 年度生产计划

年度生产计划的内容和确定生产指标应详尽、具体、切实可行,可以引导牛场科学生产,是牛场每年编制的最基本的计划。

2. 长期生产计划

规模化牛场的长期生产计划时间一般为5年。为了对牛场生产进行长期、全面的安排,避免牛场生产的盲目性,牛场管理部门从总体上规划牛场未来几年的生产发展方向、生产规模、进展速度、生产效益等。

3. 规模化牛场生产计划的内容

牛场生产计划主要包括配种产犊计划、牛群周转计划、饲料计划等。

. 配种产犊计划

合理组织牛群配种产犊是牛场各生产计划的基础,是制订牛群周转计划的重要依据。可明确计划年度各月份参加配种的成年母牛、初产牛和育成牛的数量,便于做好计划配种和生产。

①母牛预产期的推算。为了合理安排牛场生产、饲养管理好妊娠母牛,做好分娩前的准备工作,须精确推算出妊娠母牛的预产期,便于编制产犊计划。

肉牛、奶牛的平均妊娠期按 280 d 计算,配种月份减 3,配种日期加 6;若配种月份在 1、2 月份,月份加 12 减 3;若预产日期大于 30,应减 30,余数为预产日,预产月份需加 1。

水牛的平均妊娠期按 330 d 计算,配种月份减 1,配种日期加 2。

牦牛的平均妊娠期按 255 d 计算,配种月份减 4,配种日期加 11。

②产犊季节的调节。产犊季节调节是通过有计划地配种来控制母牛的产犊季节,使牛群按照人们的需要有计划地生产,做到生产与销售相协调;饲料生产、供应与牛群的需要相协调;牛舍、设备等得到充分合理利用;合理地协调繁殖与生产之间的矛盾,最终提高母牛的繁殖效率和牛群的经济效益。

产犊调节的依据主要包括母牛的生产方向,即乳用、肉用或役用,饲料供应情况,物资设备利用情况,牛群的育种方向,母牛的发情季节等。

肉用牛的产犊调节:在饲料比较丰富的农区,全年均可配种产犊,必要时根据市场需要调节产犊;饲料生产供应不均衡的草原放牧地区,可安排母牛群在 6—8 月份集中配种,来年的 3—5 月份集中产犊,犊牛 2~3 月龄可以吃上青草,母牛也可以利用充足的青草完成产后恢复,按计划发情配种,实现一年一胎;若早春产犊易导致母牛营养差,犊牛得不到充足的哺乳,发育不良。

三、牛场的操作技术规程

为了提高牛场生产经济效益,牛场管理部门应反复研究牛场的生产过程和生产环节,根据员工的技术水平和牛场的设备条件制定合理的牛场操作技术规程。牛场的操作技术规程主要包括繁殖母牛配种(适时配种、精液的解冻、输精),犊牛、育成牛的饲养管理(初生犊牛护理、哺喂初乳和常乳、断奶、育成牛培育),育肥技术、种公牛的饲养管理,防疫卫生和环保措施等。

四、规模化肉牛养殖场档案管理技术规范

1. 范围

本部分规定了贵州肉牛养殖场建档要求、建档内容、档案管理。

本部分适用于贵州肉牛养殖场档案资料的收集、保管和使用。

2. 建档要求

①贵州肉牛杂交改良、品种选育的单位,都应建立自己的育种档案室或专用档案柜。

②在选育区范围内应建立健全养殖档案。

③凡参与贵州肉牛杂交改良、选育专业养殖户饲养的各类育种群,应由县级畜牧兽医行政部门指导建立健全的档案。

3. 建档内容

①牛群的生产记录,如初生、死淘、调运记录;外貌鉴定、体尺测定记录、称重记录、配种记录、产犊记录、耳号等原始记录以及汇总表。

②饲养管理记录如饲料配方、饲喂方式、饮水、牛群调整、犊牛去势、修蹄、牛体刷拭等日常

饲养管理记录。

③疫病防治记录、免疫记录、驱虫、疾病治疗记录。

④消毒及无害化记录,如日常消毒记录、无害化处理、重大疫病检测记录。

⑤种牛卡片及建卡所依据的有关资料。

种公牛卡片、种母牛卡片,见表7-1、表7-2;个体外貌鉴定表,见表7-3;增重效果登记表;贵州肉牛繁殖记录表。

表 7-1　种公牛卡片

牛号:			出生地点				出生日期		
父(牛号)			母(牛号)			祖父		外祖父	
鉴定年龄			鉴定年龄			牛号		牛号	
体高			体高			体重		体重	
体斜长			体斜长			等级		等级	
胸围			胸围			祖母		外祖母	
坐骨端宽			坐骨端宽			牛号		牛号	
体重			体重			体重		体重	
等级			等级			等级		等级	

生产性能测定及鉴定成绩	年度	年龄	体重	体尺				鉴定结果	等级
				体高	体斜长	胸围	坐骨端宽		

配种及后裔鉴定汇总	与配种母牛数	产犊母牛数	产犊数	后裔品质		
				特级	一级	二级

⑥其他资料。

与肉牛杂交改良、选育有关的会议文件及会议记录;与肉牛杂交改良、选育有关的试验方案设计、试验记录及试验总结报告;公开发表的相关文章及著作;项目申请的原始资料、执行情况、结题报告、项目获奖材料及获奖情况等;其他有关贵州肉牛杂交改良、选育的文字、图片、音像资料。良种肉用母牛系谱见表7-4,本地牛杂交改良登记见表7-5。

4. 档案管理

①建立健全档案管理制度,明确养殖档案的搜集、整理、归档、保管、使用、销毁等实施细则及其管理人员和负责人的职责。

②肉牛养殖档案资料应设专人专柜保存。

表7-2　种母牛卡片

牛号：				出生地点			出生日期		
父（牛号）		母（牛号）			祖父		外祖父		
鉴定年龄		鉴定年龄			牛号		牛号		
体高		体高			体重		体重		
体斜长		体斜长			等级		等级		
胸围		胸围			祖母		外祖母		
坐骨端宽		坐骨端宽			牛号		牛号		
体重		体重			体重		体重		
等级		等级			等级		等级		

生产性能测定及鉴定成绩	年度	年龄	体重	体尺				鉴定结果	等级
				体高	体斜长	胸围	坐骨端宽		

历年配种产犊成绩	与配种公牛		产犊情况					用途
	牛号	等级	公母	初生重	断奶重	周岁鉴定结果	等级	

表7-3　个体鉴定记录表

群体＿＿＿＿＿＿　性别＿＿＿　年龄＿＿＿　鉴定日期＿＿＿＿＿＿＿　鉴定人＿＿＿＿＿　记录人＿＿＿＿＿

牛号	父号	母号	体重	体高	胸围	体斜长	臀端宽	等级	备注

③参与肉牛杂交改良、选育工作的所有人员，形成的所有方案和相关材料，均归入档案室保管，个人不得长期占存，需用时经主管领导批准后方可借阅。

④档案资料要科学管理，要与肉牛良种登记系统结合，推行微机建档管理，建立各级档案管理网络，加强育种信息交流和资源共享。

⑤档案资料的保存期、失效和销毁。

表 7-4 良种肉用母牛系谱

_____市_____县_____乡镇_____村组_____畜主(养殖场)_____备注

牛只情况	牛号		良种登记号				来源		
	品种		出生日期				登记日期		
	毛色特征		初生重				登记人		

系谱	父、牛号							照片	
	品 种		祖父、牛号						
	出生日期		品 种						
	初 生 重		祖母、牛号						
	断 奶 重		品 种						
	母、牛号								
	品 种		外祖父、牛号						
	出生日期		品 种						
	初 生 重		外祖母、牛号						
	断 奶 重		品 种						

生长发育情况	项 目	体重/kg	体高/cm	体斜长/cm	胸围/cm	管围/cm	胸宽/cm	尻宽/cm	测量日期	备注
	初生重									
	6 月龄									
	12 月龄									
	18 月龄									
	24 月龄									
	36 月龄									
	成年									

妊娠情况	项 目	胎次 1	胎次 2	胎次 3	胎次 4	胎次 5	胎次 6
	始配日期						
	始配月龄						
	配妊日期						
	配妊次数						
	公 牛 号						
	妊娠天数						

产犊情况	项 目	胎次 1	胎次 2	胎次 3	胎次 4	胎次 5	胎次 6
	出生日期						
	性 别						
	毛 色						
	初 生 重						
	编 号						
	健康情况						
	产犊情况						

表 7-5 本地牛杂交改良登记表(册)

_____市_____县_____乡镇_____村(点)

本乡镇村(点)_____人,_____户,其中养牛户_____户,(饲养 3~5 头)_____户,(饲养 6~10 头)_____户,(饲养 10 头以上)_____户,年饲养牛_____头,存栏_____头,适配母牛_____头

序号	母牛			第一次配种			第二次配种			第三次配种			备注
	品种	毛色	牛号	公牛号	品种	日期	公牛号	品种	日期	公牛号	品种	日期	

五、贵州肉牛生产管理技术规范

1. 范围

本部分规定了贵州肉牛生产过程中的饲养管理、饲料使用、兽药使用、资料保存等。

本部分适用于贵州规模化肉牛养殖场的肉牛生产管理。

2. 规范性引用文件

下列文件对于本文件的应用是必不可少的。凡所注日期的版本适用于本文件。凡是不注日期的引用文件,其最新版本(包括所有的修改单)适用于本文件。

NY 5027 无公害食品畜禽饮用水水质。

NY 5127 无公害食品肉牛饲养饲料使用准则。

3. 饲养管理

(1)牛场选址与布局

①牛场选址应符合当地土地利用规划的要求。

②牛场应建在地势干燥、排水良好、通风、易于组织防疫的地方。

③牛场距离干线公路、铁路、城镇、居民区和公共场所 0.5 km 以上,牛场周围 1 km 以内无大型化工厂、采矿厂、皮革厂、肉品加工厂、屠宰厂或其他畜牧场等污染源。

④牛场内的生活区、管理区、生产区、粪污处理区应分开。生产区要位于管理区主风向的下风或侧风向,隔离牛舍、粪污处理区和病、死牛处理区位于生产区主风向的下风或侧风向。

⑤牛场内道路硬化、裸露地面绿化,净道和污道分开,互不交叉,保持整洁卫生。牛圈内垫料应定期消毒和更换,保持水槽、料槽及舍内用具洁净。牛场周围有围墙(围墙高>1.5 m)或防疫沟(防疫沟宽>2.0 m),并建立绿化隔离带。

⑥牛舍布局符合分阶段饲养的要求。肉牛按年龄、体重、性别、强弱分群饲养,所有牛需打耳标。

⑦牛舍设计应通风、采光良好,温度、湿度、气流、光照符合肉牛不同生长阶段要求,空气中有毒有害气体不超过规定含量。

⑧生产区 1 km 内禁止饲养其他经济用途动物,尤其是偶蹄目动物。

(2)引种

①购入种牛要在隔离场观察不少于 30 d,经兽医检查确定健康后,方可转入生产牛群。

②严禁从疯牛病等高风险传染性疾病的国家或地区引进牛只、胚胎、精、卵。

③引进肉牛必须具有动物检疫合格证明。

④肉牛在装载、运输过程中禁止接触其他偶蹄动物,运输车辆在运输前后均应彻底清洗消毒。

(3)饮水

①饮水应符合 NY 5027 的有关规定。

②饮水设备应定期清洗和消毒。

③禁止在肉牛的饮水中添加激素类药物。

(4)灭鼠

投放鼠药需要放在器具内、定时、定点,并及时收集死鼠和生育鼠药并做无害化处理,确保安全。

(5)病、死牛处理

①牛场不应出售病牛和不明原因的死牛。

②定点扑杀需要处置的病牛,并焚烧或深埋,进行无害化处理。

③隔离饲养、治疗有使用价值的病牛,病愈后归群。

(6)废弃物处理

牛场废弃物须经堆积生物热处理、粪污干湿分离等方法处理。

4. 饲料使用

(1)饲料原料

①具有该品种应有的色、嗅、味、组织形态特征,并无发霉、变质、结块及异味异嗅。

②有毒有害物质及微生物允许量应符合 NY 5127 的要求。

③含有饲料添加剂的应作相应的说明。

④非蛋白氮提供的总氮含量应低于饲料中总氮含量的 10%。

⑤禁止使用除蛋、乳制品外的动物源性饲料。

⑥禁止使用抗生素滤渣作肉牛饲料原料。

⑦禁止在牛体内埋植或在饲料中添加镇静剂、激素类等违禁药物。饲料原料及饲料安全卫生指标见表 7-6。

表 7-6 饲料原料及饲料安全卫生指标

安全卫生指标项目	产品名称	指标	试验方法	备注
砷(以总砷计)的允许量(每千克产品中)/mg	植物性饲料原料	≤5.0	GB/T 13079	不包括国家主管部门批准使用的有机砷制剂中的砷含量
	矿物性饲料原料	≤10.0		
	肉牛配合、浓缩饲料	≤10.0		

续表 7-6

安全卫生指标项目	产品名称	指标	试验方法	备注
铅（以 Pb 计）的允计量（每千克产品中）/mg	植物性饲料原料	≤8.0	GB/T 13080	
	矿物性饲料原料	≤25.0		
	肉牛配合、浓缩饲料	≤30.0		
氟（以 F 计）的允计量（每千克产品中）/mg	植物性饲料原料	≤100	GB/T 13083	
	矿物性饲料原料	≤1 800		
	肉牛配合、浓缩饲料	≤50		
氰化物（以 HCN 计）的允计量（每千克产品中）/mg	饲料原料	≤50	GB/T 13084	
	肉牛配合、浓缩饲料，精料补充料	≤60		
		≤0.04		
六六六的允计量（每千克产品中）/mg	饲料原料	≤0.04	GB/T 13090	
	肉牛配合、浓缩饲料，精料补充料	≤0.04		
霉菌的允计量（每克产品中）/×10³ 个	饲料原料	<40	GB/T 13092	限量饲用：40～100 禁用：>
	肉牛配合、浓缩饲料	<50		
黄曲霉素 B₁ 的允计量（每千克产品中）/μg	饲料原料	≤30	GB/T 17480 或 GB/T 8381	
	肉牛配合、浓缩饲料	≤80		

注1：表中各行中所列的饲料原料不包括 GB 13078 中已列出的饲料。

2：所列允许量均为以干物质含量为88％的饲料为基础计算。

（2）饲料添加剂

①无发霉、变质、结块，具有该品种应有的色、嗅、味、组织形态特征。

②有害物质及微生物允许量应符合饲料及饲料添加剂卫生指标的要求，详见表7-7。

表 7-7 饲料及饲料添加剂卫生指标

卫生指标项目	产品名称	指标	试验方法	备注
砷（以总砷计）的允许量/mg	石粉	≤2.0	GB/T 13079	不包括国家主管部门批准使用的有机砷制剂中的砷含量
	硫酸亚铁、硫酸镁			
	磷酸盐	≤20		
	沸石粉、膨润土、麦饭石	≤10		
	硫酸铜、硫酸锰、硫酸锌、碘化钾、碘酸钙、氯化钴	≤5.0		
	氧化锌	≤10.0		

续表7-7

卫生指标项目	产品名称	指标	试验方法	备注
铅（以 Pb 计）的允许量/mg	奶牛、肉牛精料补充料	≤8		
	石粉	≤10		
	磷酸盐	≤30		
氟（以 F 计）的允许量/mg	石粉	≤2 000	GB/T 13083	高氟饲料用 HG 2636—1994
	磷酸盐	≤1 800	HG 2636	
	牛（奶牛、肉牛）精料补充料	≤50		
霉菌的允许量/×10³ 个	玉米	<40	GB/T 13092	限量饲用:40～100 禁用:>100
	小麦麸、米糠			限量饲用:40～80 禁用:>80
	豆饼（粕）、棉籽饼（粕）、菜籽饼（粕）	<50		限量饲用:50～100 禁用:>100
	奶、肉牛精料补充料	<45		
黄曲霉毒素 B₁ 允许量/μg	玉米	≤50	GB/T 17480 或 GB/T 8381	
	花生饼（粕）、棉籽饼（粕）、菜籽饼（粕）			
	豆粕	≤30		
	肉牛精料补充料	≤50		

③饲料中使用的各类饲料添加剂应是农业部允许使用的饲料添加剂品种目录中所规定的品种或取得产品批准文号的新饲料添加剂品种。

④饲料中使用的各类饲料添加剂产品应是取得饲料添加剂产品生产许可证的企业生产的具有批准文号的产品或取得产品进口登记证的境外饲料添加剂。

⑤药物饲料添加剂的使用应按照肉牛饲养允许使用的饲料药物添加剂使用的规定执行（表7-8）。

⑥使用药物饲料添加剂应严格按照 NY 5027 有关规定执行休药期。

⑦饲料添加剂产品的使用应遵照产品标签所规定的用法、用量。

（3）粗饲料、配合饲料、浓缩饲料、精料补充料和添加剂预混料

①饲料色泽一致，无霉变、结块、异味。

②肉牛配合饲料、浓缩饲料、精料补充料和添加剂预混料中禁止使用违禁药物。

③产品成分应符合标签中所规定的含量。

④使用时应遵照标签所规定的用法和用量。

表 7-8 饲料药物添加剂使用规范

品名	用量	休药期/d	其他注意事项
莫能菌素钠预混剂	每头每天 200～360 mg	5	禁止与泰妙菌素、竹桃霉素并用;搅拌配料时禁止与人的皮肤、眼睛接触
杆菌肽锌预混剂	每饲料添加犊牛 10～100 g(3月龄以下)、4～40 g(6月龄以下)	0	
黄霉素预混剂	肉牛每头每天 30～50 mg	0	
盐霉素钠预混剂	每吨饲料添加 10～30 g	5	禁止与泰妙菌素、竹桃霉素并用
硫酸黏杆菌素预混剂	犊牛每吨饲料添加 5～40 g	7	

注1:摘自中华人民共和国农业部公告第 168 号《饲料药物添加剂使用规范》。

2:出口肉牛产品中药物饲料添加剂的使用按双方签订的合同进行。

3:以上各添加剂的用量均以其有效成分计。

5. 兽药使用

①建立严格的生物安全体系,防止肉牛发病和死亡,最大限度地减少化学药品和抗生素的使用。患病牛需经兽医诊断,对症下药,防止滥用药物,优先选用副作用小、不产生组织残留的药物。

②结合当地情况,优先使用疫苗预防肉牛疫病。

③禁止使用酚类消毒剂。

④允许在兽医指导下用兽用中药材、中药成方制剂预防和治疗肉牛疾病。

⑤允许使用国家兽药管理部门批准的微生态制剂。

⑥禁止使用未经国家行政管理部门批准的兽药或已经淘汰的兽药。

6. 资料保存

①每个牛群均应有完整的资料记录,所有记录应在清群后保存 2 年以上。

②所有记录应准确、可靠、完整。

③发情、配种、妊娠、流产、产犊和产后监护的繁殖记录。

④哺乳、断奶、转群的生产记录。

⑤种牛及肥育牛来源、牛号、主要生产性能及销售地记录。

⑥饲料及各种添加剂来源、配方及消耗情况记录。

⑦建立并保存肉牛免疫记录,患病肉牛的预防和治疗记录,预防或促生长混饲给药记录等。

第八章　肉牛的育肥技术

第一节　肉牛育肥的方式及影响因素

采用科学方法，提高牛的采食量和饲料营养成分，使牛在短期内快速增重的养牛方法即为牛的育肥。贵州黄牛长期以来是以役用为主，由于是自然放牧饲养，牛的生长和增重缓慢。随着市场需求的变化，养牛为"种田"的传统模式正朝着"肉用"方面转变，除了做好其他养牛工作外，还需在牛出售或屠宰前对牛进行催肥。肉牛高效养殖育肥是关键，肉牛在出栏前也需进行催肥，可以获得较多的牛肉和较高的养牛收入，还可按市场需要使牛达到所需的体重和一定的脂肪含量。

一、肉牛育肥的方式

肉牛育肥方式多种多样，按性能划分可分为普通肉牛育肥和高档肉牛育肥，普通肉牛育肥又可分为放牧育肥、放牧补饲育肥（也叫半舍饲育肥）、舍饲育肥、犊牛育肥、青年牛育肥、成年牛育肥、淘汰牛育肥、公牛育肥、母牛育肥、阉牛育肥、架子牛育肥等。

1. 放牧育肥

放牧育肥是指从犊牛育肥到出栏为止，完全采用草地放牧而不补充任何饲料的育肥方式。放牧育肥适合人口较少、土地充足、草地广阔、降雨量充沛、牧草丰盛的牧区。如果有较大面积的草山草坡，供牛群夏天和秋天青草期放牧外，还可保留一部分草地供收割调制青干草作越冬饲用，提高放牧育肥的效益。

2. 舍饲育肥

肉牛从育肥开始到出栏为止全部实行圈养的育肥方式称为舍饲育肥，可分为拴系式饲养、散栏式饲养两种方式。舍饲育肥的优点是使用土地少、饲养周期短、牛肉质量好，缺点是投资大、育肥成本较高。散栏式饲养是指将5～6头牛分为一群进行饲养，每头所占面积为7～10 m^2，其优点是节省劳动力，牛在饲养过程中不受约束，利于生理发育。

二、影响肉牛育肥的因素

肉牛育肥的目的是利用肉牛的生长发育规律，充分发挥肉牛的生长发育遗传潜力，投入较低的生产成本，屠宰后获得较多的优质牛肉。影响肉牛育肥效果的因素主要包括品种、体况、年龄、性别、饲料等因素。

1. 品种

肉牛品种与育肥效果密切相关，不同品种、类型牛种的初生重、饲料利用率、日增重、成熟期、最佳屠宰体重等生产性能指标均不相同。因此,应分别采用不同的育肥技术对肉用品种、兼用品种、早熟品种、晚熟品种、大中体型品种、小体型品种、纯种牛、杂种牛进行育肥。

育成牛育肥的目标出栏体重受肉牛体格大小、饲料价格、当前肉牛市场影响;育成牛育肥的目标日增重受目标出栏体重、育成牛育肥的起始体重等因素影响。

2. 育肥季节

肉牛育肥选择在秋季最好,春季次之,冬季一般,夏季最差。秋季牧草结实,秸秆收获,牛的采食量大、增重快。春季天气温和,蚊蝇少,牧草开始返青,牛的食欲旺盛,生长较快。冬季天气寒冷,牛增重缓慢,青绿饲料缺乏,易导致育肥牛营养不良,需要贮备草料,饲养成本加大。夏季天气炎热,牛食欲下降,蚊蝇较多,牛自身代谢快,容易掉膘。若在冬季育肥,则应做好防寒保暖工作。如希望在秋季进行育肥,可调整配种、产犊季节。调整的方法是:每年在5—6月份集中配种,在第二年2—3月份集中产犊,第三年秋季开始育肥,在入冬以前出栏,目前国内外已推广这种方法,以提高育肥增重效果。牛生长的适宜气温是5～21℃,若在夏季育肥,特别是在气温高于27℃时,则应做好防暑降温工作,可在舍外搭设凉棚,避免暴晒;可在舍内安装风扇,避免闷热;还可给牛洗淋浴澡,以便散热。

3. 体况

育肥牛的体况包括育肥牛的前期生长发育水平、体型结构、体型发育程度等。前期生长发育受阻的肉牛进入育肥期后,应提高营养水平,利用生长补偿加快肉牛的肥育;牛的体型受躯干和骨骼大小的影响;肉牛肩峰平整且向后延伸,直到腰和后躯都能保持宽厚,是高产优质牛的标志。

4. 年龄

因为不同年龄的肉牛所处的生长发育阶段不同,体组织的生长强度不同,育肥期所需要的营养水平也不同,不同年龄肉牛的育肥技术有很大差别。幼龄牛的增重以肌肉、内脏、骨骼为主,成年牛的增重以沉积脂肪为主,肌肉增重次之。

5. 环境条件

环境温度对肉牛育肥效果的影响较大。当环境温度低于7℃,牛体产热量增加,牛的采食量也增加,低温增加了牛体热的散失量,使维持需要的营养消耗增加,饲料报酬就会降低;当环境温度高于27℃,会严重影响牛的消化活动,使肉牛食欲下降,采食量减少,消化率降低,增重下降;空气湿度也会影响牛的育肥,空气湿度会影响肉牛对温度的感受性,尤其是低温和高温条件下,湿度过高会加剧低温和高温对肉牛育肥效果的危害。

6. 饲料

不同育肥阶段的肉牛对饲料的要求不同。幼龄牛需要较高的蛋白质饲料,成年牛和育肥后期的肉牛需要较高的能量饲料,饲料转化为肌肉的效率要高于饲料转化为脂肪的效率。

7. 育肥结束期

育肥时间的长短和出栏体重的高低对牛肉的嫩度、多汁性、肌纤维粗细、大理石花纹丰富程度及牛肉中脂肪含量等有重要影响。科学确定肉牛育肥的结束期,对养牛者节约投入、降低生产成本、提高牛肉的质量有重要意义。

第二节　肉牛育肥技术

一、青年牛育肥技术

青年牛(育成牛)是指犊牛断奶后,提供高水平营养日粮直接进入育肥阶段,利用幼牛生长快的特点进行强度育肥,一般在13～24月龄体重可达400～500 kg以上,即可出栏。青年牛育肥屠宰后的牛肉鲜嫩多汁,脂肪少,适口性好。我省的肉牛有70%～80%是青年牛(育成牛)育肥,青年牛育肥包括舍饲强度育肥、放牧补饲强度育肥两种。

1. 舍饲强度育肥

舍饲强度育肥(持续育肥)是指肉牛育肥的过程中始终保持较高的营养水平,采用舍饲强度育肥,肉牛的生长速度快,饲料利用率好,饲养期较短,育肥效果较好。

舍饲强度育肥一般可分为过渡期、育肥前期、育肥后期3个阶段。过渡期是刚购买的断乳犊牛逐步适应环境,一般需要1～1.5个月时间;育肥前期一般需要8～10个月,为育肥牛的快速增重阶段;育肥后期是指育肥前期结束后,一般需要3～8个月,为肉牛脂肪沉积阶段,经过该阶段肉牛膘肉丰满后,可适时出栏。

(1)过渡期

过渡期是指引进的断乳犊牛应进行隔离观察饲养,逐步适应环境。过渡期饲养要点包括观察牛的精神状态、采食、排粪排尿情况,发现异常现象应及时诊治。为了获得较好的育肥效果,过渡期结束后,把牛群按年龄、品种、体重分群。傍晚分群,牛群产生的应激较小,管理人员应随时查看分群后牛群是否有格斗现象,若有应及时处置。

(2)牛舍消毒

牛舍的地面和墙面应采用2%火碱溶液喷洒消毒;器具可采用1%新洁尔灭溶液消毒或者0.1%高锰酸钾溶液消毒。

(3)适量运动

适量运动可增强肉牛的体质,提高肉牛的消化吸收能力,保持旺盛的食欲;过量活动会增加肉牛的能量消耗,不利于育肥。围栏散养是指育肥牛散养在围栏内,每头牛占6～8 m²,可获得较好的育肥效果。

(4)保持牛体卫生

每天上下午各清扫牛舍1次,清除粪污,保持牛舍内清洁卫生。每隔15 d对牛舍地面、用具消毒1次。刷拭牛体可提高牛体血液循环,增加肉牛的采食量。

(5)定期驱虫

犊牛断奶后需驱虫一次,半个月后再驱虫一次,驱虫时可用虫克星、左旋咪唑、阿维菌素等药物。对育肥牛进行驱虫时,阿维菌素按每100 kg体重2.0 mg用药,左旋咪唑按每100 kg体重0.8 g用药,别丁则按每100 kg体重6.0 g用药。育肥牛驱虫后需采用健胃散进行健胃,连续饲喂2～3 d,每天一次,每次500 g/头。

(6)科学饲喂

大多数肉牛场一般采用自由采食的饲喂方法,每日喂2～3次,一般采用先喂草料,再喂精料,最后饮水的饲喂顺序。自由采食的饲喂方法可以让肉牛按自身的营养需求采食到足够的饲料,同时因牛的采食时间不同,可减少食槽。饲喂瘤胃素可以提高强度育肥肉牛的日增重,约可提高肉牛日增重的 17.1%。一般在精料中按 50 mg/kg 添加瘤胃素,每头牛每日饲喂 150～200 mg 瘤胃素。

(7)适宜的温度

肉牛具有耐热性差、耐寒性很强的生物学特性。肉牛的育肥效果受温度影响较大,当温度低于 7℃时,饲料消耗量约增加 2%～25%;当温度高于 27℃时,采食量减少 3%～35%,肉牛的增重随着采食量的减少而降低;当育肥牛舍的温度低于 4℃时,就要采取防寒措施;当育肥牛舍温度达到 27℃以上时,要采取防暑降温措施;牛舍的温度保持在 15～25℃,育肥牛易表现出较高的生产性能。夏季高温易导致育肥牛的育肥期时间变长,饲料消化率降低,抗病力下降,日增重大幅度下降。

热应激导致肉牛日增重下降的主要原因:在高温情况下,肉牛受到热应激,采食受到抑制,饲料摄食量减少,降低代谢率,抑制肉牛生长。受到热应激后牛的肠胃消化能力下降,饮水量增加,引起肠胃内容物流通速度大幅下降,因此饲料消化率明显下降。长期处于高温环境时,牛的免疫力下降,容易得病,产肉率下降,无法生产优质牛肉。

(8)疫病预防

规模化牛场一般通过预防性的免疫接种、平时做好疫情调查、加强控制、检疫、截断疫病传染途径预防疾病,同时通过加强肉牛的饲养管理提高肉牛对传染病的抵抗力。

2. 放牧补饲育肥技术

犊牛断奶后,以放牧为主,根据草场情况补充精料,肉牛在 18 月龄时体重可达到 400 kg。放牧补饲育肥的优点是饲养成本低、精料用量少,缺点是日增重较低。放牧育肥一般选在 5—10 月份,放牧育肥在牧草结籽期的效果较好。放牧牛群应以草定群,合理分群,草场资源丰富,牛群一般 30～50 头一群为好。牧草在 12～18 cm 高时,放牧牛群采食最快,10 cm 以下难以食入,春季不宜过早放牧。放牧育肥牛应定期药浴,驱除体外寄生虫,定期防疫。放牧地应设有饮水设备,备有舔砖,任其舔食。

二、架子牛的育肥技术

架子牛通常是指 12 月龄后开始育肥的牛,部分地区把 3～4 岁的老牛也称为架子牛。架子牛的育肥是指犊牛断奶后,在较粗放的饲养条件下饲养到一定的年龄时,采用强度育肥方式,集中育肥 3～6 个月,充分利用肉牛的补偿生长,达到理想体重和膘情后,进行屠宰。该育肥方式的成本较低,精料用量较少,经济效益较高,应用较广。

1. 架子牛的选择

架子牛的优劣直接决定育肥效果的好坏和经济效益的高低,选择架子牛时主要考虑品种、年龄、体重、体型等因素。

(1)品种

应该选择生产性能、育肥和肉用性能好的肉用型或兼用型品种。杂交牛的育肥效果较好,日增重通常比本地牛高 15%～25%。贵州省架子牛育肥通常选择本地牛和本地牛的杂交牛,从外省引入的架子牛主要为西杂牛、利杂牛、安杂牛、夏杂牛等。

（2）年龄

肉牛的增重速度随牛年龄而变化，出生到 24 月龄是肉牛的生长高峰期；14～24 月龄是肉牛体内脂肪沉积的高峰期。牛的生长速度、胴体品质、饲料利用率等指标均和年龄密切相关，因此年龄是选择架子牛的重要因素。

（3）体重

体重是选择供育肥的架子牛的主要因素，体重必须符合不同年龄段的正常体重，并结合价格因素考虑架子牛的育肥成本。若是生产高档牛肉，应选择 12～18 月龄体重为 250～300 kg 的架子牛；若是生产中档牛肉，应选择 1.5～2.5 岁间的架子牛，本地牛的体重为 300～350 kg，肉用牛的体重为 450～550 kg。

（4）体型

体型外貌与肉牛育肥期增重密切相关，牛头的宽度与育肥期增重中等相关（相关系数为 0.402 7）。一般头较宽、胸围较大、胸较深大、前管围较粗的架子牛，育肥期会获得较高的增重。臀部宽度和里脊肉、外脊肉、眼肉、臀肉、大米龙、小米龙、腰肉总量之间存在中等相关关系，臀部宽度与育肥期的增重之间存在中等相关关系（相关系数为 0.582 2）。体型较好的架子牛应是嘴大，颈短，皮肤宽松，各部位发育匀称，肉用牛种特征明显；体躯深长，背部平宽，胸腰臀部宽广成直线，飞节较高；健康无缺陷；四肢粗壮，蹄大有力，毛色光亮，性情温顺，遗传资料齐全。

2. 架子牛的运输管理

架子牛的运输过程会改变肉牛正常的生活节奏，改变正常的生理活动，使肉牛处于不适应新环境的被动状态，称为应激反应。长距离运输架子牛时，肉牛的体重会减少，运输距离和时间越长，影响越明显。

架子牛运输过程中体重损失主要原因包括饮食饮水减少且不规律、体组织损失等。架子牛运输到目的后，体重的恢复所需的平均时间：犊牛约为 13 d，1 岁牛约为 16 d，运输过程中若过度拥挤、气温过高或过低、有风雨均会增加体重减少，架子牛运输减重量见表 8-1。

表 8-1　不同运输条件下的架子牛体重减少比例

运输条件	减重/%	运输条件	减重/%
8.0 h 不饮不食	3.3	8.0 h 卡车运输	5.5
16.0 h 不饮不食	6.2	16.0 h 卡车运输	7.9
24.0 h 不饮不食	6.6	24.0 h 卡车运输	8.9
16.0 h 不饮水	2.0		

减少架子牛运输过程中产生应激的措施：①口服（注射）维生素 A，运输前 2～3 d 开始，每头牛每日口服或注射维生素 A 25 万～100 万 IU；②架子牛装运前合理饲喂，主要饲喂具有轻泻性的饲料如青贮饲料、麸皮、新鲜青草在装运前 3～4 h 应停止饲喂，否则容易引起腹泻，排尿过多，污染车厢，装运前 2～3 h 架子牛不能饮大量的水；③保持人畜亲和，装运过程中，切忌粗暴行为或鞭打牛只，否则易导致应激反应加重，造成架子牛更多的掉重和伤害，从而延长恢复时间，增加养牛的支出；④合理装载，用汽车装载架子牛时，每头牛按体重大小约占有的面积是 300 kg 以下占有面积为 0.7～0.8 m²，300～350 kg 占有面积为 1.0～1.1 m²；400 kg 占有

面积为 1.2 m²;500 kg 占有面积为 1.3～1.5 m²。

3. 新购进架子牛的饲养管理

(1)消毒牛舍、器具

制定架子牛的育肥计划后,在引进架子牛前 7～14 d,对牛舍地面、墙壁、器具、进行清洗消毒。牛舍的地面、墙壁采用 2% 的火碱溶液进行喷洒消毒;牛场器具采用 0.1% 的高锰酸钾溶液进行消毒。

(2)提供充足的饮水

引进架子牛进场后首先需要对牛只进行补水。引进的架子牛经过长时间、长距离的运输后,应激反应较大,胃肠食物较少,体内严重缺水。第一次补充饮水时,每头牛的饮水量限制为 15～20 L,补盐 100 g,切忌暴饮;第二次补充饮水时,应在第一次饮水后 3～4 h,饮水中适当掺些麸皮为宜;第三次补充饮水,应在第二次饮水后 2～3 h,可采取自由饮水(表 8-2)。

表 8-2　肉牛每天的饮水量

活重/kg	平常饮水量/L	热天饮水量/L
200	30～40	45
300	40～50	60
400	50～60	70
500	60～70	80

(3)饲喂优质干草

当完成对引进的架子牛 3 次补充饮水后,方可开始饲喂优质干草、青贮饲料。第一天饲喂限量,每头牛 4～5 kg;2～3 d 后逐渐增加饲喂量;5～6 d 后方可让其自由采食。

(4)合理分群

为了对牛群进行科学的饲养管理,需对引进的架子牛按体重、健康状况进行分群饲养。分群后,应随时观察牛群是否有抢斗、打架现象,如有应及时处理。

(5)牛床上铺垫草

牛圈内铺有优质干草,可以减少分群后牛群的格斗现象,减少架子牛对新环境的陌生感,减少架子牛的应激反应,有利于恢复架子牛因长途运输造成的疲劳,有利于架子牛的健康。

(6)饲喂精料补充料

引进的架子牛到达育肥场后,第一天只饲喂优质干草,第 2～3 天开始饲喂精料补充料。精料补充料的饲喂量按架子牛活体重的 0.5% 提供,以后逐渐增加,到第 5 天时精料补充料的饲喂量为架子牛活体重的 1%～1.2%,过渡期结束后便进入育肥阶段的饲养。

(7)及时进行驱虫

引进的架子牛经过过渡期的饲养后,方可进行驱虫,常用的驱虫药物有阿费米丁、丙硫苯咪唑、敌百虫、左旋咪唑等。驱虫应在空腹时进行,以提高药物的吸收,驱虫后架子牛应隔离饲养 2 周,粪便进行消毒后进行无害化处理。

(8)编号

引进的架子牛需要进行编号、称重,做好档案记录。

4. 架子牛育肥技术要点

(1)合理制订架子牛的育肥计划

规模化肉牛场引进架子牛后,根据架子牛的品种、体重、体质、育肥目标等来确定架子牛的育肥时间。一般而言,体重小的架子牛育肥时间较长,体重大的架子牛育肥时间较短,引进架子牛的育肥时间可参考表8-3。

表 8-3　引进架子牛的育肥期计划

体重/kg	过渡期		育肥前期		育肥后期	
	时间/d	日增重/g	时间/d	日增重/g	时间/d	日增重/g
300	15	800~900	120	1 000~1 200	120	1 100~1 250
350	15	800~900	60	1 200~1 300	90	1 150~1 250
400	15	900~1 000	—	—	90	1 200~1 300

(2)饲喂方法

引进的架子牛过渡期结束后,进入到快速育肥阶段,每天饲喂的饲料需科学、营养和安全,一般可采用定时定量饲喂和自由采食两种方法。

①自由采食。自由采食的优点是架子牛可以根据自身的营养需求采食到足够的饲料,达到最高增重,最有效地利用饲料;同时可以提高劳动力水平,每个劳动力可饲养管理100~150头架子牛;自由采食可以减少牛群争食格斗,适合于强度催肥。自由采食的缺点是容易造成饲料的浪费,粗饲料的利用量下降,降低饲料的利用率。

②限制采食。限制采食的优点是饲料浪费少,可有效控制架子牛的生长速度,便于观察架子牛的采食、健康状况,粗饲料的利用率高,便于管理方便,缺点是不能充分发挥架子牛的生长潜力,易浪费劳动力,同时因牛只间缺少争食而降低了采食量。

三、贵州肉牛育肥技术规程

1. 范围

本部分规定了贵州肉牛育肥的基本要求、饲养管理、适时出栏。

本部分适用于贵州肉牛及其杂交牛的肉牛育肥生产。

2. 规范性引用文件

下列文件对于本文件的应用是必不可少的。凡所注日期的版本适用于本文件。凡是不注日期的引用文件,其最新版本(包括所有的修改单)适用于本文件。

NY 5027 无公害食品畜禽饮用水水质。

NY 5030 无公害食品畜禽饲养兽药使用准则。

NY 5126 无公害食品肉牛饲养兽医防疫准则。

NY 5128 无公害食品肉牛饲养管理准则。

3. 术语和定义

肉牛育肥是指通过直线育肥或架子牛育肥方法的、一般出栏月龄18~24个月、体重500 kg以上、膘情中等以上的育肥牛(育肥牛膘情评定见附录 A)。

4. 基本要求

(1)环境要求

①牛场环境场址、布局设计、牛舍建设、卫生条件和环境消毒应符合 NY/T 5128 要求。

②牛舍湿度控制在 70%～75%,牛舍风速控制在 0.3 m/s。

③牛舍温度保持在 10～30℃,注意通风换气。

(2)投入品要求

①饲料、饲料原料、饲料添加剂的选择和使用应符合 NY/T 5128—2002 要求。

②饮水应符合 NY 5027 要求。

③兽药使用符合 NY 5030 要求。

(3)品种要求

选择贵州本地牛或其杂交牛的架子牛,入栏月龄为 6～12 月龄,体重 150 kg 以上,健康状况良好。

(4)防疫要求

牛场防疫应符合 NY 5126 要求。

(5)记录要求

架子牛入舍后进行编号、建立档案并打耳标。生产记录应符合 NY/T 5128 要求。

5. 饲养管理

(1)育肥方法

①分类。育肥方法划分为直线育肥与架子牛育肥。

②直线育肥。犊牛 6 月龄后进入育肥阶段。育肥阶段遵循"能量浓度递增、蛋白质浓度递减"的原则;饲喂粗饲料量占体重的 1%～3%,具体根据肉牛生产目标,结合饲料种类、精料饲喂量、营养价值计算粗饲料饲喂量,应尽量满足肉牛粗饲料的采食量。精料与玉米投喂比例见表 8-4。

表 8-4　精料与玉米投喂比例

育肥体重/kg	精料比例占体重的百分比/%	玉米比例占精料的百分比/%
200～250	0.8～1.0	45～50
250～400	1.0～1.2	50～55
>400	1.2～1.4	55～65

③架子牛育肥。

准备期:选择健康无病、体况良好的架子牛,按免疫规定注射疫苗后观察 15～20 d,免疫反应良好的架子牛方可运输。牛只运输尽量选择早上或晚上。架子牛按体重、月龄相近原则组群,入圈舍 2 h 后给水,饮水中添加多维、多糖增强免疫力,饮水后饲喂粗饲料,不喂精料。3 d后开始喂少量精料,5～7 d 后驱虫健胃。

过渡期:架子牛驱虫健胃后,开始进入育肥前的过渡期,一般为 15～20 d,以饲喂粗饲料为主,精料补充料适量添加。

育肥期:过渡期结束后,对架子牛进行短期快速育肥,育肥时间 5～8 个月,日粮配比及饲喂参照直线育肥。

育肥牛膘情评定标准见表8-5。

表8-5　育肥牛膘情评定标准

等级	评定标准
上	肋骨、脊骨和腰椎横突起均不显现,腰角与臀端部很丰满,呈圆形,全身肌肉很发达,肋部丰圆,腿肉充实,并明显向外突出和向后部伸延,背部平宽而厚实,尾根两侧可以看到明显的脂肪突起,前胸丰满,圆而大;触摸牛背部、腰部时感到厚实,柔软有弹性
中上	肋骨、腰椎横突起不明显;腰角、臀端部圆而不很丰满,全身肌肉较发达,腿部肉充实,但充实程度不明显;肋部较丰满
中	肋骨不甚明显,脊骨可见但不明显,全身肌肉中等,尻部肌肉较多,腰角周围弹性较差
中下	肋骨、脊骨明显可见,尻部如屋脊状,但不塌陷,腿部肌肉发育较差,腰角、臀端突出
下	各部关节完全暴露,尻部凹陷,尻部、后腿部肌肉发育均很差

（2）管理

①分阶段管理。依据牛生长规律和生产目标,将育肥期分为育肥前期和育肥后期。育肥前期牛只的体重一般在350 kg以下;育肥后期牛只的体重一般在350 kg以上,具体划分见表8-6。

②育肥前期。先喂精料补充料,牛全部采食后,再自由采食粗饲料;日喂料2～3次,自由饮水。

③育肥后期。该阶段精料饲喂比例逐渐增加;注意牛粪的形状,当发现牛粪变稀时降低精料比例。

（3）主要营养供应

根据育肥目标,按国家肉牛饲养标准提供主要的营养供给。

6. 适时出栏

用于生产中高档牛肉的肉牛一般育肥5～10个月,膘情中等、体重在430 kg以上时出栏。用于生产中高档雪花牛肉的肉牛一般育肥10～16个月,膘情上等、体重500 kg以上时出栏。育肥牛生长阶段划分见表8-6。

表8-6　育肥牛生长阶段划分

阶段	起始月龄	始重/kg	结束月龄	目标体重/kg	目标日增重/kg
育肥前期	6～12	150	15～18	430	0.8～1.3
育肥后期	15～18	430	18～30	500以上	0.5～0.8

第三节　高档牛肉生产技术

高档牛肉是指色泽、新鲜度好、脂肪含量高、大理石状花纹明显、嫩度好、食用价值高的牛肉。高档牛肉的肌肉纤维细嫩,肌肉间含有一定量的脂肪,制作的食品鲜嫩可口,不油腻、不干燥。一般依据牛肉本身的品质和消费者的主观需求划分牛肉品质档次,如美国标准、日本标准、欧盟标准等。我国肉牛产业起步较晚,尚未制定全国统一的牛肉品质标准,涉外宾馆、高档饭店进货的高档牛肉主要指牛柳、西冷和眼肉,有时也包括嫩肩肉、胸肉。高档肉块重占胴体重的比例约为12%,高档牛肉售价较高,提高高档肉块的比例可大大提高养殖肉牛的经济效益。

一、犊牛肉生产技术

犊牛肉生产一般采用肉用牛的公犊和淘汰母犊,犊牛出生后在科学的饲养条件下育肥后生产的牛肉,犊牛肉鲜嫩多汁,水分含量高,蛋白质含量高,脂肪含量低,风味独特,营养丰富,是一种理想的高档牛肉,为奶牛公犊的高效利用、增加高品质的牛肉供应提供了新的途径。育肥出栏后犊牛的屠宰率为58%～62%,肉质呈樱桃红色,鲜嫩多汁,胴体表面均匀覆盖一层白色脂肪。

犊牛肉生产可分为小胴体和大胴体,小胴体是指犊牛育肥至6～8月龄,体重达到250～300 kg,屠宰率58%～62%,为130～150 kg重胴体;大胴体是指犊牛育肥至8～12月龄,屠宰活重达350 kg以上,约为200 kg以上重的胴体。

1. 犊牛选择

(1)品种

生产犊牛肉应选择早期生长发育快的牛种。生产中,通常以荷斯坦奶牛公犊为主,利用奶公犊前期生长速度快、育肥成本低的优势生产犊牛肉。另外其他牛种,如淘汰荷斯坦奶牛的母犊、肉用牛种的公犊和淘汰母犊、本地杂交牛的公犊和淘汰母犊均可。

(2)性别与体重

因公犊的生长较快,选择公犊比母犊生产犊牛肉效果好,可以获得更好的生产效率和经济效益,但淘汰的母犊亦可。

生产犊牛肉的犊牛初生重不宜低于35 kg,40～42 kg及以上效果较好。

(3)其他要求

生产犊牛的犊牛应头方大,前管围粗壮,蹄大,无遗传病、生理缺陷、传染病的健康无病的犊牛。

2. 饲养技术

犊牛出生3 d内一般随母牛哺乳,3 d后改为人工哺乳,1月龄内按体重的8%～9%饲喂牛奶或代乳料;7～10日龄开始训练采食精料,逐渐增加到0.5～0.6 kg,提供优质青干草或青草任犊牛自由采食。1月龄后,犊牛的日增重逐渐增加,营养需求以鲜奶为主向以草料为主过渡。为了提高犊牛的增重效果,减少疾病的发生,育肥精料应具有高热能、易消化的特点,并加入少量抑菌药物、适量的铁、铜微量元素添加剂。

饲喂代乳粉时,应先向代乳粉中加少量凉开水,以1份代乳粉加1份水的比例,充分搅拌直至无团块时为止,然后加热开水调到60℃使其充分溶解,饲喂前用凉开水调整浓度和温度到38～39℃后,再饲喂犊牛。饲喂代乳粉时,1～2周代乳粉的温度约为38℃,以后为30～35℃。代乳粉每日喂2～3次为宜,每日喂量由3～4 kg逐渐增加到8～10 kg,4周龄后供犊牛自由采食。

3. 管理技术

初生犊牛应及时喂足初乳,提高机体免疫力,减少胃肠炎、肺炎等疾病的发生,若饲喂代乳料,则代乳料中应添加适量的抗生素;给初生犊牛提供充足、卫生、适温的饮水,并注意消化不良和下痢的发生;犊牛舍温度应保持在16～22℃,每日清扫粪尿1次,用清水清洗地面,每周消毒1次,保证牛舍通风良好;根据消费者对小牛肉口味的要求决定出栏时间,育肥至6月龄可以出栏为生产小胴体,继续育肥至7～8月龄或1周岁出栏为生产大胴体。

二、白牛肉生产技术

白牛肉是指犊牛出生后完全用全乳、脱脂乳或代用乳饲喂,使犊牛14～16周龄时,体重达到95～125 kg屠宰后所生产的牛肉。因生产白牛肉的犊牛不饲喂精料补充料、干草等饲料,因此白牛肉的生产成本很高,售价为一般牛肉价格的8～10倍。白牛肉的肉质细嫩,味道鲜美,风味独特,肉色呈白色稍带浅粉色,营养价值较高,蛋白质含量比一般牛肉约高63%,脂肪约低95%,是氨基酸和维生素含量丰富的理想高档牛肉。

1. 犊牛选择

生产白牛肉应选择早期生长发育快的牛种,犊牛初生重35～45 kg、健康无病、无缺损、生长发育快、消化吸收机能强、3月龄前的平均日增重达0.7 kg以上。因公犊牛生长快,生产中一般选择公犊生产白牛肉可获得较高的经济效益。

2. 饲养技术

犊牛出生后应尽快喂足初乳,出生3 d后与其母亲分开饲养,采用人工哺乳,每日3次。生产白牛肉每千克增重约需饲喂10 kg鲜奶,或饲喂13 kg代乳料(或人工乳)。生产白牛肉不能饲喂精、粗饲料,以全乳或代乳料提供营养。若用代乳料,应根据犊牛的消化生理特点,使代乳料中营养成分特别是氨基酸的组成与鲜奶的营养成分一致,严格控制代乳料中的含铁量,使犊牛在缺铁的条件下生长。

3. 管理技术

犊牛育肥期间,每日喂料2～3次,自由饮水。夏季可饮凉水,冬季应饮20℃左右温水。若犊牛消化不良,首先减料,并进行药物治疗;若犊牛出现下痢不止,应绝食,并注射抗生素类药物,并补液。

三、雪花牛肉生产技术

1. 雪花牛肉生产技术的概述

牛肉具有高蛋白、低脂肪、低胆固醇的特点,具有极高的营养价值。随着人们生活水平的提高,人们对牛肉产品也有了不同层次的消费需求,使得雪花牛肉逐渐从整个肉牛产业中凸显出来。雪花牛肉指油花分布均匀且密集,如同雪花般美丽,红、白相间明显,状似大理石花纹的牛肉,国内外也称其为大理石状牛肉。雪花牛肉中含有丰富的蛋白质,氨基酸组成比猪肉更接近人体需要,能提高机体抗病能力,而胆固醇的含量极低,1 kg雪花牛肉仅相当于1个鸡蛋黄含有的胆固醇。

但由于雪花牛肉在国内的发展时日较短,行业内存在着各种有待完善的问题。为了促进行业朝着自主化、标准化、规模化、科学化的方向发展,现主要介绍影响雪花牛肉生产的因素,以达到培育自主雪花牛肉优秀品牌,维护肉牛业市场秩序,促进中国高档肉牛产业的品牌化及中国品牌牛肉的产业化。

（1）雪花牛肉生产技术特点

雪花牛肉是选择优良牛种,通过绿色无污染饲养手段、全程标准化屠宰、加工所获取的高品质绿色牛肉产品。与普通牛肉相比,雪花牛肉生产具有以下特点:①肉牛品种优良,雪花牛肉生产所选用的牛种主要为国内外优良品种(品系),如日本和牛、雪龙黑牛、鲁西黄牛等,均具有优良的脂肪沉积性状。②饲养科学,雪花牛肉生产离不开科学、合理的饲养管理系统,饲养环节能够做到定时、定量的饲料投放原则。③育肥期长,雪花牛肉的生产周期较长,肉牛的育肥期多在 12 个月以上,部分高端产品的育肥期更长,达 20～24 个月。④牛肉品质突出、营养价值高。在外观方面,雪花牛肉由于脂肪沉积到肌肉纤维之间,往往会形成明显的红、白相间条纹,状似大理石花纹;肉品口感香、鲜、嫩、滑,入口即化;营养方面,雪花牛肉含有大量对人体有益的不饱和脂肪酸,且胆固醇相对较低,有利于人体健康。⑤质量全程可控。雪花牛肉的生产从选种选配、胚胎移植、饲料饲养、疫病防控到屠宰加工都有完善的质量追溯系统,能够确保生产各个环节质量的可控。由于具有以上特点,雪花牛肉价格与普通牛肉相比高很多。目前,国内普通牛肉市售价格多在 70～90 元/kg,而雪花牛肉可达 1 000～3 000 元/kg。

（2）品种对雪花牛肉生产的影响

经过选育的瘦肉型肉牛品种很难生产大理石花纹丰富的雪花牛肉,而我国一些地方良种如秦川牛、鲁西牛、关岭牛、延边牛等具有生长慢、成熟早、耐粗饲、繁殖性能强、肉质细嫩多汁、脂肪分布均匀、大理石纹明显等特点,具备生产雪花牛肉的潜力。引进国外肉牛良种与上述品种的母牛进行杂交,杂交后代经强度育肥,不但肉质好,而且生长速度快,是目前我国雪花肉牛生产普遍采用的杂交牛种组合。具体选择哪种杂交组合需根据消费市场决定,若生产脂肪含量适中的高档红肉,可选用西门塔尔、夏洛莱牛等生长快、产肉率高的肉牛品种与国内地方品种进行杂交繁育;若生产符合肥牛市场需求的雪花牛肉,则可选择安格斯牛、日本和牛等作父本,与肌纤维细腻、胴体脂肪分布均匀、大理石花纹明显的国内地方良种进行杂交繁育。

（3）性别对雪花牛肉生产的影响

一般认为,公牛的日增重比阉牛高 10%～15%,而阉牛比母牛约高 10%。这是因为公牛体内的雄性激素是影响生长速度的重要因素,去势后的公牛体内的雄性激素含量显著降低,生长速度降低。若进行普通肉牛生产,应首选公牛育肥,其次为阉牛和母牛。同时,雄性激素又直接影响牛肉的品质,体内雄性激素越少,肌肉就越细腻,嫩度越好,脂肪就越容易沉积到肌肉中,而且牛性情变得温顺,便于饲养管理。因此,综合考虑肉牛的增重速度和牛肉品质等因素,用于生产优质牛肉的后备牛应选择公牛;用于生产雪花牛肉的后备牛应首选去势公牛,母牛次之。

（4）年龄对雪花牛肉生产的影响

年龄是公认的影响肉质的重要因素。幼龄动物机体缺乏糖原,随着年龄的增长,动物机体内的糖原逐渐增加,而动物肉产品的 pH 逐渐降低。研究发现,幼龄组动物肉样的肌原纤维更容易断成碎片,同时高 pH 可增加蛋白质分解活性,导致肌原纤维断裂指数较高。肉样的脂肪含量与年龄有关,脂肪是一种晚熟的机体组织,年龄越大脂肪含量越高,并且矿物质含量也随年龄的增加而有上升的趋势。另外,虽然年龄大的动物肉产品脂肪含量高,但其嫩度依然低于幼龄动物,但由于肌红蛋白随着年龄的增加而增加,故肉色较暗,肉质的总体评分较幼龄动物低。

（5）营养因素对雪花牛肉生产的影响

雪花牛肉中含有丰富的肌内脂肪,营养因素直接影响着牛肉肌内脂肪的形成,适宜的营养水平对肉牛生长肥育性能、胴体瘦肉率、牛肉组成及牛肉品质等起关键作用,通过调整日粮营养水平和日粮组成可以改善胴体品质、降低背膘厚度、增加肌内脂肪含量。

①日粮能量水平对雪花牛肉生产的影响。日粮的能量水平是影响肉牛育肥的重要营养指标,对牛肉品质的影响极为重要,高能量水平的日粮会使肌内脂肪含量显著升高（$P<0.05$）。肉牛生长期间易采用高蛋白质、低能量饲料,育肥期间用低蛋白质、高能量饲料能满足脂肪沉积,有利于大理石状花纹的形成。提高日粮的能量水平对西门塔尔牛的育肥效果明显,日粮的能量水平可显著提高肉牛的日增重、胴体质量和屠宰率,并且可显著上脑肉、腰肉、腱子肉和眼肉的肌内脂肪含量（$P<0.05$）。因此,要想获得优异的育肥效果,提高胴体肌内脂肪的含量,必须考虑肉牛整个育肥的日粮能量水平和蛋白水平,科学合理地配制日粮。

②日粮蛋白质水平和氨基酸对雪花牛肉生产的影响。日粮中蛋白质水平和氨基酸对肉牛的生长速度、瘦肉率、脂肪沉积也有一定影响。研究表明,随饲粮蛋白质水平增加,胴体背膘下降,瘦肉率增加,肌肉大理石纹趋于下降,肉嫩度下降。日粮的营养水平对牛肉的大理石花纹等级影响显著,大理石花纹与脂肪沉积呈正相关,脂肪沉积越好,大理石花纹越明显。日粮中油脂的吸收率在很大程度上受日粮蛋白质水平的影响,当日粮蛋白质水平低时,以脂肪的形式沉积能量;当日粮蛋白质水平高时,体蛋白沉积增加,但脂肪沉积则会相对减少。

日粮氨基酸的平衡状况对肉质也有影响,日粮中缺乏赖氨酸可显著降低蛋白质的沉积速度,进而影响胴体蛋白质含量。另外,饲粮中添加某些氨基酸会影响宰后肌肉组织的理化特性和肉质,补充赖氨酸能增加 LD 面积,降低肌肉的多汁性和嫩度;添加色氨酸可有效降低与屠宰前应激有关的 PSE 肉的发生。

③矿物质元素对雪花牛肉生产的影响。钙和镁:钙是肌肉收缩和肌原纤维降解酶系的激活剂,对牛肉嫩度的影响较大。Mg 作为钙的拮抗剂,可抑制骨骼肌活动,提高肌肉终点 pH。研究表明,高镁可提高肌肉的初始 pH,降低糖酵解速度,减缓 pH 下降,从而延缓应激,提高肉质。日粮中高镁（1 000 mg/kg）可作为缓解动物应激的肌肉松弛剂和镇静剂,减少屠宰时儿茶酚胺的分泌,降低糖原分解和糖酵解速度,改善肉质。

铜和铁:铜和铁是机体 Fe-SOD、CuZn-SOD（超氧化物歧化酶）的重要组成部分,能将超氧阴离子还原为自由基,羟自由基在过氧化氢酶或过氧化物酶的作用下生成水。有研究表明,提高饲料中铜和铁的添加量,可增强肌肉中 SOD 的活性,减少自由基对肉质的损害,从而改善肉质。但是,高铜日粮会导致铜在肝、肾中富集,降低其食用价值,危害人体健康,生产中应禁止使用。

硒:硒可以防止细胞膜的脂质结构遭到破坏,保持细胞膜的完整性。硒是谷胱甘肽过氧化物酶（GSH-Px）的必要组成成分。GSH-Px 能使有害的脂质过氧化物还原为无害的羟基化合物,并最终分解过氧化物,从而避免破坏细胞膜的结构和功能,减少肌肉汁液渗出。在清除脂质过氧化物中,硒与过氧化氢酶和超氧化物歧化酶具有协同作用,因而能提高牛肉品质。在效果上,有机硒优于无机硒。

④维生素对雪花牛肉生产的影响。维生素 A 和 β-胡萝卜素:维生素 A 直接影响着牛肉肌内脂肪代谢,与牛肉的大理石花纹呈显著线性负相关。作为维生素 A 前体物质 β-胡萝卜素,在肉牛饲料中含量高、活性强,极易沉积在脂肪组织中,使体脂变黄而降低牛肉的等级,因

此在牛肉特别是雪花牛肉生产中,也应尽量减少饲料中β-胡萝卜素的含量。

维生素 E:维生素 E 作为有效的脂溶性抗氧化剂,可改善牛肉色泽的稳定性,防止脂肪被氧化,减少滴水损失。体内维生素 E 主要分布在肌肉组织细胞膜、微粒体和线粒体膜等生物膜上,能抑制自由基与膜上多不饱和脂肪酸(PUFA)的氧化反应或还原氧化产生的脂自由基,从而维持 PUFA 的稳定性,保持细胞膜的完整性,减少滴水损失。在日粮中添加维生素 E 能够提高牛肉色泽和脂肪氧化稳定性,延长货架期。

(6)国内雪花牛肉生产存在的问题及建议

①良种繁育体系不健全。虽然我国部分地区及企业在牛种选育上取得了一定的成就,但目前支撑国内雪花牛肉生产的主导品种性能仍然普遍欠佳,良种率低,远远满足不了肉牛育种和改良的需求,很大程度上制约了国内雪花牛肉市场的发展。

②行业处于发展初期,缺乏统一的行业规范。就牛肉等级的划分标准来说,目前国内标准多借鉴国外标准。到目前为止,我国仍未建立起一个统一的牛肉等级划分标准。龙头企业也是各方借鉴各自制定标准,造成了人们对雪花牛肉的认识混乱,制约了行业的发展。

③建议。国家与相关组织要加速推进肉牛行业的各种行业规范的统一与制订,营造规范统一的行业经营氛围与形象;充分发挥行业协会的协调与指导作用,促进行业内企业间的学习交流与合作,构筑企业之间、企业内部的完善紧密的产业链体系,形成合力,共同做大中国牛肉产业;产业链短,龙头企业控制能力不强。在企业层面上,无法控制牛源质量,不能有效地控制产品质量,缺乏和国外的高品质牛肉的竞争力,整体产业的发展基础脆弱。

(7)结语

我国高档牛肉产业近年来取得了长足的发展,但市场规模及发展水平与国外发达国家相比,还存在着较大的差距。目前我国高档牛业还存在着巨大的市场空缺,随着消费的不断升级,旺盛的市场需求将为我国高档牛肉市场带来前所未有的发展良机,市场发展前景广阔。

2. 贵州本地品种肉牛生产雪花牛肉的试验

神户牛肉是世界上最有名气的牛肉,2009 年美国媒体选出"世界最高级 9 种食物",其中神户牛肉与鱼子酱、鹅肝、白松露一同位列其中,排行第六。但由于神户牛肉的珍贵以及国家的禁止进口政策,为了迎合消费者对于神户牛肉的渴望,我国开始自己生产雪花牛肉。雪花牛肉是由于红色肌肉纤维里零星散布着白色的脂肪、状似雪花而得名。由于雪花牛肉红白相间,像大理石花纹,因此国内外一致称为大理石状牛肉。这种牛肉色、香、味俱全,是各国人民青睐的佳肴。

国内的雪花牛肉的市场非常庞大,已涌现出一批"雪花牛肉"自主品牌,如大连的雪龙黑牛、陕西的秦宝、延边的犇福、北京的御香苑、山东的亿利源、鸿安、琴豪等众多品牌。为了促进贵州省雪花牛肉产业的发展,项目组经过 2 年多的试验研究,现将试验结果报告如下,旨在为贵州省雪花牛肉生产中提供参考。

(1)材料与方法

①试验时间与地点。该试验在贵州喀斯特山乡牛业有限公司(贵州青酒集团有限责任公司的子公司)进行,于 2011 年 11 月开始,预试期 15 d,2013 年 8 月结束试验,育肥期合计 21 个月,试验开始前和结束后连续两天早上空腹称量试验牛的体重,取平均值为试验牛的体重。

②试验牛的选择与分组。分别从贵州本地品种肉牛的中心产区购买生长发育正常、健康无病、8~10 月龄、体重(116±11.3)kg 的纯种的关岭牛(♂)、威宁牛(♂)、巫陵牛(♂)、务川

黑牛(♂)各8头,按品种分为4组,每组试验牛的初始体重差异不显著($P>0.05$),集中于贵州喀斯特山乡牛业有限公司进行试验研究。

③日粮组成及营养水平。本次试验各处理组中日粮的能量、蛋白质、钙、磷的含量均按冯仰廉主编《肉牛饲养标准》(2004)制定,育肥前期[(9 ± 1)~(16 ± 1)月龄]采用低能量高蛋白日粮配方、育肥中期[(16 ± 1)~(23 ± 1)月龄]采用中能量中蛋白日粮配方、育肥后期[(23 ± 1)~(30 ± 1)月龄]采用高能量低蛋白日粮配方。育肥日粮由精料补充料、玉米青贮、苜蓿、野青草、稻草组成,按每增重30 kg调整一次日粮用量。育肥前期、中期、后期精料补充料分别按以下饲料配方加工配制表8-7。

表8-7 试验牛精料补充料组成及营养水平(风干基础)

项　目	前期	中期	后期
原料/%			
玉米/%	53	58	70
豆粕/%	9	6	4
菜籽饼/%	10	8	5
麸皮/%	10	10	3
米糠/%	11	11	10.5
碳酸氢钠/%	1	1	1.5
磷酸氢钙/%	1	1	1
食盐/%	1	1	1
预混料[①]/%	4	4	4
合计	100	100	100
营养水平			
干物质(DM)/%	89.91	89.77	89.64
粗蛋白质(CP)/%	14.83	13.26	11.27
综合净能 NE_{mf}/(MJ/kg)	7.06	7.11	7.27
钙(Ca)/%	0.38	0.36	0.32
磷(P)/%	0.53	0.51	0.43

注:预混料为4%肉牛预混料,每千克预混料中含有维生素 A 300 000 IU,维生素 D 60 000 IU,维生素 E 1 000 mg/kg,维生素 B_1 750 mg/kg,铜 500 mg/kg,锌 1 500 mg/kg,铁 500 mg/kg,锰 1 000 mg/kg,钴 5 mg/kg,硒 5 mg/kg,碘 22 mg/kg,硫 10 000 mg/kg,钙 15 mg/kg,磷 2 mg/kg。

④屠宰试验。在饲养试验结束后,每组试验牛选择4头送往鸿利肉类食品有限责任公司进行屠宰。按照雪龙黑牛股份有限公司制定的《雪花牛肉胴体等级分级标准》进行屠宰分割、排酸、等级评定。

⑤数据分析。数据的统计处理采用 SPSS 13.0 软件进行方差分析,数据以平均值±标准差表示。

(2)结果与分析

①不同品种肉牛产肉性能比较。根据试验测定的数据进行统计分析,试验牛经过21个月的育肥,各组试验牛的宰前活重、屠宰率、净肉率、肉骨比值和背膘厚度见表8-8。由表8-8可得,在同一饲养管理条件下,关岭牛的宰前活重、屠宰率、净肉率、肉骨比值、背膘厚度、眼肌面积、高档肉块重最高,依次为威宁牛、务川黑牛、巫陵牛;关岭牛的各项产肉性能指标与威宁牛、务川黑牛均差异不显著($P>0.05$),但宰前活重和高档肉块重显著高于巫陵牛($P<0.05$);4个品种肉牛的高档肉块重占净肉重的比例差异不显著($P>0.05$)。

表8-8　不同品种肉牛产肉性能比较

项　目	关岭牛	威宁牛	巫陵牛	务川黑牛
宰前活重/kg	512.16±29.71	496.78±15.62	479.03±33.84	488.32±33.48
屠宰率/%	58.75±4.24	57.19±8.01	56.35±4.55	56.67±2.81
净肉率/%	51.47±2.65	50.14±1.14	48.76±2.91	49.89±2.37
肉骨比值	5.69±0.34	5.53±0.43	5.27±0.78	5.36±0.85
背膘厚度/cm	1.07±0.12	0.93±0.15	0.85±0.21	0.89±0.19
眼肌面积/cm^2	92.06±6.13	90.12±4.47	88.79±6.23	91.35±2.84
高档肉块重/kg(占净肉重/%)	40.28(15.28)	38.71(15.27)	36.43(15.60)	37.98(15.59)

注:根据我国牛肉质量分级标准(NY/T 676—2010),高档肉为外脊、眼肉、上脑。

②不同试验组肉牛的肉质性状评价(表8-9)。将试验牛屠宰后,胴体经过排酸72 h以上,然后在第6~7肋骨间切开,以此断面的脂肪含量、肌肉颜色、脂肪颜色、肉质弹性及纹理来确定该头牛的等级。再根据该头牛的育肥时间和肉质等级综合评定出胴体等级。

表8-9　不同试验组肉牛的肉质性状评价

品种	育肥时间	肉质等级分级				肉质等级	胴体等级
		肌内雪花状脂肪含量	肌肉颜色	脂肪颜色	肉质弹性纹理		
关岭牛	A	3	4	4	4	3	3A
威宁牛	A	2	3	2	4	2	2A
巫陵牛	A	2	3	2	4	2	2A
务川黑牛	A	2	3	2	4	2	2A

注:采用雪龙黑牛股份有限公司制定的《雪花牛肉胴体等级分级标准》。

(3)讨论与结论

①不同地方品种肉牛的产肉性能比较。明代学者王世性,在黔志中把贵州地理气候特征概括成"天无三日晴,地无三里平",这种独特的生态气候孕育了关岭牛、威宁牛、巫陵牛(思南牛)、务川黑牛、黎平牛5个优良地方品种,均属于役肉兼用型肉牛品种,是我国肉牛品种资源基因库的宝贵资源。

本次试验结果表明,关岭牛的产肉性能最优,依次为威宁、务川黑牛、巫陵牛;4个品种肉牛的高档肉块重占净肉重的比例差异不显著($P>0.05$)。说明,贵州本地品种肉牛具备选育成优质肉牛的遗传基础,但由于历史上以役用为主,没有经过系统的肉用性能选育,导致本地肉牛的后躯欠发达,产肉率低,高档肉块产量少;加上当地农户养牛习惯于放牧,缺乏肉牛育肥知识,生产中肉牛的营养严重不足或供求不平衡,严重制约着关岭牛正常生产潜力的发挥。今后应加强本地肉牛选育和饲养管理,充分发挥肉质细嫩鲜美、肉味浓厚的优点,促进肉牛产业的发展。本次试验中关岭牛、威宁牛、巫陵牛、务川黑牛经育肥后,体重分别达到了(512.16±29.71)kg、(496.78±15.62)kg、(479.03±33.84)kg、(488.32±33.48)kg,分别极显著高于中国畜禽遗传资源志中关岭牛、威宁牛、巫陵牛(阉)、务川黑牛的宰前活重(367.1±55.9)kg、(264.0±40.0)kg、(417.9±30.8)kg、(324.0±37.8)kg($P<0.01$),验证了本地肉牛具有较高的产肉潜力。

②利用贵州本地品种肉牛生产雪花牛肉的效果。雪龙黑牛股份有限公司制定的《雪花牛肉胴体等级分级标准》主要以肌肉内脂肪含量及综合产品性质确定等级分级方法,评价指标具体为育肥时间、肌肉的脂肪含量、肌肉颜色、脂肪颜色、纹理等来确定该头牛的等级。本次试验结果表明,关岭牛组的肌肉内雪花状脂肪含量可达到3级,高于威宁牛、巫陵牛和务川黑牛;综合评价关岭牛组的胴体等级均为3A,威宁牛、巫陵牛和务川黑牛的胴体等级均为2A级。由此可见,与雪龙黑牛、秦川牛相比,虽然关岭牛的产肉性能不高,但并不缺少优秀的遗传基因,具备选育成优质高产肉牛品种的种质基础。

肉牛的骨骼、肌肉和脂肪的生长发育具有一定的规律,随着年龄的增长,骨骼最先发育,也最早停止,肌肉处于中间,脂肪是最晚发育的组织。因牛的品种、营养水平、环境不同,骨骼、肌肉和脂肪的生长时间和强度有些差异,但会表现出一致性的规律。因此本次试验中,在肉牛的育肥前期,应给予高蛋白的日粮,促进骨骼和肌肉的快速发育,育肥后期,给予高能量的日粮,增加脂肪的沉积,改善肉质。

③本次试验没有选择黎平牛的原因。黎平牛俗称:"小个子牛。"该品种已被列入《中国畜禽遗传资源志》和《贵州省畜禽品种志》,属于役肉兼用型优良牛种。具有适应性强、耐粗饲、肉质细嫩、性成熟早、繁殖力强的特点。产区重峦叠嶂、沟壑纵横,最高海拔1 589 m。由于交通不便,长期的自然选育,导致黎平牛的个体过小,目前不具备生产高档牛肉的能力,所以本次试验没有选择黎平牛。

④小结。近年来,我国肉牛产业进入转型攻坚期,发展速度趋缓。饲料成本上涨严重制约着肉牛生产的利润,增加牛肉产品的附加值直接关系产业的持续健康发展。是当前肉牛养殖利润持续低迷的出路之一。

通过本次试验研究发现,贵州省的本地牛种具备生产雪花牛肉的优良基因和选育成生产雪花牛肉的种质基础。雪花牛肉因其独特的营养价值成为一道"舌尖上的奢侈品",利用本地肉牛资源生产雪花牛肉,不仅能获得很高的经济价值,更重要的是可以促使肉牛产业的转型升级和健康发展。但与雪龙黑牛、秦川牛相比,本地肉牛的屠宰体重、高档肉块重等指标还很有很大差距,今后应加强本地牛种的系统选育,同时引入安格斯牛、西门塔尔牛进行杂交改良,保持其肉质好,肌内雪花状脂肪含量好、抗逆性强的特点,突破生长慢的缺点,充分利用贵州省的牛种资源优势,提高肉牛养殖场的经济效益,使育种、母牛养殖及整个肉牛产业链条进入全赢的良性循环。

3. 利用关岭牛及其杂交牛生产雪花牛肉的试验

雪花牛肉指油花分布均匀且密集,如同雪花般美丽,红、白相间明显,状似大理石花纹的牛肉,国内外也称其为大理石状牛肉。雪花牛肉中含有丰富的蛋白质,氨基酸组成比猪肉更接近人体需要,能提高机体抗病能力,而胆固醇的含量极低,1 kg 雪花牛肉仅相当于 1 个鸡蛋黄含有的胆固醇。

雪花牛肉多以其分布的密度、形状和肉质作为等级之分。2011 年 8 月 8 日,由中国畜牧业协会主办的雪花牛肉产业联盟成立会暨雪花牛肉产业发展研讨会在大连市召开,标志着中国高档肉牛产业朝着自主化、标准化、规模化、科学化、市场化的发展方向迈出重要一步。雪花牛肉产业联盟将致力于保护开发我国优良肉牛品种资源,培育中国自主雪花牛肉优秀品牌,规范雪花牛肉生产的行业标准,共同倡导行业自律,维护肉牛业市场秩序,促进中国高档肉牛产业的品牌化及中国品牌牛肉的产业化。

贵州夏无酷暑,冬无严寒,水草丰沛,生态气候条件优越,孕育了关岭牛、思南牛、黎平牛、威宁牛、务川牛 5 个优良地方品种,具有生产高品质雪花纹沉积牛肉的潜质,是发展高档肉牛产业的宝贵资源。为了促进贵州省雪花牛肉产业化发展,课题组于 2011 年申请的贵州省科技厅农业攻关项目《利用贵州肉牛资源生产雪花牛肉关键技术研究》获得了批准立项,经过 2 年多的试验研究,现将试验结果报告如下,旨在为贵州省雪花牛肉生产中提供参考。

(1)材料与方法

①试验时间与地点。该试验在贵州喀斯特山乡牛业有限公司(贵州青酒集团有限责任公司的子公司)进行,于 2011 年 11 月开始,预试期 15 d,2013 年 8 月结束试验,育肥期合计 21 个月,试验开始前和结束后连续 2 d 早上空腹称量试验牛的体重取平均值为试验牛的体重。

②试验牛的选择与分组。从贵州喀斯特山乡牛业有限公司选取生长发育正常、健康无病、8～10 月龄、体重(130±15.8)kg 的纯种关岭牛、西×关杂种牛(西门塔尔牛♂×关岭牛♀)、安×关杂种牛(红安格斯牛♂×关岭牛♀)、利×关杂种牛(利木赞牛♂×关岭牛♀)各 8 头,按品种分为 4 组,4 组试验牛的初始体重差异不显著($P>0.05$)。

③日粮组成及营养水平。本次试验各处理组中日粮的能量、蛋白质、钙、磷的含量均按冯仰廉主编《肉牛饲养标准》(2004)制定,育肥前期[(9±1)～(16±1)月龄]采用低能量高蛋白日粮配方、育肥中期[(16±1)～(23±1)月龄]采用中能量中蛋白日粮配方、育肥后期[(23±1)～(30±1)月龄]采用高能量低蛋白日粮配方。育肥日粮由精料补充料、玉米青贮、苜蓿、野青草、稻草组成,按每增重 30 kg 调整一次日粮用量。育肥前期、中期、后期精料补充料分别按以下饲料配方加工配制(详见表 8-10)。

④屠宰试验。在饲养试验结束后,将每组试验牛选 4 头送往贵州顶效经济开发区鸿利肉类食品有限责任公司屠宰。按照雪龙黑牛股份有限公司制定的《雪花牛肉胴体等级分级标准》进行屠宰分割、排酸、等级评定。

⑤数据分析。数据的统计处理采用 SPSS 13.0 软件进行方差分析,数据以平均值±标准差表示。

表 8-10　试验牛精料补充料组成及营养水平(风干基础)

项目	前期	中期	后期
原料			
玉米/%	53	58	70
豆粕/%	9	6	4
菜籽饼/%	10	8	5
麸皮/%	10	10	3
米糠/%	11	11	10.5
碳酸氢钠/%	1	1	1.5
磷酸氢钙/%	1	1	1
食盐/%	1	1	1
预混料①/%	4	4	4
合计	100	100	100
营养水平			
干物质(DM)/%	89.91	89.77	89.64
粗蛋白质(CP)/%	14.83	13.26	11.27
综合净能 NE_{mf}/(MJ/kg)	7.06	7.11	7.27
钙(Ca)/%	0.38	0.36	0.32
磷(P)/%	0.53	0.51	0.43

注:预混料为 4%肉牛预混料,每千克预混料中含有维生素 A 300 000 IU,维生素 D 60 000 IU,维生素 E 1 000 mg/kg,维生素 B_1 750 mg/kg,铜 500 mg/kg,锌 1 500 mg/kg,铁 500 mg/kg,锰 1 000 mg/kg,钴 5 mg/kg,硒 5 mg/kg,碘 22 mg/kg,硫 10 000 mg/kg,钙 15 mg/kg,磷 2 mg/kg。

(2)结果与分析

①不同试验组肉牛产肉性能情况。根据试验测定的数据进行统计分析,试验牛经过 21 个月的育肥,各组试验牛的宰前活重、屠宰率、净肉率、肉骨比值和背膘厚度见表 8-11。由表 8-11 可得,在同一饲养管理条件下,西×关杂的宰前活重、屠宰率、净肉率、肉骨比值、眼肌面积、高档肉块重最高,依次为利×关杂、安×关杂、关岭牛;西×关杂组、利×关杂组、安×关杂组的宰前活重、眼肌面积和高档肉块重差异不显著($P>0.05$),但均显著高于关岭牛组($P<0.01$),说明采用西门塔尔牛、利木赞牛、安格斯牛对关岭牛进行杂交改良,均能取得很好的效果。4 组试验牛的高档肉块重占净肉重的比例差异不显著($P>0.05$)。

②不同试验组肉牛的肉质性状评价。将试验牛屠宰后,胴体经过排酸 72 h 以上,然后在第 6～7 肋骨间切开,以此断面的脂肪含量、肌肉颜色、脂肪颜色、肉质弹性及纹理来确定该头牛的等级。再根据该头牛的育肥时间和肉质等级综合评定出胴体等级(表 8-12)。

表 8-11 不同试验组肉牛产肉性能情况

项　目	关岭牛	西×关杂	利×关杂	安×关杂
宰前活重/kg	512.16±29.71	715.48±30.64	683.22±22.15	656.16±31.26
屠宰率/%	58.75±4.24	61.67±4.79	60.83±3.13	60.08±3.48
净肉率/%	51.47±2.65	55.81±3.67	54.25±2.35	54.26±3.09
肉骨比值	5.69±0.34	5.96±0.36	5.93±0.52	5.88±0.19
背膘厚度/cm	1.07±0.12	0.99±0.03	0.98±0.29	1.13±0.17
眼肌面积/cm²	92.06±6.13	114.84±5.44	104.30±6.37	103.11±3.58
高档肉块重/kg	40.28±3.21	58.60±4.72	56.65±3.75	55.76±2.83
(高档肉块重/净肉重)/%	15.28±0.66	14.68±1.08	15.28±0.04	15.66±0.77

注:根据我国牛肉质量分级标准(NY/T 676—2010),高档肉为外脊、眼肉、上脑。

表 8-12 不同试验组肉牛的肉质性状评价

品种	育肥时间	肉质等级分级				肉质等级	胴体等级
		肌内雪花状脂肪含量	肌肉颜色	脂肪颜色	肉质弹性纹理		
关岭牛	A	3	4	4	4	3	3A
西×关杂	A	2	4	4	4	3	2A
利×关杂	A	2	3	4	4	2	2A
安×关杂	A	3	4	4	4	3	3A

注:采用雪龙黑牛股份有限公司制定的《雪花牛肉胴体等级分级标准》。

(3)讨论与结论

①血缘对肉牛产肉性能的影响。关岭牛是贵州省的地方优良品种,属于役肉兼用型肉牛品种,产区分布于贵州省西南部的19个县,具有肉质细嫩鲜美、肉味浓厚的特点,是优质肉用牛的选育基础。但由于历史上以役用为主,没有经过系统的肉用性能选育,导致关岭牛的后躯欠发达,产肉率低,高档肉块产量少;加上当地农户养牛习惯于放牧,缺乏肉牛育肥知识,营养严重不足或供求不平衡严重制约着关岭牛正常生产潜力的发挥,本次试验中关岭牛组的平均体重达到(512.16±29.71)kg,极显著高于中国畜禽遗传资源志中关岭牛的宰前活重(367.1±55.9)kg。

为了适应肉牛产业发展的需要,自20世纪70年代起,贵州省逐步引进西门塔尔牛、利木赞牛、安格斯牛对本地黄牛进行改良,取得了很好的效果。本次试验结果表明,西×关杂组的宰前活重、屠宰率、净肉率、肉骨比值、眼肌面积、高档肉块重高于利×关杂组和安×关杂组,但3组试验牛的屠宰率、净肉率、肉骨比值、眼肌面积、高档肉块重及高档肉块重占净肉重的比例均差异不显著(P>0.05),但当地群众较偏爱于红安格斯的毛色,且安格斯牛属于小型肉牛品种,改良关岭牛的难产率低,因此在关岭牛的杂交改良上首选红安格斯牛。

②利用关岭牛及其杂交牛生产雪花牛肉的效果。雪龙黑牛股份有限公司制定的《雪花牛肉胴体等级分级标准》主要以肌内脂肪含量及综合产品性质确定等级分级方法,评价指标具体

为育肥时间、肌肉的脂肪含量、肌肉颜色、脂肪颜色、纹理等来确定该头牛的等级。本次试验结果表明,关岭牛组和安×关杂组的肌肉内雪花状脂肪含量均为 3 级,高于西×关杂组和利×关杂组;综合评价关岭牛组和安×关杂组的胴体等级均为 3A,但关岭牛组的肉质弹性纹理指标优于安×关杂组,西×关杂组和利×关杂组的胴体等级均为 2A 级。由此可见,关岭牛虽然产肉性能不高,但并不缺少优秀的遗传基因,具备选育成优质高产肉牛品种的种质基础。

肉牛的骨骼、肌肉和脂肪的生长发育具有一定的规律,随着年龄的增长,骨骼最先发育,也最早停止,肌肉处于中间,脂肪是最晚发育的组织。因牛的品种、营养水平、环境不同,骨骼、肌肉和脂肪的生长时间和强度有些差异,但会表现出一致性的规律。因此,在肉牛的育肥前期,应给予高蛋白的日粮,促进骨骼和肌肉的快速发育,育肥后期,给予高能量的日粮,增加脂肪的沉积,改善肉质。

③小结。近年来,我国肉牛产业进入转型攻坚期,发展速度趋缓。饲料成本上涨严重制约着肉牛生产的利润,增加牛肉产品的附加值直接关系产业的持续健康发展。是当前肉牛养殖利润持续低迷的出路之一。

通过本次试验研究发现,贵州省的关岭牛具备生产雪花牛肉的优良基因,具备选育成生产雪花牛肉牛种的种质基础。雪花牛肉因其独特的营养价值成为一道"舌尖上的奢侈品",利用本地肉牛资源生产雪花牛肉,不仅能获得很高的经济价值,更重要的是可以促使肉牛产业的转型升级和健康发展,今后应加强关岭牛的系统选育,同时引入红安格斯牛进行杂交改良,保持其肉质好,肌内雪花状脂肪含量好、抗逆性强的特点,突破生长慢的缺点,充分利用关岭牛的牛种资源优势,提高肉牛养殖场的经济效益,使育种、母牛养殖及整个肉牛产业链条进入全赢的良性循环。

4. 性别对关岭牛产肉性能的影响

关岭牛性情温顺,行动灵敏,适宜用于山区耕作,耐粗饲,皮薄骨细,产肉率高,肉质细嫩、味美,被列入《中国畜禽遗传资源志》和《贵州省畜禽品种志》,属于役肉兼用品种。关岭牛产区位于四川盆地和广西丘陵之间的贵州高原,中心产区在关岭县,主要分布于黔中丘原区、黔西南高原、黔南山区的 19 个县。该地区牛数量多、分布广、具有很好的肉用性能。

不同性别肉牛其遗传基因和性激素的作用方式不同,从而导致肉牛的生长性能、胴体组成、肉品质量及肉品的风味有着不同程度的差异。本次试验探讨了关岭牛公牛、阉牛、母牛的生长性能和牛肉品质的差异,为提高关岭牛生长速度、生产优质牛肉、节约生产成本,以期为合理利用当地资源生产高档牛肉提供理论依据。

(1)材料与方法

①试验时间与地点。饲养试验在盘县和成养殖场进行,于 2014 年 4 月开始,预试期 15 d,2016 年 1 月结束试验,育肥期合计 21 个月,试验开始前和结束后连续两天早上空腹称量试验牛的体重,取平均值为试验牛的体重。

在饲养试验结束后,将每组选 3 头试验牛送往贵州顶效经济开发区鸿利肉类食品有限责任公司屠宰,屠宰后取眼肉进行脂肪和脂肪酸含量测定,分析性别对脂肪及脂肪酸含量的影响。

②试验牛的选择与分组。从盘县和成养殖场选取生长发育正常、健康无病、8～10 月龄、体重(135±13.8)kg 的关岭牛公牛、阉牛、母牛各 8 头,按性别分为试验Ⅰ组(公牛)、试验Ⅱ组(阉牛)、试验Ⅲ组(母牛),3 组试验牛的初始体重差异不显著(P＞0.05)。

③日粮组成及营养水平。本次试验各处理组中日粮的能量、蛋白质、钙、磷的含量均按冯仰廉主编《肉牛饲养标准》(2004)制定,育肥前期[(9±1)~(17±1)月龄]采用低能量高蛋白日粮配方、育肥中期[(17±1)~(22±1)月龄]采用中能量中蛋白日粮配方、育肥后期[(22±1)~(30±1)月龄]采用高能量低蛋白日粮配方。育肥日粮由精料补充料、玉米青贮、苜蓿、野青草、稻草组成,按每增重30 kg调整一次日粮用量。育肥前期、中期、后期精料补充料分别按以下饲料配方加工配制(详见表8-13)。

表 8-13　试验牛精料补充料组成及营养水平(风干基础)

项　目	前期	中期	后期
原料			
玉米/%	53	58	70
豆粕/%	9	6	4
菜籽饼/%	10	8	5
麸皮/%	10	10	3
米糠/%	11	11	10.5
碳酸氢钠/%	1	1	1.5
磷酸氢钙/%	1	1	
食盐/%	1	1	1
预混料[①]/%	4	4	4
合计	100	100	100
营养水平			
干物质(DM)/%	89.91	89.77	89.64
粗蛋白质(CP)/%	14.83	13.26	11.27
综合净能 NE_{mf}/(MJ/kg)	7.06	7.11	7.27
钙(Ca)/%	0.38	0.36	0.32
磷(P)/%	0.53	0.51	0.43

注:预混料为4%肉牛预混料,每千克预混料中含有维生素 A 300 000 IU,维生素 D 60 000 IU,维生素 E 1 000 mg/kg,维生素 B_1 750 mg/kg,铜 500 mg/kg,锌 1 500 mg/kg,铁 500 mg/kg,锰 1 000 mg/kg,钴 5 mg/kg,硒 5 mg/kg,碘 22 mg/kg,硫 10 000 mg/kg,钙 15 mg/kg,磷 2 mg/kg。

④脂肪及脂肪酸含量的测定。对试验牛进行屠宰后,每头牛均取 7~9 胸肋眼肉 1 kg 装入洁净保鲜袋中待测。肉样脂肪含量测定按 GB/T 5009.6—2003 索氏抽提法,在贵州省畜禽产品理化检测分析实验室测定。

⑤数据分析。数据的统计处理采用 SPSS 13.0 软件进行方差分析,数据以平均值±标准差表示。

(2)结果与分析

①不同试验组肉牛体尺的比较。由表 8-14 可得出,从 12 月龄到 30 月龄,试验Ⅰ组(公牛)不同月龄的胸围、管围、体高、体斜长均为最优,依次为试验Ⅱ组(阉牛)、试验Ⅲ组(母牛);试验结束时(30 月龄),试验Ⅰ组的胸围和体斜长显著高于试验Ⅱ组和试验Ⅲ组($P<0.05$),

试验Ⅱ组的胸围和体斜长显著高于试验Ⅲ组（$P<0.05$）。

表 8-14　不同试验组肉牛体尺指标

年龄	组别	头数	胸围/cm	管围/cm	体高/cm	体斜长/cm
12 月龄	试验Ⅰ组	8	119.46±9.37	14.77±1.31	108.77±11.12	117.65±13.04
	试验Ⅱ组	8	115.44±10.79	13.18±1.30	98.83±10.21	106.85±10.73
	试验Ⅲ组	8	108.49±13.19	10.74±1.24	94.88±10.10	95.23±10.45
18 月龄	试验Ⅰ组	8	150.31±13.37	17.38±1.80	122.34±12.41	139.18±9.84
	试验Ⅱ组	8	146.23±14.61	15.65±2.07	109.41±11.76	125.15±10.38
	试验Ⅲ组	8	139.19±17.68	12.42±1.28	111.41±12.33	121.75±10.77
24 月龄	试验Ⅰ组	8	175.76±11.86	19.66±0.10	131.17±11.14	149.95±8.65
	试验Ⅱ组	8	167.32±10.61	17.19±1.27	119.26±10.02	134.11±9.48
	试验Ⅲ组	8	153.72±13.73	14.68±1.64	118.26±11.42	128.76±11.35
30 月龄	试验Ⅰ组	8	186.08±12.17	20.63±1.56	138.60±11.33	152.34±11.15
	试验Ⅱ组	8	178.63±10.65	18.43±1.34	127.78±8.86	143.76±9.04
	试验Ⅲ组	8	165.04±8.76	16.00±1.78	123.38±10.10	133.89±10.84

②不同试验组肉牛产肉性能的比较。根据试验测定的数据进行统计分析，试验牛经过 21 个月的育肥，各组试验牛的宰前活重、屠宰率、净肉率、肉骨比值和背膘厚度见表 8-15。由表 8-15 可得，在同一饲养管理条件下，试验Ⅰ组（公牛）的宰前活重、屠宰率、净肉率、肉骨比值、眼肌面积、高档肉块重最高，依次为试验Ⅱ组（阉牛）、试验Ⅲ组（母牛）；3 组试验牛的净肉率、骨肉比值、背膘厚度、高档肉块重/净肉重的值均差异不显著（$P>0.05$）；试验Ⅰ组的宰前活重显著高于试验Ⅱ组和试验Ⅲ组（$P<0.05$），试验Ⅱ组的宰前活重显著高于试验Ⅲ组。

表 8-15　不同试验组肉牛产肉性能情况

项　目	试验Ⅰ组	试验Ⅱ组	试验Ⅲ组
宰前活重/kg	552.16±29.71	485.48±30.64	437.22±22.15
屠宰率/%	56.75±4.24	53.67±4.79	49.83±3.13
净肉率/%	49.47±2.65	46.81±3.67	44.25±2.35
肉骨比值	5.73±0.34	5.24±0.36	4.93±0.52
背膘厚度/cm	0.97±0.12	1.03±0.03	1.02±0.29
眼肌面积/cm²	98.06±6.13	91.84±5.44	86.30±6.37
高档肉块重/kg	41.08±3.21	36.78±4.72	31.16±3.75
（高档肉块重/净肉重）/%	15.04±0.66	16.20±1.08	16.14±0.04

注：根据我国牛肉质量分级标准（NY/T676—2010），高档肉为外脊、眼肉、上脑。

③不同试验组肉牛肉质指标的比较。由表 8-16 可见，牛肉脂肪以试验Ⅱ组的阉牛最高，其次为试验Ⅲ组，试验Ⅰ组的公牛最低，但 3 组试验牛的脂肪含量差异不显著（$P>0.05$），大

理石花纹等级均达到 2 级以上；3 组试验牛的剪切力、pH、失水率差异不显著（$P>0.05$）。

表 8-16　不同试验组肉牛的肉质性状评价

项目	试验Ⅰ组	试验Ⅱ组	试验Ⅲ组
肌内脂肪含量	14.68±1.35	19.32±1.47	17.14±1.62
大理石花纹（分）	2.47±0.32	3.33±0.43	2.98±0.34
剪切力/kg	4.56±0.53	3.48±0.14	3.52±0.35
pH	5.65±4.24	5.97±4.79	5.83±3.13
失水率/%	21.47±1.22	23.16±2.35	23.25±2.43
系水力/%	56.78±2.99	61.86±2.35	60.37±3.25

（3）讨论与结论

①性别对关岭牛体尺的影响。本次试验中，试验Ⅰ组（公牛）不同月龄的胸围、管围、体高、体斜长均为最优，依次为试验Ⅱ组（阉牛）、试验Ⅲ组（母牛）。产肉量评价中最重要的部位是体高、体斜长和胸围，其中体斜长越长，其肉用性能越明显。

公牛达到青春期后，睾丸会产生雄激素，分泌大量睾酮，除促进生殖器官的发育、第二性征出现和产生性欲外，还对蛋白质的合成与骨骼肌的生长有促进作用。能刺激食欲，减少尿氮排出，增加机体能量的消耗，对脂肪分解有促进作用，从而获得较快的生长速度。公牛去势后，随着雄激素消退，机体出现一些生理学变化，而使阉牛生长速度下降。

②性别对关岭牛产肉性能的影响。在同一饲养管理条件下，试验Ⅰ组（公牛）的宰前活重、屠宰率、净肉率、眼肌面积、高档肉块重最高，依次为试验Ⅱ组（阉牛）、试验Ⅲ组（母牛），这是因为公牛的生长速度、瘦肉率均显著高于阉牛，阉牛显著高于母牛。这是因为公牛去势后，雄性激素分泌量显著下降，而性激素本身对肌肉生长具有促进作用，所以失去了一些有益于产肉的性能。雌激素对雄性动物生长发育也有一定的影响，雌激素对脂肪代谢的影响主要是促进脂肪的合成和增加血液中高密度脂蛋白浓度，从而使血液中胆固醇含量减少。

③性别对关岭牛肉质指标的影响。去势能改善牛肉品质，同一品种在相同的饲养条件下，阉牛肉的嫩度优于母牛肉和公牛肉，阉牛肉和母牛肉的肉色要好于公牛肉。去势能增加脂肪在肌肉内的脂肪含量，使牛肉大理石花纹等级提高，此外去势能减少公牛肉含有的膻味。大理石花纹决定着牛肉的品质和等级，较高水平的大理石花纹可以提高牛肉的嫩度、多汁性和风味，减少牛肉在烹调过程中嫩度的变化，去势能使体脂沉积加速，肌内脂肪度增加、肌纤维变细、肉的嫩度增加，还可以使牛的性格变得温顺，从而易于饲养管理。

剪切力是评判肉类嫩度的肉品质指标，剪切力与肉的嫩度呈负相关。失水率是用于评定肉的持水性的另一个指标，肌肉失水率和滴水损失率越高，肌肉组织的吸水力越低，肉的持水性越低，多汁性越差。这说明去势对牛肉的持水性影响较小。系水力指牛肉受到外力作用时，保持其原有水分的能力，以百分率表示。系水力低则营养成分易流失，熟制品发干乏味，适口性恶化，食用价值低。阉牛的系水力最大、公牛最小，且性别间差异性显著，而脂肪含量表现在公牛最低，阉牛最高，性别对其影响显著。

从以上不同性别的肌肉脂肪含量和剪切力结果可以看出，生产雪花牛肉最好的性别选择依次是阉牛、母牛、公牛。

（4）结论

综合以上指标可以得出，关岭牛公牛的增重速度最快，牛肉品质最低；而阉牛牛肉品质最好，增重速度低于公牛，而高于母牛；母牛的增重速度最低，肉质低于阉牛而高于公牛。说明，后备牛阉割后进行育肥，可显著提高牛肉品质，同时可获得较高的增重速度，但是否需要进行阉割，在生产实际中还要根据饲养的品种，肉产品市场目标，育肥期和饲养条件来决定。

随着人们对食品安全和健康食品的关注与追求，高品质牛肉的需求将更加旺盛，然而我国高品质牛肉的生产技术与发展水平均有待提高。因此，立足于我国现有的资源优势，既提高肉牛的生长速度，又提高牛肉的产品品质，是我国肉牛产业亟须解决的问题。

四、牛肉品质的评价及影响因素

1. 高档牛肉的质量标准

我国现行高档牛肉的评价标准主要包括以下方面：①大理石花纹等级，眼肌的大理石花纹应达到我国试行标准中的1级或2级；②牛肉嫩度，牛肉咀嚼容易，不留残渣、不塞牙，用肌肉剪切仪测定剪切值为3.62 kg以下的次数在65%以上；③多汁性，高档牛肉要求质地松软，汁多而味浓；④牛肉风味，要求具有我国牛肉的传统鲜美可口的风味；⑤高档牛肉块的重量，每条牛柳的重量2.0 kg以上，每条西冷的重量在5.0 kg以上，每块眼肌的重量在6.0 kg以上；⑥胴体表面脂肪，胴体表面脂肪覆盖率80%以上，表面的脂肪颜色洁白。我国目前按部位划分牛肉的等级，内、外里脊肉为高档肉块，臀部与大腿部分切割的肌肉为优质肉块，未区分其他部位的肉。牛肉质量评定包括眼肌面积、大理石花纹评定、脂肪厚度、肉色、脂肪颜色、胴体脂肪覆盖度、胴体腰、臀部丰厚程度、整体结构是否匀称等。

不同国家高档牛肉的标准见表8-17。

表8-17　不同国家高档牛肉的标准

项　目		中国	美国	日本	加拿大
肉牛屠宰月龄/月		<30	<30	<36	<24
肉牛屠宰体重/kg		530	500～550	650～750	500
牛肉品质	颜色	鲜红	鲜红	樱桃红	鲜红
	大理石花纹	1～2级	1～2级	1级	1～2级
	嫩度/剪切力	<3.62	<3.62	—	<3.62
脂肪指标	厚度/mm	10～15	15～20	>20	5～10
	颜色	白色	白色	白色	白色
	硬度	硬	硬	硬	硬
内脏脂肪重量占体重百分比/%		3.0～3.2	3.0～3.5	—	—
牛柳重/(kg/条)		2.0～2.2	2.0～2.2	2.4～2.6	—
西冷重/(kg/条)		5.3～5.5	5.5～6.0	6.0～6.64	—

2. 影响高档牛肉生产的因素

牛肉品质的评价指标主要包括肌间脂肪含量（大理石花纹）、嫩度、多汁性、肉色、脂肪颜色、风味等。影响高档牛肉生产与牛肉品质的因素主要包括遗传、饲料、去势、年龄等因素。

（1）遗传因素

遗传因素是肉牛的发育、体型、产肉性能的决定因素，一般选择日增重、胴体品质、脂肪含量高的公牛的后代进行高档牛肉生产。

（2）饲料因素

饲料对脂肪颜色、肌肉颜色和牛肉风味的影响较大。一般饲喂麦类、麦麸、麦糠、甘薯、马铃薯、淀粉粕等饲料使脂肪颜色变白；饲喂大豆粕、黄玉米、南瓜等饲料使脂肪颜色变黄；饲喂米糠、大豆、大豆粕、油菜籽粕、亚麻籽粕、豆腐粕、豆科专贮饲料使脂肪变软；饲喂大麦、黑麦、甘薯、马铃薯、淀粉粕、稻草等饲料使脂肪变硬。

（3）去势因素

一般在犊牛的哺乳期进行去势，去势可提高育肥牛脂肪间脂肪含量和嫩度，改善肉质。

（4）年龄因素

一般7～8月龄时，肉牛骨骼发育速度最快，12月龄后骨骼的发育速度下降；8～16月龄期间，肉牛的肌肉呈直线发育，然后肌肉的发育速度下降；12～16月龄期间，肉牛的脂肪沉积速度加快，18～24月龄期间，肌肉间可沉积较明显的大理石花纹，24～25月龄期间，肉牛基本上完成肌内脂肪的沉积。

3. 高档牛肉生产关键措施

（1）品种选择

生产高档牛肉可选择国外优良的肉牛品种如安格斯牛、西门塔尔牛、德国黄牛等，或国外良种牛与我国优良地方牛的杂交牛，或本地良种牛，这些牛种的生产性能好，易于达到育肥标准，生产富含脂肪的高档牛肉。

（2）性别选择

性别对肉牛的生产性能和牛肉的品质影响较大。通常公牛的生长速度最快，其次是阉牛，最低为母牛；公牛牛肉的风味、嫩度、多汁性等肉质指标最差，其次是阉牛，母牛的肉质最优。综合多种因素，阉牛的胴体等级高于公牛，而生长速度又比母牛快，所以生产中通常采用阉牛生产高档（雪花）牛肉。生产高档牛肉公牛的阉割时间一般在3～4月龄以内进行较好。

（3）年龄选择

为了获得更高的经济效益，生产中一般选择12～18月龄的肉牛，此时期不仅是肉牛生长的高峰期，同时也是肉牛体内脂肪沉积的高峰期。若采用国外纯种牛生产高档牛肉，出栏年龄不宜超过36月龄，利用杂种牛生产高档牛肉，出栏年龄不宜超过30月龄；若采用架子牛育肥，一般要求架子牛育肥前（12～14月龄）体重达到300 kg以上，经过6～8个月育肥期，活重达到500 kg以上。

（4）严格的饲养管理

生产高档牛肉的饲料应优化搭配，饲料应尽量多样化，按照育肥牛的饲养标准搭配日粮，正确使用饲料添加剂。育肥牛的管理要精心，饲料、饮水要卫生、干净，无发霉变质，冬季饮水温度应不低于20℃。圈舍要勤换垫草，勤清粪便，一批牛出栏后应对厩舍进行彻底清扫和消毒。

①育成期饲养管理。犊牛断奶至12～13月龄，肉牛体重从90～110 kg长到约300 kg。该阶段肉牛的消化器官、内脏、骨骼发育很快，12～13月龄的肉牛基本上结束了器官的生长发

育,而肌肉的生长速度加快,应供给高蛋白低能量的饲料。

②育肥期饲养管理。13～24 月龄的肉牛应主要饲喂低蛋白质、高能量饲料,增加精饲料的饲喂量,增加饲料的适口性,禁止饲喂青草、青贮饲料,促进肌肉内脂肪沉积。

(5)适时出栏

育肥牛出栏过早,不仅影响牛肉的风味,而且牛肉产量低,影响肉牛生产的经济效益。若育肥牛出栏过晚,则肉牛体内脂肪沉积过多,不可食肉部分增多,且饲料消耗量增大,达不到理想的经济效益。因此,应根据肉牛的生长肥育情况,合理确定肉牛的适时出栏时间,获得较高的经济效益。

第四节 肉牛的生产模式

世界各国的地理条件、自然条件、人们的消费习惯和购买力、肉牛养殖的效益各不相同。肉牛养殖场为了适应不同的市场需求,采用不同的肉牛生产模式进行肉牛生产,生产的牛肉成本、质量、档次差距较大。牛肉出口国有美国、加拿大、阿根廷、澳大利亚、巴西、新西兰、欧盟等,牛肉进口国有中国、日本、韩国和俄罗斯等。

很多国家都把商品犊牛繁育场和肉牛育肥场分开,繁育场只养繁殖母牛、种公牛和后备母牛,把断奶的犊牛按年龄出售;肉牛育肥场只养肥育牛,收购断奶犊牛和架子牛进行集中肥育,分期、分批出栏。

一、美国肉牛生产模式

美国的肉牛生产,可分种牛场、商品犊牛繁殖场、育成牛场、强度肥育场。肉牛育肥的生产模式比较单一,一般采用异地育肥,西部地区繁殖的犊牛,断奶后转入农业发达的中部玉米产区,短期肥育后出手或屠宰。

1. 种公牛养殖场

种公牛养殖场的服务对象是商品犊牛繁殖场,工作目标是促进遗传改良,遗传性能测定和繁殖,为整个肉牛产业服务。

2. 商品犊牛繁殖场

商品犊牛繁殖场主要负责经营母牛群和饲养从出生至断乳的犊牛,在理想情况下,母牛年产一头犊牛。生产商品犊牛时,充分考虑父本与母本的早熟性、日增重、肉质和体型等性状,将父本与母本的优良遗传特性相结合;把每年繁殖的犊牛,除按一定比例留作种用,其余犊牛断奶(6 月龄)后出售,商品犊牛繁殖场到年末只养怀孕母牛、种公牛、后备母牛,不养肥育牛。

3. 育成牛场

育成牛场只养架子牛,是商品犊牛繁殖场和强度肥育场之间的中转站,收购断奶体重不足320 kg 的犊牛,采取放牧或放牧补饲精料的方式,经过 2～3 个月的饲养,当体重达到 320 kg时,再出售给强度育肥场。

4. 强度肥育牛场

强度肥育牛场是专门从事肉牛强度肥育围栏舍饲的经营场所,主要分布在大平原各州及玉米带的大部分地区(12个州)的肉牛带。强度肥育牛场从繁殖牛场或育成牛场收购体重320 kg以上的犊牛,以精料型日粮舍饲强度肥育,经过100 d左右,体重达到450~500 kg屠宰。

二、日本肉牛生产模式

日本肉牛生产包括以和牛品种为代表的肉用牛和以荷斯坦牛为代表的乳用牛,其中乳用牛生产的牛肉约占国产牛肉量的70%,肉用牛生产的牛肉约占国产牛肉量的30%,国内生产的牛肉仅能满足日本牛肉需求的30%。

利用乳用牛生产牛肉的方式包括乳用牛的去势公牛肥育、乳用牛的淘汰公母牛肥育、乳用犊牛肥育。利用肉用牛生产牛肉的方式包括肥育17个月的幼龄育肥和肥育24个月的成年去势公、母牛育肥,其中母牛肥育是生产世界上著名的日式烧烤牛肉的一种肥育方式,肥育期达300~360 d,肥育时间长,日增重较低,饲养精细,管理科学化,出栏时体重均达到650~700 kg。

三、澳大利亚肉牛生产模式

澳大利亚的肉牛品种主要包括抗热、抗蜱虫的热带婆罗门牛、南非瘤牛品种牛、海福特牛、安格斯杂交牛、莫累灰牛等。澳洲内陆为放牧饲养肉牛,肉牛出生后随母牛放牧,开放式粗放经营。在降雨量较高的南部、东南部地区,采用人工或优质草场,实行分区轮牧制等集约式生产,是肉牛主产区。白天放牧,晚间补喂配合精饲料,管理较细。

四、英国肉牛生产模式

英国肉牛生产模式包括专用肉牛肥育、架子牛肥育、小公牛肥育。

1. 专用肉牛育肥

专用肉牛育肥是母牛带犊的饲养模式,分秋季产犊和冬春产犊两种方式。秋季产犊随母牛哺乳过冬,断奶后草地放牧饲养,然后进行高日粮强度肥育,饲养期共15~16个月。冬、春产犊牛肥育为冬季产犊牛随母牛哺乳过冬,断奶后放牧饲养,秋后以青贮料及干草为主的日粮饲养过冬,然后进行放牧补饲的方式催肥,饲养期共18~20个月。

2. 架子牛育肥

架子牛肥育为专业化的异地肥育,肥育场从外地选购架子牛,购入时约12月龄,以谷物加牧草或放牧加补饲方式肥育。饲养期6~10个月,即肉牛年龄在18~20月龄时肥育结束,体重450~500 kg时出售屠宰。

3. 小公牛育肥

小公牛肥育是在小公牛不去势,直接肥育至屠宰体重出栏,采用青贮料全舍饲肥育方式。这种育肥方式日增重高,饲料转化效率高,胴体品质优良,饲养效益也高于阉牛育肥。

五、我国肉牛生产模式

我国肉牛生产包括从饲草、饲料生产到加工调制,从母牛饲养到繁殖改良,从犊牛培育到架子牛肥育,从屠宰加工到产品销售等。我国肉牛生产具有明显的区域性和受龙头企业带动特征。区域性表现为受龙头企业带动,形成适度规模,不同区域之间形成互补性;龙头企业是使牛肉产品变成商品的窗口。我国农牧区肉牛规模化生产模式有以下几种:

1. 肉牛产业链式发展模式

地域内有从事肉牛加工如屠宰或肉牛产品深加工的龙头企业,带动相关产业协同发展,使肉牛产业从肉牛饲养开始,通过加工、销售过程各环节链条反复增加附加值,促进肉牛产业化进程。

2. 肉牛小群体大规模发展模式

这种模式存在于广大农区或农牧交错区,农牧民养牛积极性高,形成"市场牵龙头、龙头带基地、基地连农户"的经营格局。建立稳固的肉牛养殖生产基地,保障经营性企业所需的优质牛源是这种模式发展的基础。各生产阶段之间以经济合同为纽带,保证企业和生产基地的稳固利益关系,形成稳定的利益共享、风险共担的共同体,是模式存在和发展的关键。

3. 资源优势互补的异地肥育模式

肉牛异地肥育是指在甲地繁殖并培育犊牛、架子牛,在乙地专门进行肉牛肥育,发挥各自优势,这种模式存在于广大农区与牧区之间或农牧交错区,这些地域有较充裕的架子牛和充足饲料资源,且肉牛养殖基础好,广大农牧民养牛积极性高。这种模式在我国较为普遍,减轻牧区草原负担,增加农牧民收入,提升肉牛生产质量,有效地促进母牛基地养殖的建设和架子牛的生产。此模式的母牛繁育、养殖基地(架子牛生产)与异地肥育场之间的联系比较松散,受市场供求影响较大;地区间运输架子牛增加成本,且不利于防疫。

第九章 肉牛常用饲料及其加工调制

第一节 肉牛常用饲料分类

饲料是动物生产的物质基础,对动物提供营养物质、调控生理机能、改善动物产品品质,且不发生有毒、有害作用的物质。肉牛常用饲料的分类方法主要包括国际饲料分类法和我国饲料分类法,其中我国饲料分类法和编码系统是在张子仪研究员依据国际饲料分类原则与我国传统分类体系相结合提出的。

一、国际饲料分类法

美国学者 L. E. Harris(1956)根据饲料的营养特性,将饲料分为粗饲料、青绿饲料、青贮饲料、能量饲料、蛋白质饲料、矿物质饲料、维生素饲料、饲料添加剂八大类。

1. 粗饲料

粗饲料是指饲料干物质中粗纤维含量大于或等于 18%,以风干物为饲喂形式的饲料,如干草类、农作物秸秆等。

2. 青绿饲料

青绿饲料是指天然水分含量在 60%以上的青绿牧草、饲用作物、树叶类及非淀粉质的根茎、瓜果类。

3. 青贮饲料

青贮饲料是指以天然新鲜青绿植物性饲料为原料,在厌氧条件下,经过以乳酸菌为主的微生物发酵后调制成的饲料,具有青绿多汁的特点,如玉米青贮。

4. 能量饲料

能量饲料是指饲料干物质中粗纤维含量小于 18%同时粗蛋白质含量小于 20%的饲料,如谷实类、麸皮、淀粉质的根茎、瓜果类。

5. 蛋白质饲料

蛋白质饲料是指饲料干物质中粗纤维含量小于 18%而粗蛋白质含量大于或等于 20%的饲料,如鱼粉、豆饼(粕)等。

6. 矿物质饲料

矿物质饲料是指可以提供饲用的天然矿物质、化工合成无机盐类、有机配位体与金属离子的螯合物。

7. 维生素饲料

维生素饲料是指由工业合成或提取的单一种或复合维生素,不包括富含维生素的天然青绿饲料。

8. 饲料添加剂

饲料添加剂是指有利于营养物质的消化吸收,可改善饲料品质,促进动物生长和繁殖,保障动物健康而掺入饲料中的少量或微量物质,不包括矿物质元素、维生素、氨基酸等营养物质添加剂。

二、中国饲料分类法

张子仪研究员根据国际饲料分类原则将饲料分成八大类,然后结合我国传统饲料分类习惯划分为 16 亚类,建立了我国饲料数据库管理系统及饲料分类方法。

1. 青绿多汁类饲料

凡天然水分含量大于或等于 45% 的栽培牧草、草地牧草、野菜、鲜嫩的藤蔓和部分未完全成熟的谷物植株等。

2. 树叶类饲料

树叶类饲料包括 2 种类型:①采摘的树叶鲜喂,饲喂时树叶的天然水分含量大于 45%,属青绿饲料;②采摘的树叶风干后饲喂,干物质中粗纤维含量大于或等于 18%,如槐叶,属粗饲料。

3. 青贮饲料

青贮饲料包括 3 种类型:①常规青贮饲料,用新鲜的植物性饲料调制成的青贮饲料,含水量为 65%~75%;②半干青贮饲料(低水分青贮饲料),用天然水分含量 45%~55% 的半干青绿植物调制成的青贮饲料;③谷物湿贮饲料,新鲜玉米、麦类籽实不经干燥直接贮存于密闭的青贮设备内,经乳酸发酵调制成的饲料,含水量为 28%~35%。

4. 块根、块茎、瓜果类饲料

块根、块茎、瓜果类饲料是指天然水分含量大于或等于 45% 的胡萝卜、芜菁、饲用甜菜等饲料,该类饲料脱水后的干物质中粗纤维和粗蛋白质含量较低,干燥后属能量饲料。

5. 干草类饲料

干草类饲料包括人工栽培或野生牧草的脱水或风干物,包括 3 种类型:①干草类饲料的干物质中的粗纤维含量大于或等于 18% 者属粗饲料;②干草类饲料的干物质中粗纤维含量小于 18%,同时粗蛋白质含量小于 20%,属能量饲料,如优质草粉;③干草类饲料的干物质中的粗蛋白含量大于或等于 20%,同时粗纤维含量低于 18% 的优质豆科干草,属蛋白质饲料,如苜蓿或紫云英的干草粉。

6. 农副产品类饲料

农副产品类饲料包括 3 种类型:①干物质中粗纤维含量大于或等于 18%,属于粗饲料,如秸、荚、壳等;②干物质中粗纤维含量小于 18%、同时粗蛋白含量小于 20%,属能量饲料;③干物质中粗纤维含量小于18%,而粗蛋白质含量大于或等于20%,属于蛋白质饲料。

7. 谷实类饲料

谷实类饲料的干物质中粗纤维含量小于18%,同时粗蛋白含量小于20%,属能量饲料,如玉米、稻谷等。

8. 糠麸类饲料

糠麸类饲料包括2种类型:①饲料干物质中粗纤维含量小于18%,粗蛋白质含量小于20%的粮食副产品,属能量饲料,如小麦麸、米糠等;②粮食加工后的低档副产品,干物质中的粗纤维含量多大于18%,属于粗饲料,如统糠等。

9. 豆类饲料

豆类饲料包括2种类型:①豆类籽实干物质中粗蛋白质含量大于或等于20%,而粗纤维含量低于18%,属蛋白质饲料,如大豆等;②部分豆类籽实的干物质中粗蛋白质含量低于20%,属于能量饲料,如江苏的爬豆。

10. 饼粕类饲料

饼粕类饲料包括3种类型:①干物质中粗蛋白质大于或等于20%,粗纤维含量小于18%,属蛋白质饲料,如大部分饼粕;②干物质中的粗纤维含量大于或等于18%的饼粕类饲料,属于粗饲料,如葵花籽饼及棉籽饼;③干物质中粗蛋白质含量小于20%,粗纤维含量小于18%的饼粕类饲料,属能量饲料,如米糠饼、玉米胚芽饼等。

11. 糟渣类饲料

糟渣类饲料包括3种类型:①干物质中粗纤维含量大于或等于18%,属于粗饲料;②干物质中粗蛋白质含量低于20%,且粗纤维含量低于18%,属于能量饲料,如优质粉渣、醋糟、甜菜渣等;③干物质中粗蛋白质含量大于或等于20%,而粗纤维含量低于18%,属蛋白质饲料,如啤酒糟、豆腐渣等。

12. 草籽、树实类饲料

草籽、树实类饲料包括3种类型:①干物质中粗纤维含量大于或等于18%,属于粗饲料,如灰菜籽等;②干物质中粗纤维含量低于18%,而粗蛋白质含量低于20%,属能量饲料,如干沙枣等;③干物质中粗纤维含量低于18%,而粗蛋白质含量大于或等于20%,属蛋白质饲料。

13. 动物性饲料

动物性饲料是指来源于渔业、畜牧业的动物性产品及其加工副产品,包括3种类型:①干物质中粗蛋白质含量大于或等于20%,属蛋白质饲料,如鱼粉、动物血、蚕蛹等;②干物质中粗蛋白质含量小于20%,粗灰分含量较低的动物油脂,属能量饲料,如牛脂等;③干物质中粗蛋白质含量小于20%,粗脂肪含量较低,用来补充钙、磷,属矿物质饲料,如骨粉、贝壳粉等。

14. 矿物质饲料

矿物质饲料是指可供动物饲用的天然矿物质,如石灰石粉等;化工合成的无机盐类,如硫酸铜等;有机配位体与金属离子的螯合物,如蛋氨酸性锌等;来源于动物性饲料的矿物质,如骨粉、贝壳粉等。

15. 维生素饲料

维生素饲料是指由工业合成或提取的单一种或复合维生素制剂,如硫胺素、核黄素、胆碱、维生素 A、维生素 D、维生素 E 等,但不包括富含维生素的天然青绿多汁饲料。

16. 饲料添加剂

饲料添加剂是指是为了补充营养物质,保证或改善饲料品质,提高饲料利用率,促进动物生长和繁殖,保障动物健康而掺入饲料中的少量或微量营养性及非营养性物质。包括工业合成赖氨酸、蛋氨酸等营养性物质;饲料防腐剂、饲料黏合剂、驱虫保健剂等非营养性物质。

17. 油脂类饲料

油脂类饲料是指以补充能量为目的的能量饲料。

第二节 粗 饲 料

粗饲料是指自然状态下水分低于 45%、饲料干物质中粗纤维含量大于等于 18%,能量较低的一类饲料,主要包括干草类、农副产品类(壳、荚、秸、秧、藤)、树叶、糟渣类等。粗饲料的特点是粗纤维含量较高(25%~45%),可消化营养成分含量较低,有机物消化率低于 70%,质地较粗硬,适口性差。

一、干草类粗饲料

1. 青干草

青干草是将牧草、禾谷类作物在质量和产量最好的时期刈割,经自然或人工干燥调制成长期保存的饲草,可常年供家畜饲用。优质的干草,颜色青绿,气味芳香,质地柔松,叶片不脱落或脱落很少,绝大部分的蛋白质和脂肪、矿物质、维生素被保存下来,是家畜冬季和早春不可少的饲草。

(1)青干草的营养价值

青干草的营养价值与原料种类、生长阶段、调制方法有关。青干草每千克消化能值为 8~10 MJ。干草粗蛋白含量变化较大,为 7%~17%,部分豆科牧草可达 20%以上。粗纤维含量高,为 20%~35%。青干草中矿物元素含量丰富,豆科牧草中的钙含量超过 1%,禾本科牧草中的钙比谷类籽实高。维生素 D 含量每千克为 16~150 mg,胡萝卜素含量每千克为 5~40 mg。

(2)青干草调制的方法

青干草调制的方法包括自然干燥法和人工干燥法。自然干燥法是指选择适宜的时期和晴朗的天气刈割牧草,然后晒制的方法。人工干燥法调制的青干草品质好,但成本高。

①田间晒制干草。根据当地气候、牧草生长、人力及设备等条件,青草刈割后放在原地将青草摊开曝晒,每 2~3 h 翻动 1 次,加速水分蒸发。一般是早上刈割,傍晚叶片已凋萎,水分降至 50%后,把青草集成约 1 m 的小堆,每天翻动 1 次,使其逐渐风干。如遇天气恶化,草堆外层宜盖草苫或塑料布,以防雨水冲淋。天气晴朗时,再倒堆翻晒,直至干燥。

田间晒制干草的优点是:初期干燥速度快,可减少植物细胞呼吸作用造成的养分损失;后期接触阳光曝晒面积小,可较好地保存青草中的胡萝卜素,堆内干燥时可适当发酵,产生酯类物质,使干草具有特殊香味;茎叶干燥速度较一致,可减少叶片嫩枝的破损脱落;遇雨时,便于覆盖,可避免雨水淋洗。

②草架干燥法。在湿润地区或多雨季节晒制干草,地面潮湿易导致牧草腐烂和养分损失,

应采用草架干燥。用草架干燥,可先在地面干燥 4~10 h,含水量降到 40%~50% 时,然后自下而上逐渐堆放。草架干燥法通风好,干燥快,能获得营养损失少、品质优良的青干草,但需要花费一定的经费来建造草架。

③人工干燥法。人工干燥法是通过人工热源加温使饲料脱水。温度越高,干燥时间越短,效果越好。150℃ 需干燥 20~40 min;高于 500℃ 需干燥 6~10 s。高温干燥的优点是时间短,营养物质损失小,能很好地保留原料本色,且不受雨水影响。但机器设备耗资巨大,干燥过程耗资较多。

2. 草粉

草粉、青干草粉,属于草产品,是一种草品形式,在养殖业中有重要的作用。影响草粉质量的因素主要包括原料的种类和牧草刈割期,过早刈割时牧草质量好但产量低,过迟刈割,牧草产量虽高,但因木质化严重,影响草粉品质。

(1)草粉的营养价值

优质的豆科、禾本科、豆科和禾本科混播牧草制作的草粉品质优良,含有丰富的蛋白质、维生素、β-胡萝卜素,可在动物饲粮中应用。草粉的能量较低,且纤维素偏高,但蛋白质、胡萝卜素和矿物质的含量丰富,是配合饲料良好的补充剂,对肉牛日粮的营养平衡作用很大。

(2)草粉加工

紫花苜蓿、三叶草等优质豆科牧草、豆科与禾本科混播的牧草、品质优良的黑麦草、羊草等禾本科牧草均可作为加工草粉的原料。生产草粉时对牧草的质量要求较高,一般在牧草蛋白质和维生素含量以及产量较高的时期刈割。采用田间干燥或人工烘干保持草粉的绿色和良好的品质,当牧草干燥后水分含量为 13%~15% 时,用锤片式粉碎机粉碎。粉碎的粒度依据饲养畜禽的种类而定。为了减少草粉在贮存过程中的营养损失和便于运输,生产中常把草粉压制成草颗粒。草颗粒的容重约为草粉的 2~2.5 倍,可有效减少草的运输体积,同时可减少草粉与空气的接触面积,减少养分的氧化。并且在压制过程中,可通过加入抗氧化剂减少胡萝卜素及其他维生素的损失。

3. 干草类粗饲料的营养价值评价

(1)颜色和气味

干草的颜色和气味直接决定着干草品质的好坏。干草的绿色程度越深,胡萝卜素和其他营养成分含量越高,品质越优。干草品质按绿色可分为 4 类。

①鲜绿色。优良干草,青草刈割适时,调制过程未遭雨淋和阳光强烈曝晒,贮藏过程未高温发酵,较好地保存了青草中的营养成分。

②淡绿色。良好干草,干草的晒制和保藏基本合理,未受雨淋发霉,营养物质损失较少。

③黄褐色。次等干草,牧草刈割过晚,晒制过程遭雨淋或贮藏期内经过高温发酵,营养成分损失较大,但仍具有饲用价值。

④暗褐色。劣质牧草,干草调制、贮藏不合理,受到雨淋,发霉变质,不宜饲用。

(2)含叶量

干草饲料含叶量的多少是评定干草营养价值的重要指标,叶子所含有的蛋白质和矿物质比茎多 1.0~1.5 倍,胡萝卜素多 10~15 倍,而粗纤维比茎少 50%~100%。

(3)刈割期

刈割期对干草品质的影响较大,豆科牧草适宜刈割期是现蕾开花期,禾本科牧草适宜刈割期是抽穗开花期,按生长优势的禾本科、豆科牧草确定天然草地野生牧草的刈割期。禾本科草的穗中只有花而无种子时,属花期刈割;大多数穗中含种子或留下护颖,属刈割过晚;豆科牧草茎下部的2～3个花序中仅见到花,属花期刈割,若草屑中有大量种子属刈割过晚。

(4)含水量

含水量的高低是决定干草在贮藏过程中是否变质的重要因素。生产中测定干草含水量的方法是:手握干草一束轻轻扭转,草茎破裂不断,水分含量适宜(约17%);轻微扭转断者,水分含量偏少;扭转成绳茎仍不断裂,水分含量偏多。

通常干草按含水量分为合格干草、可疑干草、不合格干草。含水量低于17%,毒草及有害草低于1%,混杂物及不可食草较少,不经任何处理即可贮藏或者直接喂养家畜,定为合格干草;含水量高于17%,含有较多不可食草和混合物,需经适当处理或加工调制后,才能喂养家畜或贮藏,定为可疑干草;严重变质、发霉,有毒有害植物超过1%,或泥沙杂质过多,不适合作饲料或贮藏,定为不合格干草。

二、农副产品类粗饲料

农副产品类粗饲料的粗纤维含量高于30%,粗蛋白质含量低于10%,粗灰分含量高,有机物的消化率低于60%,来源广,数量多,为粮食产量的1～4倍。

1. 秸秆类饲料

贵州省秸秆饲料主要有稻草、玉米秸、麦秸、豆秸和谷草等。

(1)稻草

稻草是水稻收获后剩下的茎叶,营养价值低,但数量大,牛、羊对稻草的消化率约为50%。稻草的粗蛋白质含量为3%～5%,粗脂肪约为1%,粗纤维约为35%,粗灰分含量约为17%,钙、磷含量较低,分别为0.29%和0.07%,远低于肉牛的生长和繁殖需要。通过添加矿物质和能量饲料,对稻草进行氨化、碱化处理可提高稻草的饲用价值。

(2)玉米秸

玉米秸秆外皮光滑,质地坚硬,青绿色玉米秸秆的胡萝卜素含量较高。肉牛对玉米秸粗纤维的消化率约为65%,对无氮浸出物的消化率约为60%。生长期短的玉米秸秆比生长期长的玉米秸秆粗纤维少,易消化。玉米秸秆的上部比下部的营养价值高,叶片比茎秆的营养价值高,玉米秸秆的饲用价值比稻草低。

(3)麦秸

麦秸的营养价值因品种、生长期的不同而不同,主要包括小麦秸、大麦秸、燕麦秸等。小麦秸的粗纤维含量高,含有硅酸盐和蜡质,营养价值低且适口性差,可用于饲喂牛、羊,经氨化或碱化处理后效果较好;大麦秸的适口性和粗蛋白质含量均高于小麦秸,可作为反刍动物的饲料;燕麦秸的饲用价值好于小麦秸和大麦秸,但产量很低。

(4)豆秸

豆秸包括大豆秸、豌豆秸、蚕豆秸等。豆科作物成熟后,叶子大部分凋落,豆秸以茎秆为主,茎秆木质化,质地坚硬,维生素与蛋白质含量少。豌豆秸的营养价值高于大豆秸、蚕豆秸,但新鲜豌豆秸的水分含量多,易腐败变黑,需晒干后贮存。

(5)谷草

谷草是指粟的秸秆,质地柔软厚实,适口性好,营养价值高。

2. 秕壳类粗饲料

农作物收获脱粒分出秸秆时,还分离出包被籽实的颖壳、荚皮与外皮等,称为秕壳,主要包括豆荚、谷类皮壳、花生壳、油菜壳、棉籽壳等。

（1）豆荚

豆荚的无氮浸出物含量为 42%～50%,粗纤维为 33%～40%,粗蛋白为 5%～10%,饲用价值较好,适于饲喂反刍动物,主要包括大豆荚、豌豆荚、蚕豆荚等。

（2）谷类皮壳

谷类皮壳的营养价值次于豆荚,数量大,来源广。包括稻壳、小麦壳、大麦壳、荞麦壳、高粱壳等,稻壳经氨化、碱化、膨化处理后,可提高营养价值。

（3）其他秕壳

秕壳类粗饲料除了包括豆荚、谷类皮壳,还包括一些经济作物的副产品如花生壳、油菜壳、棉籽壳、玉米芯和玉米苞叶等。该类饲料营养价值很低,须经粉碎与精料、青绿多汁饲料搭配使用,主要用于饲喂牛、羊等反刍动物。

三、粗饲料的加工调制

粗饲料经过适宜加工处理,可明显提高粗饲料的营养价值,对开发粗饲料资源具有重要的意义。粗饲料加工调制的途径主要有物理、化学、生物处理 3 方面,粗饲料粉碎处理后,可提高采食量的 7%;粗饲料经加工制粒后,可提高采食量 37%;粗饲料经化学处理后,可提高采食量 18%～45%。

1. 物理加工

（1）机械加工

秸秆饲料比较粗硬,通过铡碎、粉碎或揉碎后,便于咀嚼,减少能耗,提高采食量,并减少饲喂过程中的饲料浪费。铡碎、粉碎、揉碎是粗饲料利用最常用和简便的方法。饲料切短粉碎后,可增加肉牛的采食量,缩短饲料在瘤胃里停留的时间,可引起纤维物质消化率下降,增加瘤胃内挥发性脂肪酸生成速度和丙酸比例,导致瘤胃内 pH 下降,反刍次数减少。

①铡碎。利用铡草机将粗饲料切短至 1～2 cm,稻草较柔软,可稍长些,玉米秸秆较粗硬,应稍短些。

②粉碎。粉碎可有效提高粗饲料利用率,饲喂反刍动物的粗饲料细度不宜过细,饲喂猪、禽的粗饲料需粉碎成较细的粉状,便于搅拌均匀。

③揉碎。为适应牛、羊等反刍家畜对粗饲料利用的特点,将玉米秸秆等粗饲料揉搓成丝条,可有效提高粗饲料的适口性和利用率。

（2）热加工

热加工主要包括 3 种方法:蒸煮、膨化、高压蒸汽裂解。

①蒸煮。粗饲料切碎后,放入容器内加水蒸煮,可提高秸秆饲料的适口性和消化率。

②膨化。膨化是通过高压水蒸气处理后,突然降压破坏纤维结构的方法,可使木质素低分子化,分解结构性碳水化合物,增加可溶性成分。该方法的缺点是膨化设备投资较大,生产上难以推广。

③高压蒸汽裂解。高压蒸汽裂解是将稻草、蔗渣、树枝等农林副产物,放入热压器内,通入

高压蒸汽,使物料连续发生蒸汽裂解,破坏纤维素—木质素的紧密结构,将纤维素和半纤维素分解出来,从而便于牛、羊消化。

（3）盐化

盐化是指将铡碎、粉碎后的秸秆饲料与等重量的1%的盐水充分搅拌放入容器,用塑料薄膜覆盖,放置12～24 h,可显著提高粗饲料的适口性和采食量。

2. 化学处理

化学处理是利用酸、碱等化学物质对秸秆等劣质粗饲料进行处理,可有效提高粗饲料的饲用价值,主要包括碱化、氨化和酸处理3方面。

（1）碱化处理

碱化处理是通过氢氧根离子(氢氧化钠、石灰水)打断木质素与半纤维素之间的酯键,使60%～80%的木质素溶于碱中,释放出木质素—半纤维素复合物中的纤维素,且碱类物质也可溶解半纤维素,提高牛、羊对饲料的消化率。

①氢氧化钠处理。氢氧化钠处理可分为"湿法处理"和"干法处理"。湿法处理是将秸秆放在盛有1.5%氢氧化钠溶液中浸泡24 h,然后用水反复冲洗至中性后饲喂牛、羊。干法处理是用秸秆重量4%～5%的氢氧化钠配成30%～40%溶液,均匀喷洒在粉碎后的秸秆,堆放数日后不经冲洗直接饲喂牛、羊。

②石灰水处理。采用石灰水处理秸秆成本低,方法简便,效果明显。3 kg生石灰中加200～300 kg水,充分熟化沉淀后,将石灰乳均匀喷洒在粉碎的100 kg秸秆上,堆放1～2 d后,可直接饲喂家畜。

（2）氨化处理

秸秆类粗饲料的蛋白质含量较低,饲料中有机物与氨发生氨解反应,破坏木质素与纤维素、半纤维素间的脂键,形成铵盐,为牛、羊瘤胃微生物提供氮源。且氨可溶于水形成氢氧化铵,对粗饲料有碱化作用,因此氨化处理可通过氨化、碱化双重作用提高秸秆的营养价值。

（3）酸处理

酸处理是指利用硫酸、盐酸、磷酸或甲酸处理秸秆饲料,酸可破坏木质素与纤维素、半纤维素间的脂键,提高饲料的消化率。

3. 生物学处理

生物学处理是利用某些有益微生物,在适宜的条件下,分解秸秆中纤维素和木质素,增加菌体蛋白、维生素等有益物质,同时软化秸秆,改善味道,提高粗饲料的营养价值。

综上所述,粗饲料加工调制的方法较多,一般秸秆饲料粉碎后,进行青贮、碱化或氨化处理。生产中一般根据当地生产条件、粗饲料的特点、经济效益等因素,选择适宜的方法。

四、秸秆微贮饲料生产技术规程

1. 范围

本标准规定了秸秆微贮饲料生产中的微贮原料、微贮饲料添加剂的选择与使用、微贮方法、制作步骤、取用方法、品质鉴定及饲喂方法。

本标准适用于贵州农作物秸秆微贮饲料生产。

2. 规范性引用文件

下列文件对于本文件的应用是必不可少的。凡所注日期的版本适用于本文件。凡是不注日期的引用文件,其最新版本(包括所有的修改单)适用于本文件。

GB 13078—2001 饲料卫生标准。

3. 术语和定义

下列术语和定义适用于本文件。

(1)微贮

把秸秆等粗饲料按比例添加一种或多种有益微生物菌剂,在适宜的条件下,通过有益微生物的发酵作用,制成柔软多汁、气味酸香、适口性好、利用率高的微贮饲料。

(2)微贮饲料添加剂

由一种或多种有益菌组成,能抑制杂菌生长,有效地保存微贮原料内的营养物质,专门用于调制粗饲料的一类活性微生物添加剂。

4. 微贮原料

微贮原料主要是黄干作物秸秆,如玉米秸秆、干稻草等。

5. 微贮饲料添加剂的选择与使用

(1)菌种选择

根据需要微贮原料的种类、数量,选择合适的微贮饲料发酵剂。参考产品说明,确定微贮饲料发酵剂的添加量和添加方法。

(2)微贮试验

使用新微贮饲料添加剂前,应进行微贮试验。试验方法是取 5～10 kg 微贮原料,粉碎后按比例加入水和菌剂,装入塑料袋或其他容器中,压实后密封,在适宜的温度下发酵 7～20 d,开启观察微贮效果。

6. 微贮方法

(1)水泥窖微贮法

将微贮原料切短揉碎后,加水调制到适宜的含水量,按比例喷洒微贮剂,装入水泥窖内,分层压实,加盖塑料薄膜后覆土密封。

(2)塑料袋微贮法

切短揉碎的微贮原料调制到适宜的含水量,按比例喷洒微贮剂混合均匀后,采用机械压缩成捆后,装入塑料袋中密封贮存或直接装入塑料袋中压实密封贮存。

(3)拉伸膜裹包微贮法

切短揉碎的微贮原料调制到适宜的含水量,按比例喷洒微贮剂混合均匀后,采用打捆机进行高密度压实打捆,通过裹包机用拉伸膜裹包密封保存。

7. 制作步骤

(1)菌种活化

①根据产品说明书,确定所用微贮饲料添加剂是否需要活化。

②活化方法:按每次微贮时的饲料量,计算出所需的有效活菌数,确定需要微贮添加剂的用量;将称量好的微贮添加剂放入水桶等容器中,倒入 10～20 倍的水中充分搅拌,在常温下放

置 1～2 h,活化菌种形成菌液。

③在活化菌种的水中加适量白糖,可以提高菌种的活化率。

④用于活化的容器,必须刷洗干净。活化好的菌液应在当天用完。

(2)稀释

活化后的菌剂,根据产品说明书稀释好待用。不需要活化的菌剂可以用 5～10 倍的麦麸、玉米粉等含糖量较高的物质作为辅料稀释。

(3)微贮原料的揉切

微贮原料入窖前应揉细切短,揉切长度一般以 3～5 cm 为宜。比较粗硬的玉米、高粱秸秆应经过碾压揉碎,形成细丝。

(4)水分调节

微贮原料含水量应调制到 60%～70%,质地粗硬的原料水分应稍高,质地细软的原料,水分应稍低。微贮稻草、玉米秸秆的加水量见表 9-1。

表 9-1　微贮麦秸、稻草和玉米秸的加水量

原料名称	含水率/%	微贮原料量/kg	需要水量/kg
稻草、麦秸	8～10	1 000	1 250
黄干玉米秸秆	20～30	1 000	750～1 000
玉米秸秆(收获粮食后)	40～50	1 000	250～500

在喷洒菌液前,要检查原料的含水量是否合适。现场判断水分的方法是:抓取切短的原料,用双手挤压后慢慢松开,指缝见水不滴、手掌沾满水为含水量适宜;指缝不见水滴,手掌有干的部位则含水量偏低;指缝成串滴水则含水量偏高。

(5)含糖量调节

一般微贮原料可溶性糖含量应不低于 1.5%。在微贮稻草、麦秸等糖分含量低的原料时,可加入 1% 的麦麸或玉米粉作为辅料进行调节。

(6)菌剂的混合

将溶解好的菌剂在原料揉切粉碎过程中均匀喷洒,或在物料装填过程中每装填 20～30 cm 厚,均匀喷洒一次;不需要活化的菌剂和辅料,也按此法均匀抛洒,直到压实后原料高于窖口 50 cm 以上进行封口。

(7)装填与密封

将调制好的物料装入水泥窖、塑料袋中,严格密封,或者裹包密封。

8. 取用方法

(1)微贮发酵的时间一般不少于 3 周,冬季适当延长。

(2)开窖取料应随取随喂,取后及时盖好塑料薄膜,防止料面暴露导致二次发酵。

9. 品质鉴定

(1)微贮饲料感官评定

微贮饲料饲喂前要进行品质鉴定,微贮饲料的感官评定及 pH 见表 9-2。

表 9-2 微贮饲料感官评定标准

项目	优等	中等	劣等
色泽	接近微贮原料本色,呈金黄色	黄绿色、黄褐色	黑绿色或褐色
气味	醇香或果香味,并具有弱酸味,气味柔和	酸味较强,略刺鼻、稍有酒味和香味	酸味刺鼻,或带有腐臭味、发霉味
质地	松散、柔软湿润,无黏滑感	虽然松散,但质地粗硬、干燥	结块、发黏
pH	<4.2	4.3~5.5	>5.5

（2）卫生标准

应符合 GB 10378—2001 和其他有关卫生标准规定。

10. 饲喂方法

（1）饲喂微贮饲料应由少到多,逐渐加量,习惯后再定量饲喂。

（2）微贮饲料应与其他草料搭配,可作为家畜的主要粗饲料。

（3）微贮饲料每天饲喂量一般为:成年母牛、育成牛、育肥牛 15～20 kg,羊 1～3 kg。

（4）保持微贮料和饲槽的清洁卫生,每次采食剩下的微贮料要清理干净,防止污染,否则会影响家畜的食欲或导致疾病。

第三节 青绿饲料

青绿饲料主要指天然水分含量等于或高于 60％的青绿多汁饲料,包括天然牧草、人工栽培牧草、青饲作物、叶菜类、非淀粉质根茎瓜类、水生植物及树叶类等。青绿饲料种类多、产量高、营养丰富,对促进动物生长发育、提高畜产品品质具有重要作用。

一、常见的青绿饲料

1. 天然牧草

天然牧草是指天然草地上生长的牧草,主要包括禾本科、豆科、菊科和莎草科四大类,草地牧草的利用方式主要是放牧、供晒制干草、青贮。

2. 栽培牧草

栽培牧草是指人工播种栽培的各种牧草,主要包括豆科和禾本科牧草两大类,具有种类多、产量高、营养好的特点。

（1）豆科牧草

豆科牧草主要包括紫花苜蓿、三叶草、草木樨等。①紫花苜蓿具有产量高、品质好、适应性强的特点,被誉为"牧草之王";②三叶草的草质柔软,适口性好,分为白三叶和红三叶,白三叶的营养价值较高;③草木樨具有较高的营养价值,可青饲、调制干草、放牧或青贮。因含有香豆素,具有不良气味,适口性较差,饲喂时应由少到多。

（2）禾本科牧草

禾本科牧草主要包括黑麦草、无芒雀麦、羊草、高丹草、鸭茅等。①黑麦草生长较快,产量高,茎叶柔嫩光滑,适口性好,以开花前期的营养价值最高,一年可多次收割,可青饲、放牧或调制干草;②无芒雀麦具有适应性强、适口性好、叶多茎少、营养价值高的特点;③羊草的叶量丰富,营养价值较高,多年生牧草,可放牧、调制干草;④高丹草具有产量高、抗病抗旱性好、适口性好、营养价值高的特点,可用于调制干草、青贮、放牧;⑤鸭茅的草质柔嫩,叶量多,营养丰富,适口性好,适宜于青饲、放牧、青贮、调制干草等。

二、青绿饲料的营养特性

青绿饲料幼嫩、柔软、多汁、适口性好,含有多种酶、激素和有机酸,易于消化,是一种营养较平衡的饲料。反刍动物对青绿饲料中有机物质的消化率为 $75\% \sim 85\%$。

(1)品质优良、蛋白质含量丰富

青绿饲料的品质优良,含有丰富的赖氨酸、色氨酸,禾本科牧草粗蛋白的含量为 $1.5\% \sim 3.0\%$,豆科牧草粗蛋白的含量为 $3.2\% \sim 4.4\%$。

(2)水分含量高

陆生牧草的水分含量为 $60\% \sim 90\%$,水生牧草的水分含量为 $90\% \sim 95\%$。

(3)粗纤维含量较低

牧草中粗纤维和木质素的含量随着生长期的延长而增加。一般幼嫩的青绿饲料含有较高的无氮浸出物、较低的粗纤维和木质素。

(4)钙、磷比例适宜

青绿饲料中钙的含量为 $0.25\% \sim 0.5\%$,磷的含量为 $0.20\% \sim 0.35\%$,钙、磷比例适宜,且含有丰富的铁、锰、锌、铜等微量元素。

(5)维生素含量丰富

青绿饲料含有丰富的胡萝卜素、B 族维生素、维生素 E、维生素 C 和维生素 K 等。

三、影响青绿饲料(牧草)营养价值的因素

(1)牧草部位与生长阶段

一般牧草叶片中的粗蛋白质含量较高,粗纤维含量较低;茎秆中粗蛋白质含量较低,粗纤维含量较高。牧草的营养价值随生长阶段而发生变化,幼嫩时期的营养价值较高,含有较高的水分、粗蛋白,较低的粗纤维;随着生长期的延长,水分、粗蛋白质的含量逐渐降低,粗纤维的含量逐渐上升,营养价值、适口性和消化率都逐渐降低。

(2)气候因素

一般而言,多雨地区(季节)所产牧草中钙的含量较低,干旱地区(季节)所产牧草中钙的含量较高,寒冷地区所产牧草中粗纤维含量较高、粗蛋白质和粗脂肪的含量较低。

(3)土壤肥力

肥沃和结构良好的土壤上收获的青绿饲料的营养价值较高,反之较低;施肥可显著影响青绿饲料中营养物质的含量。

(4)管理因素

放牧不足,牧草粗老,营养价值降低;过度放牧,牧草被频繁采食,不能恢复生长,牧地总营养价值降低。

第四节　青　贮　饲　料

将新鲜的青绿饲料切短装入密封容器里,经微生物发酵后制成能够长期保存、营养丰富、有特殊芳香气味的多汁饲料,称为青贮饲料。

一、青贮饲料的特点及利用

1. 青贮饲料的特点

青贮饲料调制方法简单、方便、易于掌握,调制良好的青贮料可贮藏多年,能够较好地保存青绿饲料的营养特性。青贮饲料经过乳酸菌发酵后,产生大量乳酸和芳香族化合物,具有酸香味、柔软多汁、适口性好、消化性强等特点,是反刍动物优良的饲料。1 m³ 青贮料为 450～700 kg,约含干物质 150 kg;1 m³ 干草约为 70 kg,约含干物质 60 kg。

2. 青贮饲料的取料技术

采用糖分含量较高的玉米秸秆制作的青贮,约需 1 个月可发酵成熟。打开青贮窖取料时,应感官鉴定青贮料的色泽、气味、质地等指标,品质优良的青贮料应非常接近于原先的颜色,具有轻微的酸味和水果香味,拿起时松散柔软,略湿润,不粘手,茎叶花保持原状,容易分离。若发现表层呈黑褐色或有腐败臭味时,应把表层弃掉,由上到下逐层利用,保持表面平整。因青贮料只有在厌氧条件下,才能保持良好品质,取料后应用塑料膜覆盖,尽量减少与空气的接触面,每次取料量应用完。

3. 青贮饲料的饲喂技术

青贮饲料的喂量应由少到多,逐渐增加,可将青贮料与精料、干草等饲料一起混匀后饲喂。劣质的青贮饲料有害畜体健康,易造成流产,严禁饲喂。

二、青贮饲料的品质鉴定

青贮饲料品质的优劣受青贮原料种类、刈割时期、青贮技术等因素的影响,科学的品质鉴定,可判断青贮料营养价值的高低,避免造成畜群患病。

1. 感官评定

(1)色泽

一般来说,优质的青贮饲料应非常接近于青贮原料的颜色,品质优良的青贮饲料颜色应为黄绿色或青绿色,中等的为黄褐色或暗绿色,劣等的为褐色或黑色。

(2)气味

一般来说,品质优良的青贮料具有轻微的酸味和水果香味,有刺鼻的酸味为中等,有臭味者为劣等。

(3)质地

一般来说,优良的青贮饲料,拿起时柔软松散、不粘手、易分离、茎叶花保持原状;中等的青贮饲料柔软、略粘手、大部分茎叶保持原状;劣等的青贮饲料腐烂发黏、结成团状、分不清茎叶的原有结构。

2. 化学分析鉴定

用化学分析测定青贮饲料的 pH、氨态氮和有机酸等指标,以此判断青贮饲料的品质。

（1）pH

pH 是衡量青贮饲料品质优劣的重要指标,品质优良的青贮饲料 pH 应低于 4.2、品质中等的青贮饲料 pH 为 4.2～5.5、劣质的青贮饲料 pH 为 5.5～6.0。

（2）氨态氮

氨态氮与总氮的比值是衡量青贮饲料中蛋白质及氨基酸分解的程度,比值越大,蛋白质分解越多,青贮质量越低。

（3）有机酸含量

青贮饲料中乳酸、乙酸和丁酸等有机酸的构成及含量可有效反映青贮饲料发酵过程的优劣。品质优良的青贮饲料含有较多的乳酸和少量醋酸,不含酪酸,品质低劣的青贮饲料含有较多的酪酸、较少的乳酸。

三、青贮饲料的制作

1. 青贮设备

制作青贮饲料的场址应选择土质坚硬、地势高燥、地下水位低、靠近畜舍、远离水源和粪污的场所。常用青贮设备有青贮窖、圆筒塑料袋等。

2. 步骤与方法

制作青贮应按照科学的方法,严格制作。①适期收割,可以获得较高的营养物质产量、适宜的水分和可溶性碳水化合物含量的青贮原料,利于乳酸发酵,品质优良的青贮原料易于制成优质青贮饲料；②切短或揉丝,可采用青贮切碎机将原料切成长度为 2～4 cm,或采用秸秆揉丝机将原料加工；③装填压紧,打扫干净青贮窖,逐层装填青贮料,每层装 15～20 cm 厚,踩实后继续装填,特别注意青贮窖的角和靠壁的地方,青贮窖装满后应高出窖口 80 cm 左右；④密封青贮窖,密封后的青贮窖应可防止漏水、漏气。

3. 添加尿素青贮

青贮原料中添加尿素,通过青贮微生物的作用,形成菌体蛋白,提高青贮饲料中的蛋白含量。尿素的添加量约为青贮原料重量的 0.5%,可增加每千克青贮饲料可消化蛋白 8～11 g。

4. 添加乳酸菌青贮

青贮原料中添加乳酸菌发酵剂或含乳酸菌的混合发酵剂青贮,可促进青贮原料中乳酸菌的繁殖,抑制其他有害微生物的作用。一般来说,每 1 000 kg 青贮原料中加乳酸菌培养物 0.5 L 或乳酸菌制剂 450 g。

5. 湿谷物的青贮

玉米、高粱、大麦、燕麦等谷物收获后压扁或轧碎,带湿贮存在密封的青贮窖内,发酵后产生有机酸（为 0.2%～0.9%,乳酸和醋酸）,可抑制霉菌和细菌的繁殖,长期保存谷物。

四、青贮损失

1. 田间损失

刈割当天青贮,养分损失极少;萎蔫期超过 24 h,干物质损失为 1%～2%;萎蔫期超过 48 h,养分的损失较大,主要取决于当地的气候条件,损失养分主要是水溶性碳水化合物和易被水解为氨基酸的蛋白质。

2. 养分的氧化损失

氧化损失是指在有氧条件下,基质在植物和微生物的酶的作用下生成 CO_2 和水。青贮窖边角和上层的青贮料会形成堆肥样干物质,形成过程中约损失 75% 以上的干物质。

3. 发酵损失

青贮过程中发生了很多化学变化,干物质的损失一般不超过 5%。

4. 流出液损失

青贮窖一般可自由排水,含水量 85% 的牧草,青贮流出物的干物质损失约为 10%,若含水量为 70% 时,产生的流出液损失很少。

五、青贮饲料生产技术规程

1. 范围

本标准规定了青贮饲料生产中青贮设施、青贮原料、制作步骤、取料、品质检验、饲喂方法及注意事项。

本标准适用于贵州规模养殖场青贮饲料的制作。

2. 规范性引用文件

下列文件对于本文件的应用是必不可少的。凡所注日期的版本适用于本文件。凡是不注日期的引用文件,其最新版本(包括所有的修改单)适用于本文件。

GB 13078—2001 饲料卫生标准。

3. 术语和定义

(1)青贮饲料

把新鲜的青绿饲料填入密闭的青贮窖(袋),经过微生物的发酵,调制成一种多汁、易贮存、可供家畜全年饲喂的优质饲料。

(2)全株玉米

刈割达到乳熟期的全株玉米用来做青贮饲料。

(3)青贮饲料添加剂

为提高青贮饲料的营养成分和青贮的成功率,青贮原料中加入适量的乳酸菌、有机酸(甲酸、丙酸混合液)、葡萄糖、尿素、纤维素酶等添加剂。

4. 青贮设施

主要有青贮窖、青贮袋等。

(1)青贮窖

①按照形状分为长方形和圆形。窖的大小数量可根据青贮的数量而定。

②青贮窖建设地点选择地势高、排水良好、周围无污染的地方,设计规范合理、坚固耐用、密封不透气、不漏水的功能,且取用方便、易于管理、经济适用。

(2)青贮袋

选择结实、无毒、不透气的塑料袋,装填青贮饲料,抽真空封口并扎结实。袋装青贮操作简单、取用方便,适合规模较小的养殖户(场)。

5. 青贮原料

(1)常用的青贮原料

常用的青贮原料包括全株玉米、玉米秸秆、牧草、禾谷类作物等。

(2)原料品质

要求干净,无泥沙、无根土及其他杂质。

(3)青贮原料的收割期

常用青贮原料的适宜收割期,见表9-3。

表 9-3　常用青贮原料的适宜收割期

原料种类	收割时期
玉米秸秆	摘穗后立即收割
全株玉米	乳熟后期至蜡熟期
豆科牧草	初花期
禾本科牧草、禾谷类作物	孕穗至抽穗期

(4)原料的适宜含水率及调节

青贮原料适宜的含水率为 60%～75%。

①原料含水率的判断。用手紧握切碎的原料,然后自然松开。若原料立即散开,其含水率在 60% 以下;若原料慢慢散开,手无湿印,其含水率在 60%～67%;若原料仍保持球状,手有湿印,其含水率在 68%～75%;若原料仍保持球状,手指缝有汁液渗出并成滴,其含水率在 75% 以上。

②混合青贮。豆科类牧草与禾本科类饲草混合青贮,豆科牧草比例以不超过 30%,含水率应控制在 55%～65%。

③苜蓿青贮。苜蓿单独青贮含水率应控制在 45%～55%。苜蓿含水率较大时,晾晒至叶片发蔫不卷为宜。

(5)添加剂种类及用量

按需要选择性添加使用,在装填过程中均匀喷洒在原料中。

①乳酸菌制剂。选择青贮专用乳酸菌制剂、饲料酶,用法用量按说明。

②尿素。多用于玉米秸秆青贮,按原料重量的 0.4%～0.5% 添加。

③有机酸。按原料重量的 0.2%～0.4% 添加。

④苜蓿青贮使用的添加剂。苜蓿单独青贮,应添加乳酸菌制剂、有机酸或葡萄糖,葡萄糖按原料重量的 1.0%～1.5% 添加。

6. 制作步骤

(1)准备工作

①青贮窖准备。对青贮窖进行检查修复、清理干净,重点是排水系统。

②青贮设备。青贮玉米收割机、牧草收割机、青贮铡草机、运草车辆、压实工具或机械。

（2）原料的装填要点

①青贮原料应当天收运、切碎、装填，尽量避免淋雨。

②人工踩压，每装 20～30 cm 厚反复踩实，应注意边和角的踩实；机械压实，每装 40～60 cm 厚反复压实，压不到的地方应人工踩实。

③原料装填要高出窖面，高出窖面的部分呈拱形，中间高四边低。

（3）密封

原料装填完后，立即用塑料膜覆盖，再覆压 40～60 cm 湿土，压土时，由中间向四边压实封严，再用沙袋、旧轮胎等重物压实，窖口周围覆压 50 cm 以上厚的湿土。

（4）青贮后的管理

经常检查青贮窖的密封性，顶部是否有裂缝、塌陷等，及时修补，排出顶部积水，防止透气渗水。

7. 取料

（1）开启时间

青贮饲料封窖后，经 40～60 d 后可开启使用。

（2）取料方法

从青贮窖的一端打开，清除窖口覆盖物，清除表层霉坏的部分，每次取料后需覆盖窖面或取料的剖面。

（3）取量

取量以当日喂完为准，随取随用。

8. 品质检验

（1）青贮饲料的感官评定及 pH

青贮饲料的感官评定及 pH 具体见表 9-4。

表 9-4　青贮饲料感官评定标准

项目	优等	中等	劣等
颜色	青绿或黄绿色	黄褐或暗褐色	褐色、黑色或墨绿色
气味	芳香酒酸味、面包香味	较强的酸味，芳香味弱	霉烂味或腐败味
质地	湿润，松散柔软，茎叶结构保持良好	柔软，茎叶结构保持较差	干燥松散或结成块，发黏，腐烂，茎叶结构保持极差
pH	<4.0	4.0～5.0	>5.0

（2）卫生标准

应符合 GB 10378—2001 和其他有关卫生标准规定。

9. 饲喂方法

（1）饲喂量

青贮饲料的用量应根据家畜的种类、年龄、生产水平、青贮饲料品质等而定。品质检验为中等的青贮饲料应减少喂量。成年牛、羊日参考喂量见表 9-5。

表 9-5　成年牛羊青贮饲料日饲喂量　　　　　　　　　　　%

项目	肉牛	奶牛	肉羊
苜蓿青贮饲料	4～8	10～15	1～1.5
一般青贮饲料	5～10	15～25	1～2

（2）注意事项

①用青贮饲料饲喂时应与其他饲草搭配混合饲喂。

②饲喂时应循序渐进,逐渐增加饲喂量;停喂时也应逐步减量。

③冰冻的青贮料应解冻后再饲喂。不应饲喂劣等青贮饲料。

六、不同加工方法对玉米青贮品质影响的研究

随着人们生活水平的不断提高,人们对畜产品的要求已从以前的单一数量型转向目前的数量质量并重型,尤其是对牛奶的质量和数量的要求更为突出,牛奶产量与品质的好坏与饲料品质有着决定性的关系,在奶牛饲料中,青贮饲料是奶牛冬、春季节重要的基础饲料,而青贮料又以玉米青贮作为较好的原料,随着畜牧业的发展,青贮玉米作为畜禽饲料来源越来越受到重视,青贮玉米饲料经济效益显著,可提高农民收入,利用不同物理加工方法对全株玉米进行前处理青贮,选择较优的青贮加工机械,为获取更为优质的青贮饲料提供理论依据。

1. 材料和方法

（1）试验材料

试验玉米品种:本地玉米(贵州黄马牙)。

原料来源:息烽县青山乡奶牛养殖小区奶牛养殖户。

收获时期:乳熟后期蜡熟前期。

加工机械:辽宁省凤城宏宇器具厂生产的 93ZP-0.8 型切草机和秸秆揉丝机。

青贮器具:青贮窖。

（2）试验设计

试验分组:试验设两个组,即常规切碎组(切碎为 3 cm 左右,以下简称切碎组)和揉丝组,分别利用辽宁省凤城宏宇器具厂生产的 93ZP-0.8 型切草机和揉丝机对全株玉米进行加工青贮。

试验典型样本的制备:在青贮前全株玉米加工现场按玉米植株大小比例抽取,揉丝组和切碎组各 20 株(剔除最大和最小植株),分别进行切碎和揉丝,均匀混合后,按四分法进行缩小样本,再分别取 2 kg 左右分成四等分,最后分别进行鲜样分析和放入青贮窖中青贮。

（3）青贮料的调制

将典型样本混匀后分别放入已装有部分青贮原料的青贮窖中,进行人工压实。装满青贮窖后用厚塑料纸进行覆盖,然后在塑料纸上加一定量(约 20 cm 厚)的泥土进行压实。青贮 75 d 后开封取出典型样本,待测。

（4）青贮料评定方法

青贮料的感观评定:开封后,参考国标进行青贮饲料感官评定。

化学评定:按照国内青贮评定标准进行评定。

（5）指标的分析测定

pH 的测定：取青贮鲜样 20 g，加入 100 mL 间蒸馏水，搅拌均匀，4℃冰箱静置 24 h。采用雷磁牌 PHS-3C 型计直接测定浸提液 pH。

可溶性碳水化合物（WSC）的测定：WSC 的测定青贮饲料样品经蒸馏水在 50℃水浴中浸提 30 min，浸提液 80℃水浴经 6 mol/L 盐酸水解后，WSC 生成还原性的糖，通过比色测还原性糖，来确定样品中总水溶性碳水化合物的含量。

水分的测定（GB 6435—86）：利用常规鼓风烘箱进行测定，在 105℃烘干至恒重（水分＝鲜样重－干物质重）。

粗蛋白（CP）的测定：半微量凯氏定氮法（GB 6432—86）。

有机酸含量的测定：取打碎样品称适量准确加入 0.01 mol/L 盐酸 25 mL 超声 20 min 离心过滤即得，高效液相色谱仪，岛津 LC－20AT（SPD）。

采用范氏（Van Soest）测定中性洗涤纤维（NDF）、酸性洗涤纤维（ADF）、酸性洗涤木质素（ADL）含量。

脂肪含量的测定：乙醚浸出方法，按 GB 6433 进行测定。

粗灰分（CA）的测定：采用 GB 6439—92 进行测定。

（6）数据处理

采用 Excel 数据处理系统进行处理分析。

2. 结果与处理

（1）不同物理加工方法青贮玉米原料化学成分含量

不同物理加工方法青贮玉米原料化学成分含量见表 9-6。

表 9-6 不同物理加工方法青贮玉米原料化学成分含量 %

项　目	揉丝组	切碎组
水分	66.31±0.61	72.91±0.04
粗蛋白（CP）	3.11±0.05	2.39±0.36
粗脂肪（EE）	0.91±0.01	0.65±0.18
粗灰分（CA）	1.35±0.04	1.19±0.19
中性洗涤纤维（NDF）	16.88±0.11	13.55±0.04
酸性洗涤纤维（ADF）	10.48±0.06	8.37±0.03
酸性洗涤木质素（ADL）	1.38±0.01	1.11±0.01
可溶性碳水化合物（WSC）	9.28±0.14	9.24±0.13

注：表中各指标以鲜样为基础。

如表 9-6 所示，各组青贮原料的水分含量均在 70％左右，较为适宜地利用一般青贮方法进行青贮料的制备。一般青贮法对原料的含水量要求为 68％～75％，水分过低或过高都不利。原料中水分不足，不易压实，藏有空气，引起发霉变质。原料中水分过多，可溶性营养物质容易随渗出的汁液而流失，同时糖分含量相对较低，易导致梭菌发酵。若窖底不渗水，则底部水分过多引起酸度太低，影响青贮料的品质。

青贮料发酵过程与水溶性碳水化合物（WSC）占饲料鲜重的百分率存在相关性，原料中至少要含3％（占鲜样）的WSC，若原料中WSC含量很少，即使其他条件都具备，也不能制得优质青贮料。如表9-6所示，两个试验组中可溶性碳水化合物的含量均大于3％，适宜制作青贮料。同时，原料的粗蛋白含量也较高，这将为获得优质的青贮饲料提供必要的物质。

（2）不同物理加工方法对青贮料感观效果的影响

参照青贮料的感观评定方法对2个处理青贮进行感观评定。各组均无丁酸臭味，呈酸香味，茎叶保持良好，颜色略有变化，仍保持部分原料颜色。揉丝组的色泽基本与原料保持一致，明显优于切碎组。具体评定结果见表9-7。

表9-7　不同物理加工方法青贮料的感观评定结果

项目	感观评定指标得分			总分	等级
	气味	色泽	质地		
揉丝组	14	2	4	20	1
切碎组	12	1	2	15	2

注：各评分均在现场按青贮料感观评定标准进行评定。

如表9-7所示，揉丝组评分明显高于切碎组，揉丝组得满分，为1级（优良级）青贮饲料，而切碎组15分，为2级（尚好级）。

（3）不同物理加工方法对青贮pH的影响

不同物理加工方法青贮饲料pH评定结果见表9-8。

表9-8　不同物理加工方法青贮饲料的pH

组别	pH
揉丝组	3.84±0.01
切碎组	3.92±0.01

注：pH组间差异显著（$P<0.05$）。

pH（酸度）高低是青贮是否成功的重要指标，如表9-8所示，揉丝组青贮料pH低于切碎组，属优等青贮料，而切碎组为良好级，根据pH进行评分，揉丝组明显高于切碎组，二者差异显著（$P<0.05$）。

（4）不同物理加工方法对青贮料有机酸含量的影响

不同物理加工方法青贮料中有机酸的含量见表9-9。

表9-9　不同切碎长度青贮饲料有机酸含量　　　　　　　　　　　　　　　　　　%

组 别	乳酸（LA）	乙酸（AA）	丙酸（PA）	丁酸（BA）	总酸（TA）	乳酸占总酸的比例
揉丝组	2.91	0.60	N	0.037	3.547	82.04
切碎组	2.60	0.48	N	0.027	3.107	83.68

注：表中各酸含量均以青贮料鲜样为基础测得，N表式未检出。

如表9-9所示，两组青贮料中乳酸都占绝对优势，含量均占到总酸量的80％以上，按乳酸含量评定标准，均得满分。可以认为两组青贮料的发酵过程都是以同型发酵为主。而揉丝组中乳酸含量比切碎组高 0.31 个百分点。

(5)不同物理加工方法对青贮料水分含量的影响

不同物理加工方法青贮料水分含量、青贮原料水分含量见表 9-10。

表 9-10　不同物理加工方法青贮料、原料水分含量　　　　　　　　%

组别	原料水分含量	青贮料水分含量
揉丝组	66.31±0.61	68.37±0.28
切碎组	72.91±0.04	75.08±0.05

如表 9-10 所示,两试验组中水分含量均有不同程度增加,但切碎组水分增加比例明显高于揉丝组,切碎组青贮后比原料增加 2.17 个百分点,揉丝组青贮后比原料增加 2.06 个百分点,揉丝组水分增加比切碎组少 0.11 个百分点。差异显著($P<0.05$),这说明在青贮过程中,可能是微生物对原料中营养物质的分解较多而产生水分和挥发性物质。

(6)不同物理加工方法对青贮料可溶性碳水化合物(WSC)含量的影响

不同物理加工方法青贮原料、青贮料可溶性碳水化合物含量测定结果见表 9-11。

表 9-11　不同物理加工方法青贮原料、青贮料可溶性碳水化合物含量　　　%

组别	原料 WSC 含量	青贮料 WSC 含量
揉丝组	9.28±0.14	3.20±0.04
切碎组	9.24±0.13	1.51±0.03

如表 9-11 所示,原料中可溶性碳水化合物基本相近,但青贮后揉丝组明显高于切碎组,高出 1.69 个百分点,二者差异显著($P<0.05$)。这说明在青贮发酵过程中,可能是揉丝组中空气残留相对较少,使乳酸菌迅速利用青贮原料中的可溶性碳水化合物作为发酵底物,有效产生乳酸,使青贮 pH 降到 4.0 以下,从而有效抑制乳酸菌的活动,使可溶性碳水化合物含量保留相对较多。

通过不同物理加工方法对青贮饲料发酵品质评定,即青贮饲料感观评定、pH、有机酸含量、可溶性碳水化合物含量及变化以及初水分含量等指标的综合分析比较,可以初步得出揉丝青贮效果优于切碎青贮。

(7)不同物理加工方法对青贮营养成分的影响

①不同物理加工方法对青贮料的 CP、EE、CA 含量的影响。不同物理加工方法对青贮料的 CP、EE、CA 含量见表 9-12。

表 9-12　不同物理加工方法青贮料 CP、EE、CA 含量　　　　　　　%

项目	揉丝组(原料)	切碎组(原料)	揉丝组(青贮)	切碎组(青贮)
粗脂肪(EE)	0.91±0.01	0.65±0.18	0.80±0.57	0.58±0.23
粗蛋白(CP)	3.11±0.05	2.39±0.36	3.15±0.66	2.13±0.10
粗灰分(CA)	1.20±0.10	1.08±0.21	1.35±0.04	1.19±0.19

注:表中数值以鲜样为基础。

如表 9-12 所示,全株玉米不同物理加工方法青贮料中的粗脂肪含量虽有不同,但组间差异不显著（$P>0.05$）；而蛋白质含量二者差异明显，可能是由于揉丝组空气含量较少，霉菌将 N 转化为挥发性 N 也就较少，而切碎组间隙稍大，空气含量也比揉丝组高，为霉菌对含 N 物的分解提供了可能。

两试验中，粗灰分比原料中均有增加，则说明在青贮过程中，可能是微生物对全株玉米中的有机物质进行降解，产生挥发性物质和水分，而使粗灰分相对含量略有增加。

②不同物理加工方法青贮料的 NDF、ADF、ADL 含量影响。不同物理加工方法青贮料的 NDF、ADF、ADL 含量见表 9-13。

表 9-13　不同物理加工方法青贮料营养成分含量 %

项目	揉丝组（原料）	切碎组（原料）	揉丝组（青贮）	切碎组（青贮）
中性洗涤纤维（NDF）	16.88±0.11	13.55±0.04	15.83±0.03	12.46±0.02
酸性洗涤纤维（ADF）	10.48±0.06	8.37±0.03	10.45±0.11	8.18±0.22
酸性洗涤木质素（ADL）	1.38±0.01	1.11±0.01	1.50±0.02	1.16±0.03

注：表中数值以鲜样为基础。

如表 9-13 所示，全株玉米不同物理加工方法青贮料中的中性洗涤纤维、酸性洗涤纤维、酸性洗涤木质素含量虽然各有不同，但组间差异不显著（$P>0.05$），中性洗涤纤维、酸性洗涤纤维含量略有降低，而酸性洗涤木质素含量略呈上升趋势，则说明在青贮过程中，可能是微生物对 NDF 和 ADF 有一定的降解、但对 ADL 不能降解的原因所致。

3. 结论与讨论

通过感观评定和化学分析玉米青贮前后的营养指标，不论从感观评定还是化学分析对各种营养成分上进行比较，揉丝加工处理的青贮玉米营养成分含量都高于切碎，特别是蛋白质含量和青贮玉米的品质方面。由于揉丝处理后压得更紧，空气含量很少，很快就被植物细胞呼吸和耗氧微生物消耗完了，造成厌氧环境，减少耗氧微生物对原料养分的消耗（主要是减少霉菌对 N 的转化），使青贮饲料揉丝处理的蛋白质含量高于切碎处理。青贮窖内的空气含量较少，有利于提高青贮品质，一是减少耗氧微生物对原料养分的转化和消耗，提高有益微生物对养分的利用。二是乳酸菌的繁殖使 pH 迅速降低有利于青贮饲料的保存。揉丝处理可提高青贮窖内的青贮密度进而提高青贮窖的利用率。所以在玉米青贮中，应尽量使用揉丝来提高青贮饲料的品质。通过对不同物理加工方法的青贮饲料发酵品质评定，即青贮饲料感观评定、pH、有机酸含量、可溶性碳水化合物、CP、EE、CA、NDF、ADF、ADL 含量及变化以及初水分含量等指标的综合分析比较，可以得出揉丝加工处理的青贮效果优于切碎。

第五节　能　量　饲　料

能量饲料是指干物质中粗纤维含量低于 18%、粗蛋白含量低于 20% 的饲料。主要包括谷实类、糠麸类、块根、块茎类、糟渣类、动植物油脂以及乳清粉等。每千克饲料干物质含有 10.46 MJ 以上消化能的饲料。

一、谷实类饲料

1. 玉米

玉米,又名苞谷,禾本科玉米属,一年生草本植物。玉米的亩产量高,有效能量多,是用量最大的能量饲料,被称为"饲料之王"。我国玉米主要分布在东北、华北、西北、西南、华东等地,其栽培面积和产量仅次于水稻和小麦,约占第三位。

玉米中碳水化合物大于 70%,主要是淀粉,粗蛋白质含量为 7%~9%,粗脂肪含量为 3%~4%,主要是甘油三酯,粗灰分较少,钙少磷多,维生素含量较少。

2. 小麦

小麦为禾本科小麦属,一年生或越年生草本植物,我国小麦产量占粮食总产量的 1/4,仅次于水稻而位居第二。按栽培季节,可将小麦分为春小麦和冬小麦。按籽粒硬度,可将小麦分为硬质小麦、软质小麦。

小麦的有效能值高,粗蛋白质含量约为 12% 以上,居谷实类的首位,粗脂肪含量低,矿物质含量高于其他谷实。小麦非淀粉多糖主要是阿拉伯木聚糖,该多糖不能被动物消化酶消化,制约了小麦的消化率,小麦是鱼类能量饲料的首选饲料。

3. 稻谷

稻谷为禾本科稻属一年生草本植物。我国水稻产区主要有湖南、四川、江苏、湖北、广西、安徽、浙江、广东等地区。我国稻谷按粒形可分为籼稻、粳稻和糯稻 3 类,按栽培季节可分为早稻和晚稻。稻谷中粗蛋白质含量为 7%~8%,无氮浸出物为 61%~82%。糙米、碎米、陈米均是牛、羊良好的能量饲料。

4. 大麦

大麦为禾本科大麦属一年生草本植物,可分为有稃大麦(皮大麦)和裸大麦,我国大麦年产量较少。大麦中粗蛋白质含量为 11%~13%,无氮浸出物含量为 67%~68%,因较高粗纤维含量和含较多 β -葡聚糖和阿拉伯木聚糖,饲养价值较低。

5. 高粱

高粱为禾本科高粱属一年生草本植物。高粱按用途可分为粒用高粱、糖用高粱、帚用高粱、饲用高粱;按籽粒颜色可分为褐高粱、白高粱、黄高粱(红高粱)和混合型高粱。除壳高粱籽实的主要成分为淀粉,约为 70%,蛋白质含量为 8%~9%,但品质较差。

6. 燕麦

燕麦为禾本科燕麦属一年生草本植物,我国内蒙古、山西、陕西、甘肃、青海等地栽培较多。燕麦中粗蛋白含量约为 10%、粗纤维含量大于 10%,淀粉含量低于 60%。燕麦的适口性好,饲用价值较高,是牛、羊、马良好的能量饲料,饲用前可磨碎饲喂。

7. 荞麦

荞麦为蓼科荞麦属一年生草本植物,我国华北、东北、西北地区种植荞麦较多。荞麦中粗纤维含量较高,饲用价值较低,另因荞麦中含有光敏物质,长期饲用荞麦会引起动物皮肤瘙痒、疹块甚至溃疡。

8. 谷实类饲料常用的加工方法

（1）粉碎

谷物粉碎后可增大谷料与消化酶的接触面,可提高其消化率和利用率。但若将谷物磨得过细,会降低谷物的适口性,谷物在消化道内易形成小团,不易被消化。

（2）焙炒

禾谷类籽实饲料经过 130~150℃ 短时间焙炒后,部分淀粉转化为糊精,可提高淀粉的利用率。焙炒可消灭有害细菌和虫卵,提高饲料的适口性和卫生性。

（3）微波热处理

谷物经过微波处理后饲喂动物,可显著提高动物生长速度和饲料转化率。

（4）糖化

利用谷实和麦芽中淀粉酶的作用,将饲料中淀粉转化为麦芽糖的过程称为糖化。谷物饲料经糖化可改善饲料的适口性,提高饲料的消化率,但糖化饲料储存时间较短,不宜超过 10~14 h,否则易酸败变质。

9. 谷实类饲料的保存

谷实类饲料是霉菌的良好宿主,影响谷实类饲料霉变的因素包括水分、温度、氧气、昆虫等。通常当饲料仓内空气相对湿度低于 70%、饲料水分含量低于 14%、温度低于 −2.2℃、氧气含量少于 0.5%,可抑制霉菌的生长。

（1）冷藏

饲料冷藏能耗少,成本低,设备简单,易推广使用,无药物污染,尤其是在潮热地区。

（2）降低饲料中水分含量

饲料中霉菌的繁殖需要一定的水分,通常采用干燥饲料和减少饲料与外界环境界面的温差,减少饲料水分含量。

（3）保证饲料颗粒完整

由粗纤维或聚酯组成的籽粒料表皮能有效保护内部的养分,可有效地阻断霉菌营养源。

二、糠麸类饲料

糠麸类饲料是指米糠、小麦麸、谷糠等结构疏松、体积大、容重小、吸水膨胀性强谷实类饲料加工后的副产品,主要由果种皮、外胚乳、糊粉层、胚芽等组成。糠麸类饲料的粗蛋白质、粗纤维、B 族维生素、矿物质含量较高,是有效能较低的一类饲料。

1. 小麦麸

小麦籽实加工成面粉后的副产品,俗称麸皮。通常按麸的形态、成分,可分为大麸皮、小麸皮、次粉和粉头等。小麦麸容积大,具有轻泻性,可通便润肠,是良好的母畜饲粮。

2. 稻糠

稻糠是水稻加工大米后的副产品,包括砻糠、米糠、统糠。砻糠是稻谷的外壳或其粉碎品,米糠是除壳稻(糙米)加工的副产品,统糠是砻糠和米糠的混合物。通常三七统糠含 3 份米糠,7 份砻糠;二八统糠含 2 份米糠,8 份砻糠;米糠所占比例越高,统糠的营养价值就越高。米糠是糙米精制时产生的果皮、种皮、外胚乳和糊粉层等的混合物。果皮和种皮的全部、外胚乳和糊粉层的部分,合称为米糠。

米糠的品质因糙米精制程度而不同,精制的程度越高,米糠的饲用价值愈大。米糠所含脂肪多,钙少磷多,B族维生素和维生素E丰富,植酸含量高,含胰蛋白酶抑制因子;含阿拉伯木聚糖、果胶等非淀粉多糖,易氧化酸败,不能久存。

3. 其他糠麸

常见的其他糠麸包括大麦麸、高粱糠、玉米糠、小米糠等。

三、块根、块茎及其加工副产品

块根、块茎类饲料干物质中主要是无氮浸出物,蛋白质、脂肪、粗纤维、粗灰分等成分含量较少,主要包括甘薯、马铃薯、木薯、甜菜渣、糖蜜等。

1. 甘薯

甘薯原产于南美洲,又名红薯、红苕、地瓜。我国甘薯年产量居第4位,次于水稻、小麦和玉米。新鲜甘薯块是优良的多汁饲料,能促进家畜肥育和泌乳。甘薯藤叶青绿多汁,适口性好,饲用效果较好,但限量饲用,否则易导致家畜拉稀。

2. 马铃薯

马铃薯原产于南美洲,块茎中干物质含量为17%～26%,粗纤维含量少,是一种重要的饲料。龙葵素是马铃薯中含有的一种有毒的糖苷生物碱,成熟的马铃薯中龙葵素含量少,一般不会引起家畜中毒;未成熟的、发芽或腐烂的马铃薯龙葵素含量多,大量投喂易引起家畜中毒。

3. 木薯

木薯原产于巴西亚马孙河流域与墨西哥东南部低洼地区,木薯不仅是杂粮作物,也是良好的饲料作物。木薯干中无氮浸出物含量高,粗蛋白质含量很低,矿物质维生素含量贫乏,含有毒物氢氰酸。

4. 甜菜渣

甜菜渣是指将甜菜洗净并除茎叶后,萃取制得砂糖后剩下的副产品,带甜味,呈淡灰色或灰色,干燥后呈粉状、粒状或丝状。甜菜渣中主要成分是无氮浸出物,粗蛋白量少且品质差,维生素含量贫乏,Ca、Mg、Fe等矿物元素含量较多。甜菜渣中粗纤维含量较高,适于作反刍动物的饲料,适口性好,可直接喂给动物,对母畜有催乳作用。但因甜菜渣含有游离酸,过量饲喂易引起动物腹泻。

5. 糖蜜

糖蜜一般呈黄色或褐色,具有甜味,为制糖工业副产品。根据制糖原料不同,可将糖蜜分为甘蔗糖蜜、甜菜糖蜜、玉米葡萄糖蜜、柑橘糖蜜、木糖蜜、高粱糖蜜等。糖蜜有甜味,可提高饲料的适口性,另外糖蜜富含糖分,可为反刍动物瘤胃微生物提供充足的速效能源,因而提高了微生物的活性。

四、其他能量饲料

1. 油脂

饲料常添加的油脂种类较多,可分为动物油脂、植物油脂、饲料级水解油脂、粉末状油脂。饲料中添加油脂的作用如下:①提高饲料能值,油脂是配制高能量日粮的首选原料。②是供给动物必需脂肪酸的基本原料,是动物必需脂肪酸的重要来源。③可作为动物消化道内的溶剂,促进脂溶性维生素的吸收。还有助于血液脂溶性维生素的运输。④可延长饲料在消化道内的停留时间,提高饲料养分的消化率和吸收率。⑤饲料中添加油脂,能增加饲料风味,减少饲料加工过程中产生的粉尘,降低饲料加工车间中空气的污染程度,同时还可降低饲料加工机械磨损程度,延长机器寿命。

2. 乳清粉

乳清粉是指用牛乳生产工业酪蛋白和酸凝乳干酪的副产物脱水干燥后的产物。乳清粉的营养价值很高,乳糖含量很高(约为 70%),含有较多的蛋白质,丰富且比例合适钙、磷,缺乏脂溶性维生素,但富含水溶性维生素。

第六节 蛋白质饲料

蛋白质饲料是指饲料干物质中粗纤维含量小于 18%、粗蛋白质含量大于或等于 20%的饲料。蛋白质饲料可分为植物性蛋白质饲料、动物性蛋白质饲料、单细胞蛋白质饲料和非蛋白氮饲料。

一、植物性蛋白质饲料

植物性蛋白质饲料具有蛋白质含量高、质量好、粗脂肪含量变化大、粗纤维含量较低、B 族维生素较丰富、维生素 A 和维生素 D 较缺乏,大多数含有抗营养因子的特点。植物性蛋白质饲料包括豆类籽实、饼粕类、其他植物性蛋白质饲料。

1. 豆类籽实

豆类籽实包括大豆、豌豆、蚕豆等。

(1)大豆

大豆按种皮颜色分为黄色大豆、黑色大豆、青色大豆、其他大豆、饲用豆 5 类,其中黄豆最多,其次为黑豆。美国的大豆产量最高,约占全世界总产量的一半以上;中国的大豆总产量约占全世界总产量的 10%,仅次于美国,其次为巴西、阿根廷。

大豆中蛋白质含量为 32%~40%,氨基酸组成良好,不饱和脂肪酸较多。生大豆中含有多种抗营养因子,包括胰蛋白酶抑制因子、血细胞凝集素、抗维生素因子、植酸十二钠、脲酶等加热可被破坏的因子,还包括皂苷、雌情素、胃肠胀气因子等加热无法被破坏的因子。生大豆直接饲喂会造成动物下痢和生长抑制,饲喂价值较低,常用的加工方法包括焙炒、干式挤压法、湿式挤压法、微波处理等方法。

(2)豌豆

豌豆,又名小寒豆、麦豆等。豌豆的适应性强,喜冷凉而湿润的气候,可食用,也可作为饲料。豌豆风干物中粗蛋白质含量 24%,蛋白质中含有丰富的赖氨酸,粗纤维含量约 7%,粗脂肪约 2%。还含有胰蛋白酶抑制因子、外源植物凝集素、致胃肠胀气因子,不宜生喂。

2. 饼粕类

(1)大豆饼粕

大豆饼粕呈黄褐色饼状或小片状(大豆饼),呈浅黄褐色或淡黄色不规则的碎片状(大豆粕);色泽一致,无发酵、霉变、结块、虫蛀及异味、异嗅;水分含量不得超过13.0%;是目前使用最广泛、用量最多的植物性蛋白质原料。

大豆饼粕是指大豆制油后的副产物,采用压榨法制油后的副产物为大豆饼,采用浸出法制油后的副产物为大豆粕,大豆粕和大豆饼相比,具有较低的脂肪含量,而蛋白质含量较高,且质量较稳定。大豆饼粕色泽佳、风味好,加工适当的大豆饼粕仅含微量抗营养因子,不易变质,使用上无用量限制。

(2)菜籽饼粕

菜籽饼粕是油菜籽制油后的副产品,是良好的蛋白质饲料,但因含有毒物质,饲料中的添加量受到一定限制,合理利用菜籽饼粕是解决我国蛋白质饲料资源不足的重要途径。油菜品种可分为甘蓝型、白菜型、芥菜型和其他型油菜四大类,不同品种含油量和有毒物质含量不同。油菜籽的榨油工艺主要为动力螺旋压榨法和预压浸提法。

菜籽饼粕中粗纤维含量为12%~13%,粗蛋白质为34%~38%,精氨酸与赖氨酸的比例适宜,是一种良好的氨基酸平衡饲料。但菜籽饼粕因含有硫葡萄糖苷、芥子碱、植酸、单宁等抗营养因子,且适口性差,饲喂价值明显低于大豆粕,并可引起甲状腺肿大,采食量下降,生产性能下降。

(3)棉籽饼粕

棉籽饼粕是棉籽经脱壳取油后的副产品,感官性状为小片状或饼状,色泽呈新鲜一致的黄褐色;无发酵、霉变、虫蛀及异味、异嗅;水分含量不得超过12.0%。棉籽饼粕中粗纤维的含量主要取决于制油过程中棉籽脱壳程度。棉籽饼粕粗蛋白含量为41%~44%,钙少磷多,含有棉酚、环丙烯脂肪酸、单宁和植酸等抗营养因子。

棉籽饼粕是反刍家畜良好的蛋白质来源,奶牛饲料中添加适量棉籽饼粕可提高乳脂率,肉牛饲料中添加适量棉籽饼粕,可获得较好的育肥效果,但需搭配含胡萝卜素高的优质粗饲料。但因游离棉酚可使雄性动物生殖细胞发生障碍,因此,种用雄性动物应禁止用棉粕,雌性种畜也应尽量少用。

(4)花生饼粕

花生饼粕是花生脱壳后,经机械压榨或溶剂浸提制油后的副产品,花生饼蛋白质含量约44%,花生粕蛋白含量约47%,是畜禽的重要蛋白质饲料来源。花生饼粕中含有少量胰蛋白酶抑制因子,花生饼粕极易感染黄曲霉,产生黄曲霉毒素,引起动物黄曲霉毒素中毒,为避免黄曲霉毒素中毒,幼雏应避免使用。花生饼粕的适口性好,可提高畜禽的食欲。花生饼粕有通便作用,采食过多易导致软便。

(5)芝麻饼粕

芝麻饼粕是芝麻制油后的副产品,是一种很有价值、略带苦味的优质蛋白质饲料。芝麻饼粕蛋白质含量约为40%,氨基酸组成中蛋氨酸、色氨酸含量丰富,维生素A、维生素D、维生素E含量低,核黄素、烟酸含量较高。芝麻饼粕中的抗营养因子主要为植酸和草酸。

(6)向日葵仁饼粕

向日葵仁饼粕是向日葵籽生产食用油后的副产品,感官要求向日葵仁饼为小片状或块状,向日葵仁粕为浅灰色或黄褐色不规则碎块状、碎片状或粗粉状,色泽新鲜一致;无发霉、变质、结块及异味,水分含量不得超过12.0%,适口性好,饲用价值高,是良好的蛋白质饲料原料。

（7）亚麻仁饼粕

亚麻仁饼粕是亚麻籽经脱油后的副产品，因亚麻籽中常混有芸芥籽及菜籽等，又称为胡麻。亚麻仁饼粕中粗蛋白质含量一般为32%～36%，氨基酸组成不平衡，赖氨酸、蛋氨酸含量低，富含色氨酸，精氨酸含量高。

饲料用亚麻仁饼粕为褐色大圆饼，厚片或粗粉状，亚麻仁粕为浅褐色或深黄色不规则碎块状或粗粉状，具有香味，无发霉、变质、结块及异味，水分含量不超过12.0%。亚麻仁饼粕是反刍动物良好的蛋白质来源，适口性好，可提高肉牛肥育效果，提高奶牛产奶量，饲喂亚麻籽饼粕可使反刍动物被毛光泽改善。犊牛、羔羊、成年牛羊及种用牛羊均可使用。

（8）棕榈仁饼

棕榈仁饼为棕榈果实提油后的副产品。粗蛋白质含量低，仅14%～19%，属于粗饲料。赖氨酸、蛋氨酸及色氨酸均缺乏，脂肪酸属于饱和脂肪酸。肉鸡和仔猪不宜使用，生长育肥猪可用到15%以下，奶牛使用可提高奶酪质量，但大量使用会影响适口性。

（9）椰子粕

椰子粕是将椰子胚乳部分干燥为椰子干，再提油后所得的副产品。为淡褐色或褐色，纤维含量高而有效能值低，所含脂肪属饱和脂肪酸，B族维生素含量高。椰子粕易滋生霉菌而产生毒素。为反刍动物的良好蛋白质来源，精料中用量不宜超过20%，否则易引起便秘。

（10）苏子饼

苏子饼为苏子种子榨油后的产品，粗蛋白质含量为35%～38%，赖氨酸含量高，粗纤维含量高，含单宁和植酸等抗营养因子。

3. 其他植物性蛋白质饲料

（1）玉米蛋白粉

玉米蛋白粉是玉米除去淀粉、胚芽、外皮后剩下的产品，是玉米淀粉厂的主要副产物。玉米蛋白粉中粗蛋白质含量为35%～60%，粗纤维含量低，矿物质含量少，铁含量较多，钙、磷含量较低。玉米蛋白粉的适口性较好，易消化吸收，可用作肉牛部分蛋白质饲料原料，但因其比重大，可配合比重小的饲料原料使用，精料补充料中的添加量以30%为宜，过高影响生产性能。

（2）豆腐渣

豆腐渣是黄豆浸渍成豆乳后，过滤所得的残渣，为豆腐、豆奶工厂的副产品。豆腐渣中粗蛋白、粗纤维和粗脂肪含量较高，维生素含量低，含有抗胰蛋白酶因子等抗营养因子。鲜豆腐渣是牛、猪、兔的良好多汁饲料，鲜豆腐渣经干燥、粉碎可作为饲料原料，但加工成本较高，宜鲜喂。

二、动物性蛋白质饲料

动物性蛋白质饲料类是指水产、畜禽加工、乳品业等加工副产品，该类饲料的蛋白质含量较高，为40%～85%，氨基酸组成较平衡，含有促进动物生长的动物性蛋白因子，碳水化合物含量低，不含粗纤维。粗灰分含量高，钙、磷含量丰富，比例适宜，维生素含量丰富。

1. 水产加工副产物

（1）鱼粉

鱼粉是采用一种或多种鱼类为原料，经去油、脱水、粉碎加工后的高蛋白质饲料。鱼粉生产国主要有秘鲁、智利、日本、丹麦、美国、挪威等,其中秘鲁与智利的出口量约占总贸易量的70%。

根据来源,可将鱼粉分为国产鱼粉和进口鱼粉;按性质、色泽可将鱼粉分为普通鱼粉、白鱼粉、褐鱼粉、混合鱼粉、鲸鱼粉和鱼粕;按部位、组成可将鱼粉分为全鱼粉、强化鱼粉、粗鱼粉、调整鱼粉、混合鱼粉、鱼精粉。

鱼粉的蛋白质含量高,脱脂全鱼粉的粗蛋白质含量可达60%以上,氨基酸组成齐全且平衡,钙、磷含量高,比例适宜,富含维生素。鱼粉应贮藏在干燥、低温、通风、避光的地方,防止发生变质,配方计算时应考虑鱼粉的含盐量,以防食盐中毒。

(2)虾粉、虾壳粉、蟹粉

虾粉、虾壳粉是指利用新鲜小虾、虾头、虾壳,经干燥、粉碎后生产的色泽新鲜、无腐败异臭的粉末状产品。蟹粉是利用蟹壳、蟹内脏、蟹肉加工生产的产品。

2. 畜禽副产物饲料

屠宰厂、肉联厂处理屠体后得到的人类无法食用的副产物,经灭菌加工处理后的一种饲料产品,称为家畜副产物饲料。

(1)肉骨粉

肉骨粉是指动物屠宰后的下脚料和肉品加工厂的残余碎肉、内脏、杂骨为原料,经高温消毒、干燥粉碎制成的粉状饲料。肉粉是以纯肉屑、碎肉制成的饲料,骨粉是以动物的骨经脱脂脱胶后制成的饲料。肉骨粉的原料易感染沙门氏菌,加工处理过程中,应进行严格的消毒。由于疯牛病的原因,许多国家禁止用反刍动物副产物制成的肉粉去饲喂反刍动物。

(2)血粉

血粉是指以畜、禽血液为原料,经脱水加工而成的粉状动物性蛋白质补充饲料。畜禽血液一般占活体重的4%～9%,血液中的固形物约为20%。利用全血生产血粉的方法主要有喷雾干燥法、蒸煮法和晾晒法。血粉的适口性差、氨基酸组成不平衡,呈黏性,过量添加易引起腹泻,饲粮中血粉的添加量不宜过高,使用血粉应注意新鲜度,防止微生物污染。

(3)羽毛粉

饲用羽毛粉是将家禽羽毛经过蒸煮、酶水解、粉碎或膨化成粉状动物性蛋白质补充饲料。羽毛粉中含粗蛋白质为80%～85%,含硫氨基酸中的胱氨酸的含量为2.93%。水解羽毛粉的过瘤胃蛋白含量约为70%,是反刍动物良好的"过瘤胃"蛋白源。

3. 其他动物性蛋白饲料

(1)蚕蛹粉

蚕蛹是蚕丝工业副产物,分为桑蚕蛹和柞蚕蛹,鲜蚕蛹含脂高,不宜保存,经压榨或浸提去油后,再经干燥、粉碎制得饲用蚕蛹粉。蚕蛹粉中粗蛋白质含量可达60%以上,必需氨基酸组成好,富含赖氨酸,是一种高能量、高蛋白质饲料,但有异味,影响适口性。

(2)脱脂奶粉

脱脂奶粉是牛乳经脱脂加工干燥后提炼而成,水分含量小于8%,粗蛋白含量为33%～35%。无氮浸出物含量为50%,大部分由乳糖组成,含有丰富的B族维生素和矿物质。

(3)酪蛋白粉

酪蛋白粉是指在脱脂乳中加入酸或凝乳酶,使酪蛋白凝固,然后再经分离、干燥、粉碎所得的一种乳副产品。酪蛋白粉的粗蛋白含量可达 70% 以上,氨基酸组成平衡。酪蛋白粉广泛地用于鲤鱼和虹鳟鱼饲料中,效果良好。

（4）昆虫粉

昆虫粉是指可作为饲料的蚯蚓、蝇蛆、黄粉虫等昆虫,经人工养殖、杀灭、干燥、粉碎等加工过程生产的一种蛋白质饲料。该类饲料的缺点是缺乏钙、磷。

三、单细胞蛋白质饲料

单细胞蛋白质是指单细胞或具有简单构造的多细胞生物的菌体蛋白的统称,该类饲料生产周期短,粗蛋白质含量达 50% 以上,富含多种酶系和 B 族维生素。

四、非蛋白氮饲料

非蛋白氮饲料是指凡含氮的非蛋白可饲物质,包括饲料用的尿素、双缩脲、氨、铵盐及其他合成的简单含氮化合物。

尿素为白色、无臭、结晶状。味微咸苦,易溶于水,吸湿性强。纯尿素含氮量为 46%,商品尿素的含氮量约为 45%。每千克尿素相当于 7 kg 豆饼的粗蛋白质含量。适量的尿素可取代牛、羊饲粮中的蛋白质饲料,可降低生产成本。尿素本身并不具有毒性,但用量过多可引起氨中毒。氨中毒主要表现为气喘,走路不稳,运动失调,流涎和产生瘤胃气,甚至导致死亡。氨中毒可通过加酸而得到缓解。尿素不宜单一饲喂,应与其他精料合理搭配。但豆粕、大豆、南瓜等饲料含有大量脲酶,不可与尿素一起饲喂,以免引起中毒。

第七节　矿物质饲料

矿物质饲料是用来补充动物矿物质需要,由人工合成或天然的一种或多种混合的矿物质饲料,包括钙源性饲料、磷源性饲料、食盐以及含硫饲料和含镁饲料等。

一、天然矿物质饲料

1. 沸石

天然沸石是含碱金属和碱土金属的含水铝硅酸盐类,有 40 余种,其中斜发沸石和丝光沸石的使用价值较高。天然沸石可选择性吸附消化道内 NH_3、CO_2、细菌毒素等有毒有害物质,对机体有良好的保健作用。畜牧生产中,沸石常用作微量元素添加剂的载体和稀释剂、改良池塘水质的净化剂、饲料防结块剂等。

2. 麦饭石

麦饭石是一种经过蚀变、风化、半风化形成的具有斑状、似斑状结构的中酸性岩浆岩矿物质。麦饭石的化学成分主要是二氧化硅、三氧化二铝,二者约占麦饭石的 80%。麦饭石具有多孔性海绵状结构,有强的选择吸附性,可减少动物体内病原菌和重金属对动物机体的侵害。

畜牧生产中,麦饭石可用作饲料添加剂来降低饲料成本,也可用作微量元素及其他添加剂的载体和稀释剂,改良池塘水质的净化剂,提高鱼虾的成活率和生长速度。

3. 稀土元素

稀土元素是 15 种镧系元素和 17 种与镧系元素化学性质相似的元素的总称。稀土饲料添加剂分为无机稀土、有机稀土 2 种，其中无机稀土有硝酸稀土、碳酸稀土、氯化稀土等，有机稀土有氨基酸稀土螯合剂、柠檬酸稀土添加剂、维生素 C 稀土等。

4. 膨润土

膨润土俗称白黏土，是蒙脱石类黏土岩组成的一种含水的层状结构铝硅酸盐矿物，含有动物生长发育所必需的多种常量元素和微量元素。膨润土的主要化学成分为 SiO_2、Al_2O_3、H_2O。膨润土具有良好的吸水性、膨胀性功能，可延缓饲料通过消化道的速度，提高饲料的利用率，提高动物的抗病能力。膨润土还作为生产颗粒饲料的黏结剂，可提高产品的成品率。

5. 海泡石

海泡石属特种稀有矿石，呈灰白色，有滑感，具有特殊层链状晶体结构，可吸附自身重 200%～250% 的水分，主要用于微量元素载体和稀释剂、颗粒饲料黏合剂和饲料添加剂。

6. 泥炭

泥炭又称草炭、草煤，是植物残体在腐水、缺氧等环境腐解堆积保存而形成的天然有机沉积物，富含有机质（94%～98%），其中含木质素 30%～40%，多糖类 30%～33%，粗蛋白质 4%～5%，腐殖酸 10%～40%。我国泥炭资源储量丰富，主要分布在我国西部，泥炭一般不直接用作饲料，需先进行分离与转化，才成为家畜可食的饲料。

二、其他矿物质饲料

矿物质饲料还包括钙源性饲料、磷源性饲料、含硫饲料、含镁饲料等。

1. 钙源性饲料

常用的含钙矿物质饲料有石灰石粉、贝壳粉、蛋壳粉、石膏及碳酸钙类等。

（1）石灰石粉

石灰石粉又称石粉，为天然的碳酸钙，是补充钙的最廉价、最方便的矿物质原料。天然的石灰石中铅、汞、砷、氟的含量若不超过安全系数，均可用作饲料。石粉的用量依据畜禽种类及生长阶段而定，一般畜禽配合饲料中石粉使用量为 0.5%～2%。

（2）贝壳粉

贝壳粉是蚌壳、牡蛎壳、蛤蜊壳、螺蛳壳等经加工粉碎而成的粉状或粒状产品，多呈灰白色、灰色、灰褐色。主要成分为碳酸钙，含钙量不低于 33%。品质好的贝壳粉杂质少，含钙高，呈白色粉状或片状。贝壳粉内常掺杂砂石和泥土等杂质，使用时应注意检查。

（3）蛋壳粉

禽蛋加工厂、孵化厂废弃的蛋壳，经干燥灭菌、粉碎后可制成蛋壳粉。蛋壳粉约含钙 34%、蛋白质 7%、磷 0.09%，是理想的钙源饲料，利用率高。

（4）石膏

石膏为二水硫酸钙，灰色或白色的结晶粉末。石膏含钙量为 20%～23%，含硫 16%～18%，生物利用率高。石膏可有效预防鸡啄羽、啄肛的作用，在饲料中的用量为 1%～2%。添加钙源饲料，应考虑钙、磷比例，否则会影响钙、磷平衡，抑制钙和磷的消化、吸收和代谢。石粉或贝壳粉常用作微量元素预混料的稀释剂或载体,使用时应把含钙量计算在内。

2. 磷源性饲料

磷源性饲料包括磷酸钙类、磷酸钠类、骨粉及磷矿石等,利用磷源性饲料时,应考虑原料中有害物质如氟、铝、砷等是否超标。

(1)磷酸钙类

磷酸钙类包括磷酸一钙、磷酸二钙、磷酸三钙等。

(2)磷酸钾类

磷酸钾类饲料原料包括磷酸一钾、磷酸二钾。

(3)磷酸钠类

磷酸钠类饲料原料包括磷酸二氢钠、磷酸氢二钠、磷酸铵、磷酸脲、磷矿石粉等。

(4)骨粉

骨粉是以家畜骨骼为原料加工而成的,是补充家畜钙、磷的良好来源。骨粉一般为黄褐乃至灰白色的粉末,骨粉的含氟量较低,杀菌消毒彻底后,便可安全使用。骨粉按加工方法可分为煮骨粉、蒸制骨粉、脱胶骨粉和焙烧骨粉等。

3. 钠源性饲料

(1)氯化钠

氯化钠,一般称食盐,包括海盐、井盐和岩盐 3 种。精制食盐含氯化钠 99% 以上,粗盐含氯化钠为 95%,食用盐为白色细粒,工业用盐为粗粒结晶。

(2)碳酸氢钠

碳酸氢钠又名小苏打,分子式为 $NaHCO_3$,为无色结晶粉末,无味,略具潮解性,生物利用率高,是优质的钠源性矿物质饲料。碳酸氢钠具有缓冲作用,能够调节饲粮电解质平衡和胃肠道 pH。

(3)硫酸钠

硫酸钠又名芒硝,分子式为 Na_2SO_4,为白色粉末。在家禽饲粮中添加,可提高金霉素的效价,同时有利于羽毛的生长发育,防止啄羽癖。

4. 含硫饲料

含硫饲料的来源有蛋氨酸、胱氨酸、硫酸钠、硫酸钾、硫酸钙、硫酸镁等。对幼雏而言,硫酸钠、硫酸钾、硫酸镁均可充分利用,而硫酸钙利用率较差。

第八节　饲料添加剂

饲料添加剂在配合饲料中添加量很少,作为配合饲料的重要微量活性成分,与能量饲料、蛋白质饲料和矿物质饲料共同组成配合饲料,可完善配合饲料的营养、提高饲料利用率、促进生长发育、预防疾病、减少饲料养分损失及改善畜产品品质等重要作用。

一、饲料添加剂概述

饲料添加剂、能量饲料、蛋白质饲料已成为配合饲料原料工业的三大支柱。

1. 饲料添加剂的定义

添加剂是指天然饲料中所没有的物质，为达到防止饲料品质劣化、提高饲料适口性、促进动物健康生长和发育或提高动物产品的产量和质量等目的而人为加入的各种微量物质的总称，包括抗氧化剂、抗结块剂、防霉剂、驱虫剂、抗生素和着色剂等。

2. 饲料添加剂的分类

根据动物营养学原理，饲料添加剂分为营养性和非营养性两大类，美国 Ensminger(1982)将饲料添加剂分为六大类，即补充营养类、促进动物采食或选择食物类、增加畜产品色泽和品质类、促进消化与吸收类、改变代谢类和保健类。

3. 饲料添加剂的条件与作用

(1)饲料添加剂的条件

①安全。长期使用或在添加剂使用期内不会对动物产生急、慢性毒害作用及其他不良影响；不会导致种畜生殖生理的恶变或对其胎儿造成不良影响；在畜产品中无蓄积，或残留量在安全标准之内，其残留及代谢产物不影响畜产品的质量及畜产品消费者的健康；不得违反国家有关饲料、食品法规定的限用、禁用等规定。

②有效。在畜禽生产中使用，有确实的饲养效果和经济效益。

③稳定。符合饲料加工生产的要求，在饲料的加工与存储中有良好的稳定性，与常规饲料组分无配伍禁忌，生物学效价好。

④适口性好。在饲料中添加使用，不影响畜禽对饲料的采食。

⑤对环境无不良影响。经畜禽消化代谢、排出机体后，对植物、微生物和土壤等环境无有害作用。

(2)饲料添加剂的作用

饲料添加剂虽然在配合饲料中添加量极微，但效果十分显著，饲料添加剂的作用主要有如下几方面：①提高饲料利用率；②改善饲料适口性；③促进畜禽生长发育；④改善饲料加工性能；⑤改善畜产品品质；⑥合理利用饲料资源。

二、饲料添加剂的种类与作用

饲料添加剂的主要种类有：微量元素、维生素、氨基酸、单细胞蛋白、抗生素、益生素、酶制剂、防霉剂、抗氧化剂与抗球虫剂等。

1. 营养性添加剂

(1)微量元素添加剂

微量元素添加剂是指给动物提供微量元素的矿物质饲料。在饲料添加剂中应用最多的微量元素是碘、铁、铜、锰、锌等，微量元素除为动物提供必需的养分外，还能激活或抑制某些维生素、激素和酶，对保证动物的正常生理机能和物质代谢有着极其重要的作用。常用的有机酸有：醋酸、乳酸、柠檬酸、丙酸、延胡索酸、琥珀酸、葡萄糖酸等。作为微量元素有机酸配位化合物的有：醋酸钴、醋酸锰、醋酸锌、葡萄糖酸锰、葡萄糖酸铁、柠檬酸铁、柠檬酸锰等。有机微量元素与无机微量元素相比，虽然价格较为昂贵，但可获得更高的生物学价值，成为微量元素添加剂的发展方向。

（2）维生素添加剂

维生素添加剂主要用于对天然饲料中某种维生素的营养补充、提高动物抗病或抗应激能力、促进生长以及改善畜产品的产量和质量等。维生素添加剂按其溶解性可分为脂溶性维生素和水溶性维生素制剂。

（3）氨基酸添加剂

氨基酸是构成蛋白质的基本单位，氨基酸添加剂可平衡或补足特定畜禽生产所要求的氨基酸需要量，保证配方饲料中各种氨基酸含量和氨基酸之间的比例平衡。添加氨基酸作为提高饲料蛋白质利用率的有效手段，是配方饲料中用量较大的一类添加剂。常用的饲料添加剂有：赖氨酸、蛋氨酸、蛋氨酸羟基类似物、色氨酸、甘氨酸、苏氨酸等。

（4）非蛋白氮添加剂

非蛋白氮是指除蛋白质、肽及氨基酸以外的含氮化合物。反刍动物饲料添加剂使用的化合物有：尿素、硫酸铵、磷酸铵、磷酸脲、缩二脲（Biuret）和异丁叉二脲等。

2. 非营养性添加剂

（1）生长促进剂

作为生长促进剂的主要有：抗生素、合成抗菌剂、益生素、激素及类激素。

①抗生素。抗生素是一类由微生物（细菌、放射菌、真菌等）的发酵产生的具有抑制和杀灭其他微生物的代谢产物。我国允许作为饲料添加剂的抗生素有：杆菌肽锌、硫酸黏杆菌素、北里霉素、恩拉霉素、维吉尼亚霉素、泰乐菌素、土霉素、盐霉素和拉沙里菌素钠等。

②合成抗菌剂。合成抗菌剂包括磺胺类、硝基呋喃类、卡巴氧和硝呋烯腙等抗菌药剂，因毒副作用高，大多数国家已禁止将这些药物作为饲料添加剂，仅作为治疗动物疾病用药。

③益生素。益生素是一类有益的活菌制剂，主要包括乳酸杆菌制剂、枯草杆菌制剂、双歧杆菌制剂、链球菌制剂和曲霉菌类制剂等。益生素产品多是由经热灭活的嗜酸乳酸菌的菌体细胞及其培养过程所分泌的代谢产物组成，主要用来预防及治疗畜禽特别是幼龄动物常见的细菌性和病毒性腹泻，具有耐高温、耐抗生素影响和使用效果稳定等优点。

④激素及类激素。我国禁止在畜禽生产中使用激素及类激素作为饲料添加剂，并全面禁止使用 β-兴奋剂，其常见药品名有克伦特罗、沙丁胺醇、西马特罗及其盐、酯及制剂。

（2）驱虫保健添加剂

驱虫保健添加剂包括驱蠕虫剂及抗球虫剂。

①驱蠕虫剂。效果最好的驱蠕虫剂是属于氨基糖苷类抗生素的潮霉素 B 和越霉素 A。

②抗球虫剂。抗球虫剂是最主要的驱虫保健添加剂，抗球虫剂有 2 类，一类是聚醚类抗生素，一类是合成抗球虫药。

（3）饲料保存剂

①抗氧化剂。抗氧化剂主要用于含有高脂肪的饲料，以防止脂肪氧化酸败变质，也常用于含维生素的预混料中，它可防止维生素的氧化失效。

②防霉剂。防霉剂的种类较多，包括丙酸盐及丙酸、山梨酸及山梨酸钾、甲酸、富马酸及富马酸二甲酯等。

③青贮添加剂。常用作青贮添加剂的是有机酸，使用微贮添加剂可充分利用微生物发酵优势，对秸秆等粗饲料进行处理，从而提高秸秆的营养价值和利用率。

（4）生物活性制剂

①酶制剂。饲用酶制剂按其特性及作用主要分为两大类：一类是外源性消化酶，包括蛋白酶、脂肪酶和淀粉酶等；另一类是外源性降解酶，包括纤维素酶、半纤维素酶、β-葡聚糖酶、木聚糖酶和植酸酶等。饲用酶制剂无毒害、无残留、可降解，使用酶制剂不但可提高畜禽的生产性能，充分挖掘现有饲料资源的利用率，而且还可降低畜禽粪便中有机物、氮和磷等的排放量，缓解发展畜牧业与保护生态环境间的矛盾。

②寡糖。寡糖是由 2～10 个单糖单位通过糖苷键连接而成的小聚合体，介于单体单糖与高度聚合的多糖之间。寡聚糖的主要作用是促进动物肠道内健康微生物菌相的形成；可结合、吸收外源性病原菌和调节动物体内的免疫系统。饲料中添加少量寡糖，可改善动物机体的健康状态，增强机体潜在的抗病能力，进而提高动物生产性能。

③酵母及酵母培养物。酵母是一种单细胞蛋白，使用饲料酵母不仅可补充饲料中的蛋白质不足，而且由于微生物体所含有的维生素、酶等活性物质。饲料酵母与酵母培养物常作为未知生长因子来源使用，多用于幼龄动物饲料，添加量 2%～3%，但饲料酵母味略苦，适口性较差。

（5）其他添加剂

①酸化剂。酸化剂是一类作为饲料添加剂的有机酸的统称。常用的有机酸包括乳酸、富马酸、丙酸、柠檬酸、甲酸、山梨酸等。酸化剂的主要功能是补充幼年动物胃酸的分泌不足，降低胃肠道 pH，促进无活性的胃蛋白酶原转化为有活性的胃蛋白酶；减缓饲料通过胃的速度，提高蛋白质在胃中的消化，有助于营养物质的消化吸收；杀灭肠道内有害微生物或抑制有害微生物的生长与繁殖，改善肠道内微生物菌群，减少疾病的发生；改善饲料适口性，刺激动物唾液分泌，增进食欲，提高采食量，促进增重；同时某些酸是能量代谢中的重要中间产物，可直接参与体内代谢。

②饲料风味剂。饲料风味剂主要有香料（调整饲料气味）与调味剂（调整饲料的口味）两大类。饲料风味剂不仅可改善饲料适口性，增加动物采食量，而且可促进动物消化吸收，提高饲料利用率。常用的酸味剂（主要有柠檬酸和乳酸），调味剂有甜味剂（主要有甘草和甘草酸二钠等天然甜味剂，糖精、糖山梨醇和甘素等人工合成品）。

③中草药制剂。中草药兼有营养和药用 2 种属性，营养功能是为动物提供一定的营养素，药用功能是调节动物机体的代谢机能，健脾健胃，增强机体的免疫力。中草药还具有抑菌杀菌功能，可促进动物的生长，提高饲料的利用率。中草药中有效成分绝大多数呈有机态，通过动物机体消化吸收，病原菌和寄生虫不易对其产生抗药性，动物机体内无药物残留，可长时间连续使用，无须停药期。

三、饲料添加剂的合理应用

在饲料中合理正确地应用添加剂，可提高畜禽的生产性能，减少饲料消耗，提高畜牧生产的经济效益。由于不同品种的动物、不同生长阶段或不同生产目的的动物对所需物质不同，生产添加剂所用的各种原料性质及加工工艺也不同，应合理应用添加剂。

1. 注意使用对象，重视生物学效价

饲料添加剂的应用效果受动物的种类、饲料加工方法及使用方法等因素影响，选择添加剂时还应考虑可利用性，选用生物效价好的添加剂。

2. 正确选用产品,确定适宜的添加量

饲料添加剂不可滥用,否则会造成严重后果,若超量使用可导致动物死亡,造成经济损失。添加剂生产中,为方便配方设计,便于产品的商业流通,往往不考虑各种配合饲料各组分中含有的物质量,使用时要按其标签说明,确定适宜的添加量,而不可随意变换添加量。

3. 注意理化特性,防止配伍颉颃

应用添加剂时,应注意各种物质的理化特性,防止各种活性物质、化合物间、元素间的相互颉颃。①常量元素与微量元素间的拮抗作用:钙与铜、锰、锌、铁、碘存在颉颃作用。硫与硒有颉颃作用,饲粮中硫酸盐可减轻硒酸盐的毒性,但对亚硒酸盐无效。②微量元素之间的颉颃作用:锌和镉有颉颃作用,锌能颉颃镉的毒性,锌与铁、氟与碘、铜与钼、硒与镉有拮抗。铜与锌、锰也有颉颃作用。③饲料蛋白质全价性差时会影响铁的吸收,缺锌将导致动物对蛋白质的利用率下降,氨基酸是动物消化道中潜在的具有络合性质的物质,可影响微量元素的吸收。④用含锰量低的玉米、豆饼组成的饲粮饲喂雏鸡时,烟酸利用率下降,易发生脱腱症。⑤益生素的生物学活性受到 pH、抗生素、磺胺类药物、不饱和脂肪酸、矿物质等因素影响。抗生素与化学合成的抗菌剂对益生素有较强的杀灭作用,一般不能与这类物质同时使用。

4. 重视配合比例,提高有效利用率

矿物元素的有效吸收利用受许多因素的影响,矿物元素之间的比例是否平衡就是其中的一个重要问题,在复配矿物元素添加剂时,必须重视各元素的配合比例,防止因某种元素的增量而造成另一元素的吸收利用不良。

5. 加强技术管理,采用科学生产工艺

添加剂的产品质量直接关系到使用安全性及畜牧生产的经济效益,必须予以重视,采用科学的生产工艺,加强管理十分必要。添加剂的混合均匀度是一个十分重要的加工质量指标,由于添加的是高浓度的中间产品,在饲喂动物前还要不断扩大混合,如果添加剂本身混合不均匀,经扩大后就可能造成配合饲料中配比的不正确,影响各批加工饲料间养分的平均值,造成畜牧生产的经济损失。

6. 注意贮运条件,及时使用产品

选用饲料添加剂要考虑价格、饲养对象、适口性、产品理化特性及质量标准。大多添加剂具吸湿性,不耐久贮,在运输及贮存过程中要防潮避光,防止产品结块,并在产品的保质期限内使用。使用饲料添加剂时,应根据饲料及饲养对象的具体情况,按产品使用说明要求的添加比例,经充分搅拌均匀后饲喂动物。

第十章 饲料资源的开发与饲料配合技术

第一节 饲料资源的开发

一、我国饲料资源的利用现状

1. 优质能量饲料紧缺，糠麸类、糟渣类饲料较丰富

玉米是主要的能量饲料，约占总量的 60％，有"能量之王"的美誉，饲料工业对玉米的依赖性很大。我国玉米产量不足，糠麸类和糟渣类饲料较丰富，该类饲料中粗纤维含量较高、能量低、养分消化利用率低。改进糠麸类、糟渣类饲料的加工工艺，提高该类饲料的营养价值是今后的重点研究方向。

2. 缺乏优质蛋白质饲料，饼粕类饲料丰富

我国缺乏鱼粉、豆粕等优质蛋白质饲料，菜籽饼、酒糟、棉籽饼粕产量较高。饼粕类饲料普遍存在含有有毒有害物质、能量低、粗纤维含量高、氨基酸不平衡、消化利用率低等特点，需提升加工工艺，科学合理开发利用。

3. 其他饲料资源

我国有大量的秸秆、工业副产物等非常规饲料资源，如何合理开发利用该类饲料是降低畜牧业养殖成本的重要因素。

二、饲料资源开发利用的途径和方法

1. 增加饲料产量

生产上可通过合理制定饲料种植计划、增加种植面积、提高饲料收割加工工艺、改善饲料贮存条件等措施来增加饲料的产量。

2. 利用生物技术培育优质饲料种质资源

通过采用分子生物学技术，培育有毒有害物含量低、有益功能性成分高的新品种，可从根本上提高饲料的品质和产量。我国已成功培育出双低油菜、高蛋白赖氨酸玉米等新饲料品种。

3. 大力开发绿色生物饲料，科学使用饲料添加剂

生物饲料可以促进生长和营养物质消化吸收，保证动物营养生理功能正常发挥，是今后饲料重要的发展方向。科学使用饲料添加剂，是提高饲料养分利用率以及开发利用饲料资源的

重要途径。

三、酒糟的贮存、加工和利用技术

据 2011 年资料统计,我国白酒产量为 1 025 600 万 L,白酒糟产量约为 2 500 万 t,仅贵州省白酒产量就为 24 660 万 L,白酒糟产量达 60 万 t,加上民间数量庞大的利用玉米烤酒的酒糟,我国酒糟资源极其丰富。酒糟富含蛋白质、脂肪、粗纤维及维生素,并含有畜禽生长发育所需的多种氨基酸和生长因子,色鲜味香,适口性好,能促进消化,是理想的低成本、优质的畜禽饲料资源。但在酿酒过程中,需要添加稻壳等疏松物质以提高出酒率,同时可溶性碳水化合物发酵成醇被蒸馏出来,使得酒糟作为饲料资源具有蛋白质含量高,无氮浸出物低,粗纤维含量大的特点。而牛的消化系统功能,与其他畜禽相比,则能更好地充分利用酒糟作为饲料资源,特别是其较高的蛋白质含量,可以弥补蛋白质饲料资源不足和价格高的问题。

大型酒厂在生产酒的过程中,酒糟一般是批量产出,由于酒糟含水量高,容易发酵变质,滋生虫蝇,且养殖户对酒糟的用量有限,短时间内很难完全利用,造成酒糟到处堆积,严重污染环境。加大酒糟的贮存和加工技术的研究是解决酒糟利用的重要措施。

1. 酒糟的贮存和加工技术

（1）干燥法

干燥法是指酒糟通过晾晒、烘烤等加工后,降低酒糟的水分含量,变成干酒糟,利于贮存。晾晒法是将酒糟薄摊于水泥地面上晾晒,使其含水量降至 15％ 以下,利于酒糟较长时间保存,该方法的缺点是需要较大的场地,阴雨天气或空气湿度大时晾晒需较长时间,仅适合酒糟小规模处理。烘烤法是采用专门的烘烤设备,通过成熟的酒糟干燥处理工艺对酒糟进行烘干后储藏。酒糟干燥法是将酒糟变为饲料并解决环境污染问题的有效方法,贵州省已有多家企业与酒厂联合成生产酒糟蛋白料。烘烤法的特点是酒糟处理量大、产品率高、饲用价值好,可较好地解决环境污染问题,但该生产工艺的能耗较大,设备投资和运行费用都很高。

（2）窖贮法

根据养牛规模,修建酒糟窖池（或利用青贮窖和氨化池）,将酒糟放入窖池内,压实密封,形成厌氧环境,可抑制大多数腐败菌的繁殖。窖池一般选择在水位低的地方,在窖底放一层干草,窖壁周围可用无毒塑料铺盖,把酒糟装窖内踩实、装满。然后在酒糟顶部盖草、塑料、0.5 m 厚的土,窖顶呈馒头形,压实、压紧,使之不漏水、不渗水,方可长期贮藏。

（3）袋贮法

用干净的无毒塑料袋,把酒糟装入袋内层层压实,把袋口扎紧,保持不透气、不漏水,放在低温避光处保存。

2. 酒糟喂牛方法

（1）湿酒糟

采用鲜酒糟或通过窖贮、袋贮等方法贮存的含水量较高的湿酒糟拌入铡短饲草、青贮料、精料补充料中饲喂肉牛,也可以单独饲喂肉牛酒糟。湿酒糟直接饲喂肉牛,易导致肉牛的干物质采食量低、消化吸收差、酒糟的利用率低。另外,湿酒糟的含水率高,易腐败变质,饲喂霉烂的酒糟易导致牛患病。

（2）干酒糟

烘干后的酒糟可作为蛋白质原料添加到精料补充料中饲喂肉牛,此方法给料可提高肉牛的干物质采食量,增加酒糟的利用效率,适合在规模养牛场中采用。

3. 利用酒糟饲喂肉牛的技术要点

（1）应设过渡期,逐渐增加酒糟喂量

给牛饲喂鲜酒糟应从少量逐步增加,牛采食习惯后再按量饲喂。采用鲜酒糟饲喂肉牛,肉牛经驱虫、健胃后,第一天可在育肥牛日粮中添加 1 kg 酒糟,经 10 d 左右的过渡期,逐步加量到 15 kg 左右,让牛群适应采食。育肥后期可增加喂量,最高每日可饲喂 30 kg。过渡期时应注意观察牛只情况,若发现个别牛对酒糟敏感,应限制酒糟用量,以防止中毒。

（2）根据牛只情况,适量供给

鲜酒糟中残留有乙醇、乙酸等有毒有害物质,喂量过多或长时间饲喂易引起肉牛胃酸过多、瘤胃膨胀等疾病,影响肉牛健康。不同厂家、不同批次的酒糟中有毒有害成分含量不一样,一般育成牛鲜酒糟日喂量不宜超过 10 kg,育肥牛日喂量不超过 30 kg,母牛日喂量不宜超过 5 kg。

（3）精料补充料中添加小苏打

给肉牛饲喂酒糟时,应根据酒糟喂量,在精料补充料中添加 1.5%～2.0% 的小苏打,可调整酒糟饲料的酸度,防止肉牛因采食大量酒糟而酸中毒。若饲喂肉牛的草料以青贮饲料为主,小苏打在精料补充料中的添加量为 1.8%～2.2%。

（4）适量补充微量元素和维生素

肉牛长期饲喂酒糟,生长速度下降,易因氮、磷比失调、缺乏维生素 A、维生素 D 和微量元素出现代谢障碍。为了保证肉牛的快速生长,获得较高的经济效益,应在肉牛的日粮中补充微量元素和维生素等,通常采用在肉牛的精料补充料中添加肉牛专用预混料。

（5）干酒糟的饲喂效果优于湿酒糟

湿酒糟经干燥后,酒糟中的乙醇、乙酸、甲醇等有毒有害成分大大减少,异味降低,因此采用干酒糟饲喂肉牛的效果要明显优于湿酒糟。

四、菜籽饼粕的利用技术

菜籽饼的营养价值较高,含粗蛋白 35.0%～45.0%、粗脂肪 2.0%～3.0%、碳水化合物 24%～32%、粗纤维 8.1%～9.0%、灰分 4.5%～5.2%,是一种质优价廉的植物蛋白饲料资源。我国是油菜生产大国,油菜种植面积和油菜籽产量均居世界第 1 位,菜籽饼资源丰富。菜籽饼的适口性差、含有抗营养因子且含有硫甙等有毒物质制约了其在饲料中的添加量。肉牛精料补充料中可添加到 5%～10%。为了充分利用菜籽饼饲料资源,提高其在肉牛养殖中的使用量,降低养殖成本,提高养殖效益,应大力推广菜籽饼粕的脱毒技术。

硫代葡萄糖苷是菜籽饼中主要有毒物质。硫甙本身无毒,油菜籽破碎后,在芥子酶作用下分解为硫氰酸、唑烷硫酮、异硫氰酸盐等毒性物质,毒素在畜禽体内可抑制甲状腺分泌,导致甲状腺肿大,且对肾上腺皮质、脑垂体和肝脏功能均有毒副作用,降低畜禽的增重及对营养素的利用率,影响畜禽的发育,危害畜禽的健康。异硫氰酸盐对畜禽胃肠黏膜刺激性很强,影响畜禽的采食量,菜籽饼粕喂量过大,易引起畜禽胃肠炎。另外,菜籽饼粕中还含有植酸、单宁、芥子碱和皂素等抗营养因子。植酸是一种很强的金属螯合剂,能与钙、镁、锌等金属离子螯合,使其不易被畜禽机体所利用,其毒性表现为使畜禽出现厌食、消瘦、生长机能衰退、蛋白质吸收能力降低、死胎等缺锌症状;单宁带有涩味,影响菜籽饼的适口性和营养物质的消化;芥子碱是菜籽饼(粕)产生苦味的主要因素;菜籽饼粕需经过脱毒处理,才能保证饲用安全和提高使用量。

1. 利用菜籽饼粕养牛的优点

(1)可有效解决蛋白质饲料缺乏问题

在目前蛋白质饲料资源日益缺乏的情况下,合理地利用菜籽饼粕饲料资源,推广菜籽饼粕的脱毒技术,可提高牛对菜籽饼粕的使用量,开辟蛋白质饲料资源。

(2)可降低养殖成本

肉牛进行育肥必须补充精料补充料,在精料配合时,首先考虑的是蛋白质和能量的平衡,肉牛的蛋白质饲料来源就只能是豆粕、花生饼、菜籽饼粕、棉籽饼、亚麻籽饼等饼粕类农副产品,豆粕在养殖上的利用率最高,但价格最贵,菜籽饼在养殖上的利用率最低,但价格也最低。尽可能多地利用菜籽饼粕替代豆粕养牛,可大大降低养牛成本。

(3)菜籽饼粕的脱毒方法简单易行,投资少

国内外科技工作者通过大量的研究,总结出多种脱毒方法,可有效去除菜籽饼中的有毒物质和抗营养因子,改善菜籽饼的适口性,提高其营养价值,增加在肉牛养殖中的饲喂量,降低养殖成本。

2. 菜籽饼粕的脱毒方法

(1)坑埋法

把粉碎的籽饼粕按 1∶1 加水浸泡后装入坑内,埋置 2 个月后即可饲用。该方法操作简单,脱毒成本低,硫苷脱毒率可达到 90% 左右,缺点是有蛋白质和干物质损失。

(2)热处理法

热处理法可分为干热处理法和湿热处理法,操作简单,但处理速度慢,适合养殖户或小型养牛场使用,缺点是使饼粕中的蛋白质利用率下降,且硫苷仍留在其中,饲喂后受其他来源的芥子酶及畜禽肠道内某些细菌的酶解,继续产生有毒成分而产生毒性。

(3)生物发酵法

利用某些微生物可以破坏硫甙及其降解产物的原理,对菜籽饼粕进行人工发酵去毒。生物发酵法具有成本低、营养成分损失小等优点,但它的技术要求较高。操作方法是:将菜籽饼粕粉碎,加复合微生物制剂,用量为饼粕的 0.3%~0.6%(或按说明书使用),按饼粕和水 2∶1 的比例加水混匀,在水泥地板上堆积保湿发酵,8 h 后温度会上升至 38℃ 左右,这时要对发酵饼粕进行翻堆,再堆积发酵,发酵期间要控制好发酵温度,不要超过 40℃,并不要被雨水淋湿,温度过高时,要及时翻堆和通风降温。每日翻堆 1 次,发酵 4~5 d 脱毒完成,可在太阳下晒干(也可烘干)至含水量 8%,保存待用。

3. 利用菜籽饼粕喂牛的注意事项

①利用菜籽饼粕喂牛应设过渡期,喂量由少到多,保证肉牛逐渐适应。一般开始可在精料中添加未脱毒菜籽饼粕 5% 或脱毒菜籽饼粕 10%,观察肉牛的采食和排泄情况,若无异常,5~7 d 后,可在精料中增加一定比例,逐渐增加到设计量。若肉牛出现厌食和腹泻,应减少菜籽饼粕的用量。

②菜籽饼粕的适口性差、营养不平衡、含有有毒有害物质,不能直接混合在草料中饲喂肉牛。

③菜籽饼粕都要妥善保存,若发现霉变,应严禁使用。

④利用菜籽饼粕喂牛的原则：育肥牛多用，犊牛和繁殖母牛少用，脱毒菜籽饼粕多加，未脱毒菜籽饼粕少加。

第二节　肉牛的饲料配合技术

一、常用饲料配合术语

1. 配合饲料

配合饲料是指根据肉牛的生长阶段、生理要求、生产用途的营养需要，按配方把不同饲料原料按规定的工艺流程生产成饲料。配合饲料可分为全价饲料、混合饲料、浓缩饲料、精料混合料、预混料等。

（1）混合饲料

混合饲料是将多种饲料原料混合而成的饲料，可直接饲喂动物，但效果不理想。

（2）浓缩饲料

浓缩饲料是把蛋白质饲料、矿物质饲料、微量元素、维生素等按一定比例配制的均匀混合物。浓缩饲料中粗蛋白质含量应高于 30%，一般占精料补充料的 30%～40%，不能直接饲喂肉牛。

（3）精料补充料

精料补充料是专为反刍动物配制生产的，由能量饲料、蛋白质饲料、矿物质饲料、添加剂组成。反刍动物采食的青、粗饲草及青贮饲料外，还需要添加适量的精料补充料，才能满足反刍动物的营养需要。

（4）预混料

预混料是浓缩饲料的核心，由一种或多种饲料添加剂与载体（或稀释剂）按比例扩大稀释后配制的混合物，是浓缩饲料的核心。预混料的主要功能是为肉牛提供微量元素、维生素、氨基酸等微量营养成分的饲料。

2. 日粮

指一头牛一昼夜所采食的各种饲料的总称，通常包括青饲料、粗饲料、精饲料和添加剂等。

3. 日粮配合

指按照饲养标准、饲料营养成分、饲料种类和饲料价格来设计肉牛每天各种饲料供给量的方法与步骤。

4. 饲养标准

给不同种类、年龄、体重、生产目的和生产水平的牛，科学地规定每天每头牛所应供给的各种营养物质的数量，称为饲养标准。其内容包括牛的营养需要和牛的饲料营养价值两个部分。

5. 饲料配方

指根据肉牛营养需要、生理特点、饲料营养价值、饲料原料的价格等，所确定的各种饲料的最佳配合比例，这种比例，就叫饲料配方。

二、肉牛饲料配合原则

①肉牛饲料配合须以肉牛饲养标准为依据,使用时结合当地实际,灵活应用,酌情调整。

②肉牛饲料配合应首先满足肉牛对能量的需要,再依次考虑蛋白质、矿物质、维生素的需要,尽量使其满足营养需要和平衡,所配肉牛日粮中粗纤维素含量高于17%、粗蛋白质含量高于12%、蛋白质与碳水化合物比为1:(5~7)、钙磷比为(1~3):1。

③肉牛日粮的组成应同时考虑肉牛的采食量和营养需要,每日干物质的采食量占体重的2%~3%。

④肉牛日粮配方应尽量就地取材、生产、加工,对不同的年龄、体重、育肥阶段和育肥目的的肉牛,应采用不同的日粮配方;肉牛日粮的组成应多样化,充分发挥各种饲料营养物质组合效应,提高日粮的生物学价值。

三、日粮配合方法

肉牛日粮配合的方法很多,常用的方法有计算机配方法和手算配方法。

1. 计算机配方法

计算机配方法是指利用计算机设计饲料配方,根据所用饲料品种和营养成分、肉牛对营养物质的需要量、市场价格等条件,将有关数据输入计算机,并提出技术指标条件,根据线性规划原理计算出能满足营养要求且价格较低的饲料配方。

2. 手算配方法

手算饲料配方法包括试差法、公式法、对角线法等,其中"试差法"在配合肉牛饲料时较为实用,其步骤如下:

①根据肉牛的体重、日增重查阅肉牛饲养标准中的肉牛营养需要,来确定日粮中干物质、综合净能、粗蛋白、钙、磷的需要量。

②根据准备采用的饲料品种,查阅肉牛饲养标准中的饲料成分和营养价值表,确定选用饲料的干物质、综合净能、粗蛋白、钙、磷的含量。

③根据肉牛的采食量,先确定肉牛日粮中粗饲料、多汁饲料、糟粕类饲料的组成及日饲喂量,计算出采食这些饲料的干物质、综合净能、粗蛋白、钙、磷的量,与营养需要量相比,差额部分由精料补充料提供。

④根据满足肉牛营养所差的干物质、综合净能、粗蛋白、钙、磷的量,确定需要补充的精料补充料的量,按照先满足能量,再依次满足粗蛋白、钙、磷的顺序。

⑤最后检查日粮的干物质、能量、粗蛋白、钙、磷是否满足育肥增重的营养需要量。经反复的调试就可使配方的能量、粗蛋白接近标准需要。

第三节 不同比例酒糟全混合日粮对
肉牛屠宰性能的影响

近年来,贵州省肉牛的生产水平得到了大幅度提高,但由于养牛习惯、养殖规模偏小、全混合日粮机售价较高等原因,肉牛饲养仍普遍采用传统的精粗分开的饲喂方式,精粗分开的饲喂方式已严重制约了贵州省肉牛业向规模化、标准化、集约化的发展。全混合日粮(total mixed ration,TMR)是根据反刍动物(牛、羊)营养需要的粗蛋白质、能量、粗纤维、矿物质和维生素等营养成分,把揉碎的粗料、精料和各种添加剂充分混合,力求反刍动物吃的每一口都是营养稳定、混合均匀且符合营养需求的理想型饲料。TMR 技术始于 20 世纪 60 年代,经过不断地发展,目前在美国、加拿大、以色列、荷兰、意大利等畜牧业发达的国家均已普遍采用,20 世纪 80 年代引入我国,发展十分迅速,现在国内规模化奶牛场已逐渐普及并取得优良的效果。TMR 技术适用于集约化、规模化畜牧业的发展,与传统精粗分开的饲喂方式相比,可有效避免牛、羊挑食、摄入营养不平衡的缺点,有助于维持瘤胃内环境的稳定,提高干物质的采食量和消化率,减少消化代谢疾病的发生;有利于改善饲料的适口性,开发适口性差的饲料资源,降低饲养成本;简化劳动程序,省工、省时,提高劳动效率。

贵州是一个酒类生产大省,近年来,全省白酒产业正在实现跨越式发展,酒糟的产量也大幅度增加。酒糟富含蛋白质、脂肪、粗纤维及维生素,并含有畜禽生长发育所需的多种氨基酸和生长因子,能促进消化,是理想的低成本优质的畜禽饲料资源,但适口性较差,深层开发利用酒糟饲料资源,提高其饲喂效价,可有效缓解贵州省蛋白饲料资源的短缺。为此,本试验以我国《肉牛饲养标准》(NY/T 815—2004)为依据,参考《肉牛常用饲料的成分与营养价值表》,结合贵州省酒糟饲料资源丰富的特点,研究不同比例酒糟全混合日粮对肉牛屠宰性能的影响,旨在为贵州省的肉牛生产提供技术参考。

一、材料与方法

1. 试验时间与地点

该试验在贵州喀斯特山乡牛业有限公司(贵州青酒集团有限责任公司的子公司)进行,于 2012 年 6 月开始,预试期 15 d,育肥期为 9 个月,试验开始和结束时称重。

2. 试验牛的选择与分组

从贵州喀斯特山乡牛业有限公司选取生长发育正常、健康无病、14～16 月龄、体重(280±15.8)kg 的西本杂(西门塔尔牛×本地牛,♂)30 头,随机分为 3 组,每组 10 头,3 组试验牛的初始体重差异不显著($P>0.05$)。

3. 日粮组成及营养水平

本次试验所采用的酒糟均为贵州青酒集团有限责任公司的工业副产品。试验牛日粮的能量水平、蛋白质水平均按冯仰廉主编《肉牛饲养标准》(2004)制定,日粮营养水平的日增重按 1.0 kg、精粗比 55：45 配制,即对照组(采用精粗分饲的饲喂方式)、试验Ⅰ组(采用全混合的饲喂方式)、试验Ⅱ组(采用精粗全混合的饲喂方式)。对照组、试验Ⅰ组的饲料原料组成比例一致,试验Ⅱ组的日粮中酒糟的含量比对照组、试验Ⅰ组高 30％。本次试验饲料均在贵州喀斯特山乡牛业有限公司内饲料厂加工,试验牛日粮中原料(原样)重量及营养价值见表 10-1。

4. 饲养管理

3 组试验牛均拴系舍饲,日喂 2 次,饲喂时间在上午 8:30 和下午 6:00,对照组采用先精后粗的饲喂方式,精料采食完后投放粗料,试验Ⅰ组、试验Ⅱ组的精料和粗料经全混合日粮搅拌机混匀后饲喂,均采用自动饮水器自由饮水。采食不完的料,要称量下槽,逐日记录饲料消耗量。每天早晚各清扫牛舍 1 次,保持圈舍清洁干燥,每天刷拭牛体 2~3 次,并观察试验牛的饮食及疾病情况。

表 10-1　每千克试验牛的日粮中原料(原样)重量及营养价值

原料和营养水平	对照组	试验Ⅰ组	试验Ⅱ组
原料/kg			
玉米	0.248 5	0.248 5	0.271 7
豆粕	0.017 6	0.017 6	0.008 2
菜籽饼	0.030 3	0.030 3	0.004 0
麸皮	0.049 6	0.049 6	0.008 3
酒糟	0.180 1	0.180 1	0.235 2
碳酸氢钠	0.004 0	0.004 0	0.003 7
磷酸氢钙	0.004 0	0.004 0	0.003 7
食盐	0.004 0	0.004 0	0.003 7
预混料(4% 帝斯曼)	0.012 0	0.012 0	0.011 1
玉米青贮	0.148 8	0.148 8	0.148 8
苜蓿	0.128 9	0.128 9	0.128 9
黑麦草	0.093 8	0.093 8	0.093 8
野青草	0.059 6	0.059 6	0.059 6
稻草	0.018 9	0.018 9	0.018 9
营养水平			
干物质/%	39	39	38
综合净能/MJ	2.46	2.46	2.46
粗蛋白/g	22.14	22.14	19.84
钙/g	0.04	0.04	0.04
磷/g	0.54	0.54	0.44

5. 测定项目

试验结束后,从每组试验牛随机选取 3 头进行屠宰测定。按标准屠宰工艺进行屠宰,每头牛经宰杀、放血、剥皮,去掉腕、跗、关节及四肢,剖腹去内脏(保留肾脏及周围脂肪)、生殖器官及尾,去头、劈半,冲洗后称胴体重。胴体分割后称骨重、各分割肉块重,计算屠宰率、净肉率、背膘厚度、大理石花纹等级、眼肌面积、高档牛肉块重等,对测定的数据进行统计。

6. 统计分析

试验数据用 Excel 软件进行初步处理后,采用 DPS 软件(9.0)进行方差分析。

二、结果与分析

经过对 3 组试验牛进行 9 个月的育肥后,从每组中抽取 3 头,进行屠宰测定,结果见表 10-2。

表 10-2　3 组试验牛的屠宰性能情况

项目	对照组	试验Ⅰ组	试验Ⅱ组
宰前活重/kg	588.33±22.11	603.28±30.02	592.16±31.27
屠宰率/%	57.67	60.38	59.13
净肉率/%	46.31	49.76	48.25
肉骨比值	5.76±0.36	5.99±0.13	5.83±0.52
大理石花纹/级	2.07±0.75	2.35±0.64	2.31±0.38
背膘厚度/cm	0.96±0.03	1.03±0.17	0.98±0.29
眼肌面积/cm²	97.84±5.63	103.11±3.78	101.30±6.01
肉色(8 级制)	4.12±0.47	5.11±0.59	4.17±0.53
脂肪色(8 级制)	1.57±0.10	1.79±0.55	1.67±0.34
剪切力/(kg/f)	4.67±0.32	3.37±0.33	3.85±0.49
特优级肉块重/kg(占净肉重/%)	6.05(2.22)	6.47(2.16)	6.22(2.18)
高档肉块重/kg(占净肉重/%)	47.74(17.52)	49.32(16.43)	48.25(16.89)

注:根据我国牛肉质量分级标准(NY/T 676—2010),特优级肉为里脊;高档肉为外脊、眼肉、上脑。

从表 10-2 可知:①采用全混合日粮的试验Ⅰ组的屠宰率、净肉率、肉骨比值、大理石花纹等级、眼肌面积、肉色、脂肪色、特优级肉块重、高档肉块重均优于对照组($P>0.05$);②采用高比例酒糟的试验Ⅱ组的屠宰率、净肉率、背膘厚度、大理石花纹等级、眼肌面积、肉色、脂肪色、特优级肉块重、高档肉块重均低于试验Ⅰ组($P>0.05$);③从特优级肉块重、高档肉块重占净肉重的比例来看,对照组最高,试验Ⅰ组最低($P>0.05$)。说明,采用全混合日粮可提高肉牛的屠宰性能、肉的品质、特优级肉块重、高档肉块重($P>0.05$);提高日粮中酒糟比例,会降低肉牛的屠宰性能、肉的品质、特优级肉块重、高档肉块重($P>0.05$)。

三、讨论与结论

1. 采用全混合日粮对肉牛的屠宰性能的影响

全混合日粮是针对反刍动物特殊消化生理结构和特点设计的。由于肉牛的采食量较大、采食速度快,大量的饲料未经充分咀嚼就吞咽进入瘤胃,经瘤胃浸泡和软化一段时间后,食物经逆呕重新回到口腔,经过再咀嚼,再混入唾液并再吞咽后进入瘤胃,这个过程需要较长的时间。若采用精粗分开的饲喂方式,肉牛很难将精粗饲料充分混匀,容易导致瘤胃 pH 波动较大,蛋白质饲料和碳水化合物饲料发酵的不同步,降低了微生物合成菌体蛋白的效率和饲料的利用率,同时增加了瘤胃内环境失衡、消化机能紊乱和营养代谢病的发生。因此,采用全混合日粮饲喂技术,有利于肉牛最佳生产性能的发挥,提高肉牛的健康水平。

试验结果表明,采用全混合日粮可提高肉牛的屠宰率、净肉率、肉骨比值、大理石花纹等级、背膘厚度、肉色、脂肪色、眼肌面积($P>0.05$),这主要是因为 TMR 的饲喂方式相比传统精粗分开的饲喂方式,可以提高肉牛的采食量和消化率,增强瘤胃发酵强度,降低肉牛发病率,保证营养均衡。提高日粮中酒糟比例,会降低肉牛的屠宰性能,但差异不显著($P>0.05$)。

从特优级肉块、高档肉块重来看,试验Ⅰ组>试验Ⅱ组>对照组;从特优级肉块、高档肉块重占净肉的比例来看,对照组>试验Ⅱ组>试验Ⅰ组,组间差异不显著($P>0.05$)。说明,采用全混合日粮饲喂技术能提高肉牛的特优级肉块重和高档肉块重,但不能提高特优级肉块、高档肉块占净肉重的比例;增加全混合日粮中酒糟的比例会降低特优级肉块重、高档肉块重;特优级肉块重、高档肉块重占净肉重的比例可能与肉牛的屠宰活重之间有一定的相关性,有待进一步研究。

2. 提高全混合日粮中酒糟的比例对肉牛生产性能的影响

通过本次饲养试验,可知提高全混合日粮中酒糟比例的试验Ⅱ组的日增重、屠宰率、净肉率、大理石花纹等级、背膘厚度、眼肌面积、肉色、脂肪色、特优级肉块重、高档肉块重均低于试验Ⅰ组,组间差异不显著($P>0.05$),说明,提高日粮中酒糟的比例,在降低饲料成本的同时,降低了肉牛的屠宰性能和肉的品质。

酒糟富含蛋白质、脂肪、粗纤维及维生素,并含有畜禽生长发育所需的多种氨基酸和生长因子,色鲜味香,能促进消化,是理想的低成本优质的畜禽饲料资源。但在酿酒过程中,需要添加稻壳等疏松物质以提高出酒率,同时可溶性碳水化合物发酵成醇被蒸馏出来,导致酒糟中无氮浸出物相应降低,粗纤维含量大幅增加,降低了酒糟的营养价值,饲喂过量的酒糟,容易引起畜禽便秘、流产、死胎等不良后果。如何确定酒糟型全混合日粮中酒糟的适宜比例,获得肉牛生产最大的经济效益,有待进一步研究。

3. 小结

贵州是肉牛养殖大省,但近年来农区养牛业正面临饲草料资源短缺和利用率低等问题,而牧区则面临草场退化、载畜量下降等问题,如何解决肉牛的饲草料资源问题成为今后一段时间发展肉牛养殖必须解决的关键问题。同时贵州省也是一个酒类生产大省,近年来,在省委、省政府"建设工业强省"和"到2015年,全省白酒产量确保80万L,力争100万L……"的精神指导下,全省白酒产业正在实现跨越式发展,酒糟的产量也大幅增加。酒糟是一种理想的低成本优质的畜禽饲料资源,但适口性较差,有待深层开发利用。

目前,贵州省肉牛养殖主要采用精粗分开的饲喂方式。由于肉牛的采食量较大、采食速度快,肉牛很难将精粗饲料充分混匀,致使瘤胃pH波动较大,蛋白质饲料与碳水化合物饲料发酵的不同步,降低了微生物合成菌体蛋白质的效率,导致饲料利用率下降,另外精粗分开的饲喂方式易造成肉牛挑食,导致肉牛营养的不平衡。而采用TMR饲喂技术,有利于维持肉牛瘤胃内环境的稳定,提高微生物的活性,使瘤胃内蛋白质和碳水化合物的利用趋于同步,提高饲料的利用率,开发廉价、适口性差的饲料(如酒糟等),降低饲养成本,有效解决肉牛业饲草料资源不足的问题。因此,酒糟型全混合日粮在贵州省的应用前景十分广阔。

第十一章 肉牛的卫生保健及疫病防治技术

第一节 肉牛的卫生保健、疫病监控与防治措施

一、肉牛的卫生保健

预防是维持牛群健康和控制疾病的最好方法,及时治疗和处理出现的病牛,查明原因,尽量减少损失,坚持"预防为主、防治结合"是牛场保健工作的原则。因此,在肉牛生产中,一定要制订完善的保健计划和防疫制度,加强饲养管理,做好保健工作,维持牛群处于健康状态,可获得较高的经济效益。

1. 制订科学的肉牛场保健计划

为了避免和控制疾病的发生,获得较高的经济效益,应根据牛场的管理水平、设施条件、技术水平和环境,充分考虑各个牛场的实际情况和当地的疫病流行情况,制订科学、合理的牛场保健计划。牛场保健计划的内容包括饲养、管理、育种、繁殖、疾病防治、常规的防疫注射、消毒及牛群的疾病监控、检测等内容。

2. 牛场保健工作的内容

(1)牛场的日常保健工作

牛场的日常保健工作要求养殖场管理人员能客观、翔实地记录犊牛情况、后备母牛情况、生产母牛情况、病历档案等,所记录数据能真实地反映出牛群的健康状况和管理水平,是计算牛群发病率、死亡率和安排生产的重要依据。

①犊牛生产情况:包括牛号、出生日期、性别、初生重、母本牛号、父本牛号、免疫情况、日增重等;

②后备母牛生产情况:包括牛号、出生日期、母本牛号、父本牛号、免疫情况、既往病史与治疗措施,不同月龄的体重、发情和配种情况、妊娠检查结果、预产期等。

③生产母牛情况:包括日产量、配种和繁殖情况、发病情况、治疗措施,母牛健康记录应与母牛生产记录相结合。

④病历档案记录:详细记录每头牛患病的情况,科学衡量牛的抗病性能是一项重要的兽医保健工作。建立健全系统的病历档案(包括育种、繁殖、产奶量)是牛场技术管理的重要内容。

(2)牛场疾病的诊断和监控

①加强兽医诊断。应充分利用常规检查、血清学试验、尸体剖检等实验室诊断手段,准确

及时地诊断肉牛疾病,维持牛群的健康。

②监控肉牛常见疾病。利用体细胞数测定仪、全自动生化分析仪等设备,监控牛乳腺的健康状况、血样中的一系列生化指标,可辅助诊断牛的疾病和监控代谢性疾病。

③定期检查传染性疾病。每年春、秋两次检疫牛群的结核病、布鲁氏杆菌病等传染病;部分抽查个别牛群的肝功能、血钙、血磷、血糖等指标。

(3)加强牛群围产期的保健

①做好母牛产房的消毒工作。围产期是指母牛分娩前 15 d(围产前期)至分娩后 15 d(围产后期)之间的时间。处于围产期母牛由于生理变化,抵抗能力显著降低,极易患病,因此必须进行科学的饲养管理。因此,肉牛分娩前应适时进入产房,当出现分娩预兆时,进入临产室后用专门的消毒溶液对其后躯及尾部进行有效的消毒。

②科学掌握母牛的助产技术。母牛一般可正常分娩,无须助产。若母牛的分娩期已到,临产症状明显,阵缩和努责正常,但不见胎水流出和胎儿肢体,或胎水已破 1 h 以上仍不见胎儿露出肢体,则应及时检查并采取矫正胎位等助产措施,促使犊牛产出,若胎儿经助产仍难生产,应及时采取剖腹产术。

③加强观察产后母牛的状况,及时治疗胎衣不下、子宫复位不全、患子宫炎症的母牛。

④针对围产期食欲不佳、体弱的母牛,应及时静脉注射 5%葡萄糖溶液、10%葡萄糖酸钙注射液,以增强母牛的体质。

(4)加强牛群蹄部的保健工作

①提高牛群的饲养水平,改善牛场的环境卫生。按合理的钙、磷比例配制饲料,不要突然更换饲料、饲养方式、饲喂条件等,同时要定期消毒牛舍,保持牛舍的干燥和清洁。

②定期为牛群修蹄。每年普检牛蹄底部 1~2 次,修平增生的角质,及时清除、清理干净,治疗腐烂、坏死的组织。梅雨或潮湿季节,应采用 3%福尔马林溶液或 10%硫酸铜溶液定期喷洗蹄部,以预防蹄部感染。

③采用育种手段降低牛蹄病的发生率。采用蹄形好、没有腐蹄病的公牛和母牛进行配种,可有效降低后代变形蹄和腐蹄病的发生率。

3. 加强牛群健康保健的意义

加强牛群日常的饲养管理,搞好卫生保健工作,维持牛群正常的生理机能,减少牛群的疾病和遗传缺陷,发挥牛群正常的生产能力,是保证养牛生产顺利进行和提高牛场生产效益的前提,具有重要的意义。

①健康的牛群有助于牛群生产力的发挥,养殖场(户)获得较高的经济效益。

②健康状况直接影响牛群的生产性能和利用年限。牛群良好的健康状况,就可以提高牛群的生产性能,延长牛群的利用年限,提高经济效益;反之,牛群的生产性能低,利用年限短,经济效益就差。

③种公牛的健康状况直接影响着目标母牛群的改良进程;母牛的健康状况直接影响到母牛群的繁殖力和经济效益,当母牛患子宫内膜炎、卵巢囊肿等生殖疾病时其繁殖力就低下。

④严格筛查牛群的布鲁氏杆菌病、结核病等人畜共患病。

⑤健康状况差的牛群需要花费大量的人力、物力和财力,会严重影响牛场的经济效益,极易因治疗费用居高不下,影响到牛场的发展和生存。

二、牛场疫病的防治措施

1. 基本原则

坚持"预防为主、自繁自养"的原则,科学选址与建设牛场,加强牛群的饲养管理,严防疫病的传入与流行。建立严格的兽医卫生防疫制度,认真执行计划免疫,定期进行预防接种,对主要疫病进行疫情监测,做到及早发现,及时处理,迅速扑灭疫情,防止疫情扩散。

2. 监控和防治措施

牛疫病的监测与防治措施应以预防为主,包括以预防为目的的预防性措施和迅速扑灭已发生的疫病的扑灭性措施。其中扑灭性措施为针对传染病发生、流行过程中的传染源、传播途径、易感动物等 3 个环节,查明和消灭传染源,采取合适的措施加强防疫消毒工作,改善饲养管理,切断传播途径,提高肉牛对疫病的抵抗能力。

(1)选址和建设

为了有效预防牛场的疫病,应针对肉牛常见疫病预防,周密、全面地考虑牛场的选址与建设。

(2)建立健全兽医卫生制度

防止外源病原传入、降低内源病原微生物致病最有效的预防性措施是建立和健全兽医卫生制度,包括以下内容:

①生产区入口应设消毒池,消毒池长度以 1.5 个车轮为宜,池深应以浸没 1/2 轮胎为宜,池内每天保持有效消毒药液(3%～5%来苏儿、2%～3%NaOH 溶液或其他种类消毒液),车辆经消毒后方可进入;未经场长或兽医部门同意,非本场人员和车辆不准随意进入生产区;规模化肉牛场应设消毒室,进入场区人员需更换专用消毒工作服和鞋帽后方可进入,工作服和工具要保持清洁,经常清洗消毒,不得带出牛舍。

②建立符合环保要求的牛粪尿和污水处理系统,每天要进行牛床、运动场牛粪等污物的清理。病牛舍、产房、隔离牛舍等每天进行清扫和消毒。

③兽医技术人员对治疗无效的病牛或死亡的肉牛,需填写兽医诊断报告上报场长,同意签字后方可淘汰或剖检病死牛。

④规模化肉牛场内不准饲养其他畜禽,禁止场内工作人员将畜禽及其产品带入生产区进行清洗、加工等。

⑤定期对牛场进行大范围灭蚊蝇及吸血昆虫的工作,以降低虫害造成的损失。

⑥规模化肉牛场应设立兽医室,备有肉牛常见疾病的诊疗器械、兽药及疫苗等,做好牛群的病史卡、疾病统计表、结核病及布鲁氏菌病的监测结果表、预防注射疫苗的记录表、寄生虫监测结果表、病牛的实体剖检申请表及尸体剖检结果表等。

⑦规模化牛场的工作人员每年必须进行健康检查一次,及时调离发现结核病、布鲁氏菌病及其他传染病的患者,新进场工作人员必须进行健康检查,证实无结核病与其他传染病后,方可入场工作。

(3)疫病监测

利用血清学、病原学等方法,监测动物疫病的病原或感染抗体,掌握动物群体疫病情况;及时发现疫情并采取有效的防治措施。

①规模化肉牛场每年定期开展两次或两次以上布鲁氏菌病、结核病等传染性疾病的监测工作，要求肉牛的检测率达100%。

②按农业部颁布标准，监测牛群的布鲁氏菌病、结核病等传染性疾病，采用试管凝集试验、琥红平板凝集试验、补体结合反应等方法监测布鲁氏菌病；采用提纯结核菌素皮内变态反应方法监测牛结核病。

③用提纯结核菌素皮内注射法对20～30日龄的犊牛进行监测，凡检出的阳性的牛应及时淘汰处理，疑似反应者，隔离后30～45 d进行复检，复检为阳性的牛只应立即淘汰处理。

④结核病每年检测率达100%的牛群为健康牛群，健康牛群中检出阳性反应牛后，应于30～45 d内进行复检，连续两次检测未发现阳性反应的牛时，认定是健康牛群。

⑤布鲁氏菌病每年检测率100%，凡检出是阳性的牛应立即处理，对疑似反应牛必须进行复检，连续两次为疑似反应者，则判为阳性。犊牛在80～90日龄进行第一次监测，6月龄进行第二次监测，均为阴性者，方可转入健康牛群。

⑥必须持有当地动物防疫监督机构签发的有效检疫证明，方准运输肉牛，禁止将病牛出售及运出疫区；由外地引进牛时，必须经当地畜牧防疫监督机构检疫布鲁氏菌病和结核病为阴性，凭防疫监督机构签发的有效检疫证明方可引进。引进肉牛入场后，需隔离观察一个月，经布鲁氏菌病、结核病检疫呈阴性反应者，方可转入健康牛群。若发现阳性反应牛，应立即隔离淘汰，其余阴性牛需再进行一次检疫为阴性时，方可转入健康牛群。

⑦规模化肉牛场内禁止饲喂其他畜禽。

（4）免疫监测

免疫监测是指利用血清学方法对某些疫苗免疫动物在免疫接种前后的抗体进行跟踪监测，以确定接种时间和免疫效果。免疫前进行免疫监测，根据有无相应抗体及其水平，可有效掌握合理的免疫时机，避免免疫重复和失误；免疫后进行免疫监测，可根据相应抗体水平了解免疫效果，对免疫效果不理想的个体查找原因并重新免疫，对发现的疫情可尽快采取扑灭措施。如定期开展牛口蹄疫等疫病的免疫抗体监测，可及时修正免疫程序，提高疫苗保护率。

（5）免疫接种

免疫接种（immunization）是预防和治疗传染病的主要手段，是给动物接种疫苗、类毒素、免疫血清等免疫制剂，使动物个体和群体对某种或某些传染病产生特异性的免疫力。根据免疫接种的时机不同，免疫接种可分为预防接种和紧急接种两类，是使易感动物群转化为非易感动物群的唯一手段。

①预防接种。预防接种是调查了解某地区近年来动物曾发生过的传染病流行情况，有针对性地拟定年度预防接种计划，确定免疫制剂的种类和接种时间，有组织、有计划地按所指定的免疫程序给健康畜群进行逐头注射免疫接种，可有效预防某些传染病的发生和流行。

常用的预防接种免疫制剂有疫苗、类毒素等，免疫制剂的接种方法有皮下注射、肌肉注射、皮肤刺种、口服、点眼、滴鼻、喷雾吸入等。预防接种后，要注意观察被接种牛的局部或全身反应（免疫反应）。局部反应是接种局部出现一般的炎症变化（红、肿、热、痛）；全身反应，则呈现体温升高，精神不振，食欲减少、泌乳量降低等。轻微反应是正常的，若反应严重，则应进行适当的对症治疗。

②紧急接种。紧急接种是指疫区暴发传染病后，为了迅速控制和扑灭疫病的流行，而对疫区和受威胁区尚未发病的牛只进行紧急免疫接种。采用疫苗进行紧急接种时，必须先对牛群

逐头进行详细检查,紧急接种无任何临床症状的牛,不能接种已患病的牛,立即隔离治疗或扑杀患牛。

注意事项:处于潜伏期而临床检查无症状的牛群接种疫苗后,不仅得不到保护,反而促进其发病,会造成一定的损失,这种现象不可避免。

(6)发生传染病后的扑灭措施

①及时上报疫情。畜牧主管部门发现辖区内发生国家规定动物传染性疾病时,应立即把该传染病的发病时间、地点、发病及死亡动物数、临床症状、剖检变化、初诊病名及防治情况等向当地动物防疫监督机构报告疫情。

②迅速隔离发病牛群。收到口蹄疫、炭疽等严重传染病疫情报告后,应立即封锁疫区,隔离发病牛群。

③严格执行传染病的扑灭措施。严格消毒被患病牛污染的垫草、饲料、用具、动物笼舍、运动场以及粪尿等,按《动物防疫法》处理死亡和淘汰患牛。

(7)寄生虫病的预防

根据寄生虫种类及生物学特性、肉牛的饲养环境及自然条件,对牛群采取综合性防治措施。根据饲养环境需要,每年用药物对牛群进行1~2次肝片形吸虫的驱虫工作;圈养血吸虫病流行地区的肉牛,并定期进行血吸虫病的普查及治疗工作;焦虫病流行的疫区,每年要定期进行血液检查,及时用药物杀死牛体上的寄生虫蜱。及时隔离饲养治疗已检查患寄生虫的患牛,防止疫病的传播流行,用药物预防注射其他健康牛群。

(8)消毒方法

消毒可有效消灭被传染源散播于外界环境中的病原体,切断传播途径,阻止疫病继续蔓延。常见的消毒方法有机械消毒、物理消毒、化学消毒和生物消毒等。

①机械消毒。机械消毒是通过清扫、洗刷、通风、过滤等机械方法清除病原体。该方法是一种普通而又常用的辅助方法,不能达到彻底消毒的目的,须与其他消毒方法配合进行。

②物理消毒。物理消毒是指采用阳光、紫外线、干燥、高温等方法杀灭细菌和病毒。

③化学消毒。化学消毒是指在防疫工作中用化学药物杀灭病原体的方法。选用消毒药应具有杀菌谱广、有效浓度低、作用快、效果好;无味、无臭、性质稳定、易溶于水、不易受有机物和其他理化因素影响;使用后残留少或副作用小,对人畜无害;使用方便,价廉,易于推广等特点。

④生物消毒。生物消毒是将被污染的粪便堆积发酵,利用嗜热细菌繁殖时产生高达70℃以上的热,经过1~2个月可将病毒、细菌(芽孢除外)、寄生虫卵等病原体杀死,既达到消毒的目的,又保持了肥效。生物消毒不适用芽孢病原体引起的疫病的粪便,应焚烧或深埋炭疽、气肿疽等芽孢病原体引起的疫病的粪便。

根据消毒药的化学成分,常用化学消毒药包括石碳酸、来苏儿、克辽林、菌素敌、农福等酚类消毒药;甲醛溶液、戊二醛等醛类消毒药;氢氧化钠、生石灰(氧化钙)、草木灰水等碱类消毒药;漂白粉、次氯酸钙、二氯异氰尿酸钠、氯胺等含氯消毒药;过氧化氢、过氧乙酸、高锰酸钾、臭氧等过氧化物消毒药;新洁尔灭、洗必泰、杜米芬、消毒净等季铵盐类消毒药。

⑤定期性消毒。规模化牛场每年应进行大规模消毒2~4次,牛舍内用具每月应消毒1次。

牛舍地面及粪尿沟常用消毒药物有5%~10%热碱水、3%苛性钠、3%~5%来苏儿、臭氧药水溶液等喷雾消毒。

饲养管理用具、牛栏、牛床，常用消毒药物有5%～10%热碱水、3%苛性钠溶液、3%～5%来苏儿、臭氧药水溶液进行洗刷消毒，消毒后2～6 h，肉牛进入牛舍前，应采用清水冲洗饲槽和牛床。

清扫运动场，除去杂草，常用消毒药物有用5%～10%热碱水、撒生石灰进行消毒。

⑥临时性消毒。当牛群中检出结核病、布鲁氏菌病或其他疫病牛后，应对牛舍、用具、运动场进行临时性消毒。布鲁氏菌病牛发生流产时，必须对流产物及污染的地点和用具进行彻底消毒；病牛的粪尿应堆积在距离牛舍较远的地方，进行生物热发酵后方可作为肥料使用；每月对产房进行一次大消毒，分娩室在临产牛生产前及分娩后各进行一次消毒。

患有布鲁氏菌病、结核病等疫病死亡或淘汰的牛，须在兽医防疫人员指导下，在指定的地点剖解或屠宰，尸体应按国家的有关规定处理。处理完后，对在场的工作人员、场地及用具彻底消毒。严禁解剖怀疑为炭疽病等死亡的牛，这类牛按国家有关规定处理。

三、卫生管理及疫病预防技术规程

1. 范围

本部分规定了肉牛场的卫生管理、卫生消毒、疫病预防、引进肉牛的防疫要求、紧急免疫、寄生虫病的防治、无害化处理。

本部分适用于贵州肉牛养殖的卫生管理和疫病预防。

2. 规范性引用文件

下列文件对于本文件的应用是必不可少的。凡所注日期的版本适用于本文件。凡是不注日期的引用文件，其最新版本（包括所有的修改单）适用于本文件。

《反刍动物产地检疫规程》（农医发〔2010〕20号）。

《跨省调运乳用种用动物产地检疫规程》（农医发〔2010〕33号）。

《病死动物无害化处理技术规范》（农医发〔2013〕34号）。

NY 5030 无公害食品肉牛饲养兽药使用准则。

NY 5126 无公害食品肉牛饲养兽医防疫准则。

3. 卫生管理

（1）人员

①工作人员应定期体检，身体健康者方可上岗，生产人员进入生产区应淋浴消毒，更换衣鞋，工作服保持清洁卫生，定期5～7 d消毒。

②生产人员应掌握动物卫生基本常识，坚守工作岗位，舍内人员不宜串岗，用具不宜串换使用。仔细观察牛群健康状况，发现异常，立即报告，并采取相应措施。

③场内兽医不准对外诊疗动物疫病，不得在场外兼职，配种人员不准对外从事配种工作。

④牛场应谢绝参观，必须参观时，应按消毒程序消毒，按工作人员指定的线路参观。

（2）环境、用具

①保持牛场内外环境及用具清洁卫生，定期消毒，夏季隔15～30 d，冬季隔30～45 d，进行1次消毒。

②随时清除圈舍及周围的杂物，定期灭鼠、蚊蝇，及时收集死鼠和残余药物，并做无害化处理。

③场外车辆、用具不宜进入生产区,饲料、粪便、污物由场内转车运输,运输车辆严格消毒。

4. 卫生消毒

(1)消毒药物

按照 NY 5030 的要求选用药物,常用消毒药物的使用及其注意事项见附录 A。

(2)消毒方法

①喷雾消毒。选用适合的消毒药物,按照产品说明使用。

②洗涤消毒。选用适合的消毒药物,按照产品说明使用。

③熏蒸消毒。按照 NY 5126 的规定消毒。

④紫外消毒。在兽医室、更衣室等特定场所,安装紫外线灯消毒。

⑤喷洒消毒。对需要消毒的场所,用生石灰或烧碱消毒。

(3)消毒措施

①牛场环境消毒。在大门口、牛舍入口设消毒池,使用 2% 的火碱溶液消毒,定期更换;牛舍周围环境每 3～4 个月用 2% 烧碱或撒生石灰消毒;场周围及场内污水池、排粪坑、水道出口每月用漂白粉消毒 1 次。

②人员消毒。工作人员进入生产区净道和牛舍应进行更衣和喷雾消毒。严格控制外来人员进入生产区,必要时,应更换场区工作服和鞋,遵守场区防疫制度,按指定线路行走。

③牛舍消毒。牛出栏后,彻底清扫牛舍,全面消毒。

④用具消毒。定期对饲槽、饲料车、料箱等用具进行喷雾消毒或熏蒸消毒。

⑤带牛消毒。选择适合的药物进行定期消毒。

5. 疫病预防

①传染病必须免疫预防。

②应根据各地发生疫病的流行病学情况,因病设防。

③疫(菌)苗应妥善保存和正确使用。

6. 引进肉牛的防疫要求

(1)引进牛的检疫工作

按照《跨省调运乳用种用动物产地检疫规程》和《反刍动物产地检疫规程》要求引种及检疫。

(2)用具消毒

运输工具和饲养用具应在装载前清扫、刷洗和消毒。经当地动物防疫监督机构检疫合格,发给运输检疫和消毒合格证明。

(3)装运检查

装运时,当地动物防疫监督机构应派人到现场进行监督检查。

(4)途中管理

运输途中,不准在疫区停留和装填草料、饮水及其他相关物资,押解员应经常观察牛的健康状况,发现异常及时与当地动物防疫监督机构联系,按有关规定处理。

(5)隔离观察

运到后,在隔离场观察 20～35 d,在此期间进行群体和个体检疫,经检查确认健康者,方可供繁殖、生产使用。场内禁止养禽、犬、猪及其他动物,禁止场外畜禽或其他动物进入场内。

7. 紧急免疫

发生疫病时,针对疫病流行特点,对疫区和受威胁区域尚未发病的牛进行紧急免疫。

8. 寄生虫病的防治

针对芥癣、蛔虫、焦虫、绦虫等寄生虫病,每年春、秋两季应对牛群进行驱虫。

9. 无害化处理

①对病死牛按《病死动物无害化处理技术规范》规定处理。

②隔离、饲养、诊治有治疗价值的病牛。

③粪尿应集中堆放,发酵处理后,方可运出。

10. 常用消毒药物的使用及其注意事项

(1)碱类消毒剂

生石灰(氧化钙):1 kg生石灰加水350 mL,可杀灭病毒、虫卵,可用来消毒地面、墙壁等。但消毒作用不强,仅对部分繁殖型细菌有效,对芽孢无效。生石灰必须与水混合后使用才有效,宜现用现配。

火碱(氢氧化钠):配成2%～3%的溶液,用于消毒养殖场出入口、运输工具、料槽、墙壁、运动场等。火碱对细菌、病毒、细菌芽孢、寄生虫卵均具有较强的杀灭作用,但腐蚀性很强,切记要防止被溅到皮肤上。

(2)卤素类消毒剂

漂白粉:配成10%～20%的水溶液喷洒消毒,可杀灭除虫卵以外的病原体。由于漂白粉中的氯易挥发,所以作用时间较短,为1～2 h。且消毒效果不稳定,不能用于金属物体消毒。

(3)醛类消毒剂

福尔马林(40%甲醛溶液):广谱杀菌剂,能迅速杀灭细菌、病毒、芽孢、霉菌。主要用于空舍的熏蒸消毒,每1 m³用30 mL福尔马林加15 g高锰酸钾熏蒸2～4 h,熏蒸前需喷水增湿,熏蒸时门窗需紧闭,熏蒸后通风换气。

2%～4%的福尔马林溶液可用于地面、墙壁、用具消毒。

(4)碘类消毒剂

碘伏:中效消毒剂,可杀灭细菌繁殖体、真菌、病毒、结核杆菌(分枝杆菌)等(细菌芽孢除外),杀菌浓度为5～10 mg/L,用于皮肤、手、黏膜、物体表面的消毒。

(5)酸类制剂

过氧乙酸:强氧化剂,化学性质很不稳定.应现用现配,对皮肤、黏膜有腐蚀作用,对细菌、病毒、霉菌、芽孢均有杀灭作用。

可配制0.4%～1%水溶液进行喷雾消毒,作用时间为1～2 h;也可按1～3 g/m³,稀释成3%～5%的溶液,加热熏蒸1～2 h,用于空舍的熏蒸消毒,可杀灭除虫卵以外的病原体,高浓度过氧乙酸加热至60℃时易引起爆炸。

(6)季铵盐类消毒剂

百毒杀(双季铵盐):对各种病原均具有很强的杀灭作用,且该类消毒剂具有安全、高效、无刺激、无腐蚀的特性。常用于用具、圈舍、环境的消毒(浓度0.01%～0.03%)和饮水消毒(0.005%～0.01%),消毒作用可持续10～14 d。

四、肉牛常见寄生虫病的防治技术规程

1. 范围

本部分规定了肉牛寄生虫病的防治原则、防治对象、常见寄生虫病防治技术。

本部分适用于贵州肉牛养殖肉牛寄生虫病的防治。

2. 规范性引用文件

下列文件对于本文件的应用是必不可少的。凡所注日期的版本适用于本文件。凡是不注日期的引用文件，其最新版本（包括所有的修改单）适用于本文件。

NY 5027 无公害食品畜禽饮用水水质。

3. 术语与定义

（1）预防性驱虫

当某些蠕虫在牛体内还未发育成熟时就使用药物进行驱除，或在一些原虫病多发地区在临床症状还未表现出来前就进行驱虫，称为预防性驱虫。

（2）治疗性驱虫

经诊断牛只已感染寄生虫病，针对不同寄生虫病的情况，选用有针对性的、特异的抗寄生虫药物进行治疗，称为治疗性驱虫。

（3）体外寄生虫病

包括牛螨病、牛皮蝇蛆病、牛虱、蜱、蚊等。

（4）体内寄生虫病

主要有牛肝片形吸虫病、焦虫病、消化道线虫病、蛔虫病、莫尼次绦虫病、牛球虫病等。

4. 防治原则

（1）加强饲养管理

①按不同生长阶段对肉牛进行分群饲养、分群放牧，放牧草地实行轮牧。

②按兽医卫生防疫标准建设牛舍及其配套设施，粪污应进行无害化处理，消灭中间宿主。

③肉牛养殖饮用水按照 NY 5027 规定执行。

（2）预防性驱虫

预防性驱虫的用药时间和用药品种应根据当地寄生虫病的流行病学规律确定。在每年春、秋分别进行一次全群性的预防性驱虫，或者根据肉牛养殖阶段，在空怀期牛群、断奶后牛群、育肥前牛群进行预防性驱虫。

（3）治疗性驱虫

当牛群中的一部分牛出现寄生虫病症状后，除对确诊已感染寄生虫病的牛对症治疗外，应根据当地寄生虫的流行病学情况同时进行全群预防性驱虫。

（4）引进或调出牛只的处理

可选用 0.1%～0.2% 杀虫脒水溶液，或根据情况选用溴氢菊酯、杀灭菌酯、双甲脒或中药杀虫药。

5. 防治对象

（1）体外寄生虫病

体外寄生虫病包括牛螨病、牛皮蝇蛆病，牛虱、蜱、蚊等引起的疾病。

（2）体内寄生虫病

主要有牛肝片形吸虫病、焦虫病、消化道线虫病、蛔虫病、莫尼次绦虫病、牛球虫病等。

6. 常见寄生虫病防治技术

（1）牛螨病

螨病是由疥螨和痒螨寄生在牛体表或表皮内而引起的慢性寄生虫病。

①症状。发病初一般在头、颈毛少的部位发生不规则丘疹样变，巨痒，导致病牛不停摩擦患部，使患部脱毛、皮肤发炎形成痂垢。

②防治措施。搞好牛舍卫生，牛舍保持通风、干燥，定期消毒；检查牛群健康情况，发现病牛及时隔离治疗；外地购买的牛要先隔离饲养 30 d，观察无病后才并群饲养；螨病多发地区（养殖场）每年春末对牛进行药浴；已发病的牛治疗，用 0.005％溴氰菊酯的药液喷洒或涂擦牛患部；严重的用伊维菌素，0.2 mg/kg 体重，皮下注射一次，然后在 7 d 后再注射一次。

（2）牛皮蝇蛆病

由牛皮蝇的幼虫寄生于牛的皮下组织内引起的寄生虫病。

①症状。牛皮蝇在牛体表产卵，牛表现不安，影响采食；幼虫移行到牛背部皮肤和皮下组织时，引起牛瘙痒、疼痛和不安，并在其寄生的部位发生局部隆起和蜂窝组织炎，常形成瘘管流出脓液，直到成熟幼虫后形成瘢痕。

②防治措施。搞好牛体卫生，在夏季及时检查牛体，发现牛皮蝇及时消灭；在多发地区每隔半个月向牛体喷洒 0.005％溴氰菊酯防牛皮蝇产卵；已经感染幼虫的牛用手在隆起部位挤出幼虫，涂以碘酒，或使用倍硫磷 55 mg/kg 体重进行肌肉注射。

（3）牛肝片吸虫病

肝片吸虫病是由肝片形吸虫和大片形吸虫寄生于牛的肝脏和胆管引起的寄生虫病。

①症状。犊牛症状明显，多呈体温升高，食欲减退，出现黄疸和贫血，甚至很快死亡；成年牛一般逐渐消瘦，周期性瘤胃臌胀和前胃弛缓，贫血，到后期出现颌下、胸下和腹下水肿，腹泻。

②防治措施。避免到低洼潮湿的草地放牧和饮水；每年进行预防性驱虫 2 次以上；注意养殖场所环境卫生，牛粪便堆积发酵处理；治疗主要用硫双二氯酚、溴酚磷、三氯苯咪唑等。

（4）焦虫病

①症状。急性：体温升高至 41℃左右，稽留热，精神不振，食欲、反刍减退。随着病程的发展，心跳加快，呼吸促迫，食欲废绝，结膜苍白黄染，出现血红蛋白尿，孕畜可发生流产，病程可持续 1 周。严重病例，病牛极度虚弱，最后因全身生理机能衰竭而死亡；慢性：急性感染耐过的牛可转为慢性，当转为慢性后，尿色变清，体温下降，病情逐渐好转，痊愈后终身带虫，可复发感染而死亡。

②防治措施。加强饲养管理，定期消灭牛体上和养牛场所的蜱，牛舍内 1 m 以下的墙壁，要用杀虫药涂抹，杀灭残留蜱；发病季节前用贝尼尔进行预防驱虫；从外地引进牛应选择抗蜱好的品种。患病牛要及早治疗，扑灭体表的蜱；治疗用药：三氮脒（贝尼尔、血虫净），用量为 4～5 mg/kg 体重，配成 5％溶液分点肌肉深部注射，轻症 1 次即可，必要时每日一次，连用 2～3 d；盐酸吖啶黄（黄色素、锥黄素），用量 3～4 mg/kg 体重配成 0.5％～1.0％溶液静脉注射。

（5）消化道线虫病

①症状。患牛个体消瘦，食欲减退，黏膜苍白，贫血，下颌间隙水肿，胃肠道发炎，拉稀。严重的病例如不及时进行治疗，则引起死亡。

②防治措施。提高肉牛机体抵抗力:加强饲料、饮水清洁卫生,合理地补充精料、矿物质、多种维生素,增强抗病力;定期驱虫:在春、秋两季各进行 1 次驱虫。常用药:伊维菌素,每千克体重 0.2 mg,1 次肌肉注射;丙硫苯咪唑,每千克体重 7.5 mg,1 次口服;左旋咪唑,每千克体重 7.5 mg,1 次口服或肌肉注射;粪便处理:及时清理驱虫后排出的粪便,进行发酵杀死病原体,消除感染源。

(6)莫尼次绦虫病

①症状。病牛表现为消化不良,腹泻,有时便秘,粪便中混有绦虫的孕卵节片,慢性臌气,贫血,消瘦。病后期病牛不能站,经常做咀嚼样动作,口周围有泡沫,精神极度萎靡,反应迟缓,衰竭而死。

②防治措施。每年春季进行 2 次预防性驱虫,秋季再进行一次预防性驱虫,在第一次预防性驱虫 15～30 d 后进行第二次预防性驱虫;预防性驱虫药物可用丙硫苯咪唑,给药剂量为 10～20 mg/kg 体重,口服;治疗性驱虫可选用氯硝柳胺,给药剂量为 50 mg/kg 体重,口服。

(7)球虫病

①症状。病初主要表现精神不振、粪便稀薄混有血液,继而反刍停止、食欲废绝,粪中带血且具恶臭味,体温升至 40～41℃。随着疾病的不断发展,病情恶化,出现几乎全是血液的黑粪,体温下降,极度消瘦,贫血,最终可因衰竭导致死亡。呈慢性经过的牛只,病程可长达数月,主要表现下痢和贫血,如不及时治疗,亦可发生死亡。

②防治。犊牛与成年牛分群饲养,以免球虫卵囊污染犊牛的饲料;舍饲牛的粪便和垫草需集中消毒或生物热堆肥发酵;被粪便污染的母牛乳房在哺乳前要清洗干净;治疗用药:氨丙啉 20～50 mg/kg 体重口服,连用 5～7 d;呋喃唑酮 7～10 mg/kg 体重口服,连用 7 d。

五、肉牛常见传染性疾病防治技术规程

1. 范围

本部分规定了肉牛传染性疾病的防治原则、预防措施、扑灭措施及常见传染性疾病的定义、流行特点、症状、防治措施。

本部分适用于贵州肉牛养殖中肉牛传染性疾病的防治。

2. 规范性引用文件

下列文件对于本文件的应用是必不可少的。凡所注日期的版本适用于本文件。凡是不注日期的引用文件,其最新版本(包括所有的修改单)适用于本文件。

《反刍动物检疫规程》农医发〔2010〕20 号。

《跨省调运乳用、种用动物产地检疫规程》农医发〔2010〕33 号。

NY 561 动物炭疽诊断技术。

GB 18645 动物结核病诊断技术。

GB 18646 动物布鲁氏菌病诊断技术。

GB 18935 口蹄疫诊断技术。

3. 防治

①依据《中华人民共和国动物防疫法》《国家突发重大动物疫情应急预案》《重大动物疫情应急条例》等主要兽医法规,按照"早、快、严、小"原则,开展防治。

②健全防疫体系,保障防疫措施落实。

③实行"预防为主"的原则,对重大传染病实施预防、控制、扑灭措施。

4. 预防

(1)免疫

根据当地肉牛传染病流行特点,制订免疫计划,实施免疫。

(2)监测

对实施免疫牛群进行免疫抗体检测。

(3)检疫

①养殖场检疫。根据《反刍动物检疫规程》规定进行检疫。

②引种检疫。根据《跨省调运乳用、种用动物产地检疫规程》规定进行检疫。

(4)饲养管理

加强肉牛饲养管理,增强机体的免疫力,提高牛群健康水平。

5. 扑灭

(1)查明并消灭传染源

①早期诊断。根据临床症状和流行病学特点初步诊断为疑似传染病时,应迅速进行隔离、消毒并采样报送相关检测机构,进行诊断。

②疫情报告。发现肉牛发生传染病,应立即上报主管部门,疑似为口蹄疫、炭疽、牛瘟、牛流行热等重大传染病应迅速上报,通知邻近有关单位,采取预防措施。

③隔离患病牛。患病牛:经确诊的患病牛,应选择消毒处理方便、不易传染的地方隔离,严格消毒,专人看管并及时治疗,隔离区的用具、饲料、粪便等需经彻底消毒后运出。重大疫病应根据国家有关规定进行无害化处理;疑似患病牛:无临床症状,与病牛及其污染的环境有过接触,应立即隔离观察,隔离观察的时间由该传染病的潜伏期决定,潜伏期结束而不发病者解除隔离。出现症状者应按病牛处理。

④封锁隔离。疫病发生时实施封锁隔离。禁止易感动物进出封锁区,对必须通过封锁区的车辆和人员进行消毒;对患病动物进行隔离、治疗、急宰或扑杀,对污染的饲料、用具、畜舍、垫草、饲养场地、粪便、环境等进行严格消毒;动物尸体应进行深埋等无害化处理;未发病动物及时进行紧急预防;对疫区周围威胁区的易感动物进行紧急预防。应在封锁区内最后一头病牛痊愈、急宰或扑杀后,根据传染性疾病的潜伏期,再无新疫情发生,经过全面消毒后,报请原封锁机关解除封锁。

⑤消毒。作为预防传染病的重要措施,实施定期消毒,和为及时消灭病牛排出的病原体所进行的不定期消毒;为解除封锁,消灭疫点内残留病原体所进行的全面而彻底的消毒的终末消毒。

(2)切断病原传播途径

依据病情的种类和性质,采取不同措施。经呼吸道传染的,应增加圈舍空气消毒;经皮肤、黏膜、伤口传染的,要防止该部位发生损伤并及时处理伤口;经消化道传染者,应防止饲料、饮水的污染,进行粪便发酵处理;经吸血昆虫、鼠类传播,要开展杀虫灭鼠工作。

6. 常见传染性疾病防治技术

(1)口蹄疫

①定义。俗称"口疮""蹄癀",由口蹄疫病毒引起偶蹄兽的一种急性、热性、高度接触性传染病。

②流行特点。口蹄疫的暴发具有周期性特点,每隔数年就流行1次。偶蹄动物均可自然感染口蹄疫,牛为最敏感动物之一。新疫区本病的发病率可达100%,老疫区较低。幼畜比成畜易感,死亡率较高;本病的传染源主要为患病动物和带毒动物,由水泡液、排泄物、分泌物等向外界散播病毒,污染饲草、饲料、牧地、水源、饲养用具、运输工具等,人员、非易感动物(犬、鸟类等)、未经消毒处理的病畜产品、空气都是重要的传播媒介。消化道、呼吸道、皮肤和黏膜是本病的传播途径。

③症状。潜伏期,平均2~4 d。患牛体温升高到40~41℃,精神沉郁,闭口流涎,开口时有吸吮声,1~2 d后,口腔出现水泡,此时嘴角流涎增多,呈白色泡沫状,常挂满嘴边,采食、反刍完全停止。

④诊断方法。按照GB/T 18935方法进行诊断。

⑤防治措施。加强检疫:严禁从有病地区购进饲料、生物制品、动物及其产品等;封锁疫区、隔离消毒:当疑似口蹄疫发生时,应于当日向有关部门提出疫情报告,同时划定疫区,进行封锁。扑杀疫区内所有病畜及同群易感畜,对病死畜进行无害化处理。疫区内严格进行隔离、消毒、治疗等防治措施。受威胁区,做好联防,建立免疫带,防止疫情扩散;消毒:疫区内动物、畜产品及饲料严禁运往非疫区,疫区的人员外出必须全面消毒。疫区内最后一头病畜扑杀后,经全面消毒后,3个月内不出现新病例,方可解除封锁;预防接种:受威胁区的偶蹄兽,应使用适合的灭活苗进行紧急防疫接种。

(2)牛布氏杆菌病

①定义。由布鲁氏杆菌引起的人畜共患传染病,多呈慢性病,对牛的危害极大。临床表现为流产、睾丸炎、腱鞘炎、关节炎,病理特征为全身弥漫性网状内皮细胞增生和肉芽肿结节的形成。

②流行特点。羊、牛、猪的易感性最强。母畜比公畜,成年畜比幼年畜发病多。在母畜中,第一次妊娠母畜发病较多。带菌动物,尤其是病畜的流产胎儿、胎衣是主要传染源。消化道、呼吸道、生殖道是主要的感染途径,也可通过损伤的皮肤、黏膜等感染。常呈地方性流行。

人主要通过皮肤、黏膜、消化道和呼吸道感染,尤其以感染羊种布鲁氏菌、牛种布鲁氏菌最为严重。猪种布鲁氏菌感染人较少见,犬种布鲁氏菌感染人罕见,绵羊附睾种布鲁氏菌、沙林鼠种布鲁氏菌基本不感染人。

③症状。潜伏期14~180 d。主要症状是母牛怀孕5~8个月流产,产死胎。流产时生殖道有发炎症状,阴道黏膜有粟粒大小的红色结节,流出灰白色黏性分泌物。胎衣易滞留,流产后恶露排出持续2~3周,呈污灰色或棕红色,伴发子宫内膜炎、乳房炎等。患病公牛有阴茎红肿、睾丸和附睾肿大、关节炎、滑膜囊炎等症状。

④诊断方法。按照GB 18646方法进行诊断。

⑤防治措施。定期接种:每年定期接种布氏杆菌疫苗;加强检疫:对疫点内的肉牛每月检疫1次,淘汰处理阳性牛,逐步净化成健康牛群;加强管理:隔离饲养检疫为阳性的病牛由专人管理,定期消毒,严禁病牛流动,避免与其他家畜接触。饲养人员做好个人防护,进入牛舍穿防

护服,戴口罩,出牛舍更换防护衣物,并进行消毒;淘汰病牛:消灭传染源,切断传播途径,在防检人员的监督指导下,对检疫为阳性的病牛全部进行淘汰处理;严格消毒:为防止疫情扩散蔓延,对病牛污染的圈舍和环境用1%消毒灵和10%石灰乳彻底消毒;病畜的排泄物、流产的胎水、粪便、垫料等消毒后堆积发酵处理。

(3)牛结核病

①定义。由分枝杆菌属牛分枝杆菌引起的一种人兽共患的慢性传染病,常表现为组织器官的结核结节性肉芽肿和干酪样、钙化的坏死病灶的特征。我国将其列为二类动物疫病。

②流行特点。本病奶牛最易感,其次为水牛、黄牛、牦牛。人也可被感染。结核病病牛是本病的主要传染源。牛型结核分枝杆菌随鼻汁、痰液、粪便和乳汁等排出体外,健康牛可通过被污染的空气、饲料、饮水等经呼吸道、消化道等途径感染。

③症状。潜伏期一般为10~15 d,常表现为消瘦、咳嗽、呼吸困难,体温一般正常;肺结核:病牛表现为消瘦,病初有短促干咳,渐变为湿性咳嗽。听诊肺区有啰音,叩诊有实音区并有痛感;乳房结核:乳量渐少或停乳,乳汁稀薄、混有脓块、乳房淋巴结硬肿;淋巴结核:淋巴结肿大,无热痛,常见于下颌、咽颈、腹股沟淋巴结;肠结核:常表现为便秘与下痢交替出现,或顽固性下痢,多见于犊牛;神经结核:在脑、脑膜等处形成粟粒状或干酪样结核,常引起神经症状,如癫痫样发作,运动障碍等。

④诊断。按照GB 18645方法进行诊断。

⑤防治。定期对牛群进行检疫,阳性牛必须扑杀,并进行无害化处理。有临床症状的病牛应按《中华人民共和国动物防疫法》及有关规定进行扑杀,防止扩散。每年定期大消毒2~4次,牧场及牛舍出入口处,设置消毒池,饲养用具每月定期消毒1次,粪便需经发酵后利用。

(4)炭疽

①定义。由炭疽杆菌引起的一种急性、热性、败血性人畜共患传染病。主要特征是突然发生、高热、天然孔出血、血液凝固不良、皮下和浆膜下结缔组织出血性胶样浸润、脾脏急性肿大、尸僵不全等。

②流行特点。主要感染途径是消化道、呼吸道、皮肤黏膜的伤口感染。

③症状。急性病牛突然发病、体温升高、黏膜发紫、肌肉震颤、步行不稳、呼吸困难、口吐白沫后数小时内死亡。大多数病牛,病初体温升高到41~42℃,脉搏、呼吸增数,食欲减退,最后废绝,瘤胃中度臌气;严重病牛开始兴奋,后高度沉郁,此时呼吸困难,可视黏膜发绀,伴有出血斑点,严重时可见鼻腔、肛门、阴道出血及血尿。1~2 d内体温下降,痉挛而死。腹部异常膨胀,肛门突出,尸僵不全,天然孔流出暗紫色似煤焦油样血液,血液不易凝固。

④诊断。按照NY 561方法进行诊断。

⑤预防。对经常发生及受炭疽威胁地区的牛,每年预防接种。对病牛作无血捕杀处理,对病牛尸体严禁进行开放式解剖检查,采样必须按规定进行,防止病原污染环境,形成永久性疫源地。病牛尸体应在专业兽医人员的指导下处理,对发病地区进行封锁和消毒。

(5)牛流行热

①定义。又名牛暂时热、三日热,由牛流行热病毒引起的一种急性、热性、全身性传染病。特征是突然出现高热、流泪、流涎、流鼻涕、呼吸困难、四肢关节疼痛引起的跛行等症状。

②流行特点。常于8—9月份流行,且表现出明显的周期性,3~5年有一次较大的流行,常间隔一次小流行。

③症状。潜伏期 2～9 d,突然发病,很快波及全群。体温升高到 40～41.5℃,持续 1～3 d,病牛精神委顿、寒战、鼻镜干热、结膜红肿、畏光流泪、食欲废绝、反刍停止。四肢关节轻度肿胀、热痛、行走僵硬、跛行,重症病牛卧地不起。流浆液性鼻涕,呼吸急促,严重时呼吸困难,大量流涎,呈泡沫样。先便秘后腹泻,粪中带有黏液、血液,尿量减少。孕牛可能发生流产、死胎。本病发病率高,死亡率低,大多一周内可康复。

④治疗。轻症病牛:肌肉注射复方氨基比林 30～50 mL 或 30％安乃近 20～30 mL;静脉注射葡萄糖盐水 1 000～2 000 mL、0.5％氢化可的松 30～80 mL、复方水杨酸钠 100～200 mL;跛行严重或卧地不起的病牛:静脉注射用 10％水杨酸钠 100～200 mL,3％普鲁卡因 20～30 mL 加入 5％葡萄糖液 250 mL,5％碳酸氢钠注射液 200～500 mL。肌肉注射氢化可的松、30％安乃近、镇破痛各 20 mL。还可用 0.2％硝酸士的宁 10 mL、维生素 B_{12}(80～120 mg)进行穴位注射;重症病牛:采取综合治疗,用冷水洗身、灌肠降低体温;肌肉注射安钠咖或樟脑油 10～20 mL 强心;静脉放血 1 000～2 000 mL 减轻肺水肿;静脉注射糖盐水加维生素 C 解毒和改善循环;呼吸严重困难时给予吸氧,皮下注射、静脉滴注双氧水(3％双氧水 50～100 mL 加入 500 mL 生理盐水中)、肌肉注射 25％氨茶碱 5 mL 或麻黄素 10 mL;瘤胃臌胀时,可内服芳香氨醑 20～50 mL 稀盐酸或乳酸。

⑤预防。加强饲养管理;注意消灭吸血昆虫,以减少疫病的传播;预防接种牛流行热弱毒疫苗,以控制本病的流行。

(6)牛魏氏梭菌

①定义。主要由 A 型魏氏梭菌及其毒素所引起的一种疾病,表现为病牛突然死亡、消化道和实质器官出血的特征。

②流行特点。以病牛突然死亡,消化道和实质器官出血为特征。死亡率 70％～100％。一年四季均可发病,但以夏、秋两季高发。

③症状。本病以猝死为特征,多数不见症状突然死亡。主要表现为精神不振、腹痛、呼吸困难、全身肌肉震颤、大量流涎、倒地哞叫、四肢划动、很快死亡。

④防治。由于猝死,该病往往得不到救治。只有早期发现,及早使用 A 型魏氏梭菌抗毒素血清才有治愈可能。对本病的防治应以预防为主。

六、规模化肉牛养殖场用药技术规程

1. 范围

本部分规定了规模化肉牛养殖场用药的相关术语和定义、兽医人员与培训、规章制度、采购与验收、入库与贮存、用药、不良反应报告制度、自检、档案。

本部分适用于规模化肉牛养殖场的用药技术管理。

2. 术语和定义

(1)兽药

指用于预防、治疗、诊断动物疾病或者有目的地调节动物生理机能的物质(含药物饲料添加剂),包括:血清制品、疫苗、诊断制品、微生态制品、中药材、中成药、化学药品、抗生素、生化药品、放射性药品及外用杀虫剂、消毒剂等。

(2)兽用生物制品

以天然或人工改造的微生物、寄生虫、生物毒素、生物组织及代谢产物等为材料,采用生物学、分子生物学或者生物化学、生物工程等相应技术制成的，用于预防、治疗、诊断动物疫病或者改变动物生产性能的兽药。

（3）兽用处方药

指凭兽医处方笺方可购买和使用的兽药。

（4）批准证明文件

指兽药产品批准文号、进口兽药注册证书、允许进口兽用生物制品证明文件、出口兽药证明文件、新兽药注册证书等文件。

（5）休药期

指动物最后一次给药至许可屠宰或其产品（肉、蛋、奶等）许可上市的间隔时间。

（6）不良反应

指兽药在按规定用法用量正常使用的过程中产生的与用药目的无关或意外有害的反应。

（7）自检

指畜禽养殖场按照本规范对用药管理要素进行检查，并做出是否符合规定的判断。

（8）温度

常温：系指 10～30℃；室温：系指 15～25℃；

阴凉处：系指不超过 20℃；

凉暗处：系指避光并不超过 20℃；

冷藏：系指 2～8℃；

冷冻：除另有规定外，系指−15℃以下。

3. 兽医人员与培训

①应有专职兽药管理人员。畜禽养殖场主要负责人、兽药管理人员、兽医等人员应当熟悉兽药管理法律法规及政策规定，具备兽药、兽医专业知识。

②应定期对职工进行养殖用药、畜产品安全知识等培训。

4. 规章制度

（1）建立制度

畜禽养殖场应当建立以下制度：

①兽药采购、验收、贮存管理制度；

②用药、休药期管理制度；

③用药不良反应报告制度；

④不合格兽药和退货兽药管理制度；

⑤兽药清理自查制度；

⑥禁用限用药物管理制度；

⑦自检制度。

（2）建立记录

畜禽养殖场应当建立以下记录：

①兽药采购、验收、贮存等记录；

②用药记录；

③用药不良反应记录；

④不合格兽药和退货兽药的处理记录；

⑤兽药清理自查记录；

⑥自检记录。

5. 采购和验收

（1）采购

①畜禽养殖场应当采购合法兽药产品。应对供货单位的资质、质量保证能力、质量信誉和产品批准证明文件进行审核，并与供货单位签订采购合同或留存采购凭证。购进兽药时，应当依照国家兽药管理规定、兽药标准和合同约定，对每批兽药的包装、标签、说明书、质量合格证等内容进行检查，符合要求的方可购进。

②采购兽药应当保存采购合同、采购凭证，采购兽用处方药的应当保存执业兽医开具的处方，建立真实、完整的采购记录，做到有效凭证、账、货相符。

③采购验收记录载明兽药通用名称、商品名称、批准文号、批号、剂型、规格、有效期、生产单位、供货单位、购入数量、购入日期、经手人、验收人或者负责人等内容。

（2）验收

①普通兽药的验收。应当查验兽药生产企业资质证明文件和兽药产品批准证明文件，包括兽药生产许可证、兽药产品批准文号批件、兽药标签和说明书批件、进口兽药注册证书等文件，并在采购验收记录上签字。

②兽用生物制品的验收。除上款文件外，还应当查验允许进口兽用生物制品证明文件、兽用生物制品批签发证明文件，并在采购验收记录上签字。

6. 入库与贮存

（1）入库

兽药入库时，应检查验收，做好记录。

①与进货单不符；

②内、外包装破损可能影响产品质量；

③没有标识或者标识模糊不清；

④质量异常。

（2）贮存

①贮存要求。兽药贮存条件应符合要求。具有固定的常温库、阴凉库、冷库等相关设施、设备，保证兽药质量；并与生活区、养殖区独立设置，避免交叉污染。仓库的地面、墙壁、顶棚等平整、光洁，门窗严密、易清洁；按照品种、类别、用途以及温度、湿度等贮存要求，分类、分区、专柜存放；按照兽药外包装图的要求搬运和存放；与仓库地面、墙、顶等之间保持一定间距，保证消防通道的畅通；内用兽药与外用兽药分开存放，兽用处方药与非处方药分开存放；易串味兽药等特殊兽药与其他兽药分库存放。

②不同区域、不同类型的兽药应当具有明显的识别标识。标识应当放置准确、字迹清楚。

③应定期对兽药及其贮存的条件和设施、设备的运行状态进行检查，并做好记录。

7. 用药

（1）遵守国务院兽医行政管理部门制定的兽药安全使用规定，建立用药记录。

（2）严格按照产品标签、说明书的内容在执业兽医指导下合理用药，遵守《食品动物禁用的兽药及其化合物清单》等有关规定合法用药。

（3）禁止使用假、劣兽药及国务院兽医行政管理部门规定禁止使用的药品或其他化合物。

（4）禁止在饲料和饮用水中添加激素类药品和国务院兽医行政管理部门规定的其他禁用药品，禁止使用原料药。

（5）禁止将人用药品用于动物。

（6）使用国务院兽医行政管理部门规定实行处方药管理的兽药，需经兽医开具药方。

（7）用药记录应载明兽药的通用名称、商品名称、批准文号、批号、剂型、规格、有效期、生产企业、用药日期、用药数量、休药期、兽医、负责人等内容。

8. 不良反应报告

应严格执行不良反应报告制度，收集兽药使用信息，发现可能与兽药使用有关的严重不良反应，应立即向所在地人民政府兽医行政管理部门报告。

9. 自检

严格执行自检制度，定期开展自检工作。对发现的问题及时进行整改并复查。

10. 档案

①建立质量管理档案，专人负责档案管理室。

②质量管理档案包括下列内容：人员档案、设备设施档案、供应商质量评估档案等；兽医处方笺、购药凭证、合同等；兽药采购验收记录、用药记录及其他各项记录；兽医行政管理部门的监督检查记录。

③质量管理档案保存期限不得少于 2 年。

第二节　常见普通病的防治技术

一、判断肉牛是否患病的方法

牛病的防治因专业性较强，并需要很丰富的实践经验，作为农民养肉牛要达到自己诊断治疗疾病是比较困难的，但我们可以按以下原则判断肉牛是否有病，并及时请兽医进行诊治就达到控制疾病蔓延，减少损失的目的。

1. 观察放牧情况

健康肉牛跟群，争先吃草；病牛则常常落伍，呆立或卧地不起，吃草缓慢或停止。

2. 观察牛群的休息情况

健康肉牛常分散卧地，呈斜卧姿势，头颈抬起，频频反刍，人走近时起立远避；病牛则常卧地挤在一起，头颈弯曲，反刍减少或停止，人走近时不躲避。

3. 观察行走情况

健康肉牛神态安详，行走快而平稳；病牛则神态惊恐或呆滞，行走慢而不稳，甚至不愿行走。若四肢僵直，则可能患有破伤风病；若转圈运动，则可能患有脑包虫病；若跛行，则可能患有蹄病或关节炎病。

4. 观察反刍情况

健康肉牛饲喂后 30～90 min 后，开始进行反刍动作，一昼夜内肉牛的反刍次数为 6～8 次，每次反刍的持续时间为 40～50 min，一个食团咀嚼的次数为 40～70 次。病牛则反刍迟缓、稀少无力、时间短促，甚至停止。若反刍重新出现和恢复，则常为病情好转的征兆。

5. 观察肉牛皮毛情况

健康肉牛的被毛细致、光亮、柔顺，不易脱落，皮肤有弹性；病牛则被毛粗糙、散乱、无光，易脱落，皮肤弹性差，特别是在患疥螨时，被毛会成片脱落，皮肤会成块变厚变硬。

6. 观察排粪情况

健康肉牛排粪姿势、排粪次数及排粪量正常。若患牛排粪带痛，则可能患有腹膜炎、直肠损伤、创伤性网胃炎等；若里急后重，则可能患有直肠炎等；若排粪失禁，则可能患有持续性腹泻或腰荐部脊髓损伤等；若腹泻，则可能患有肠炎、结核、副结核及犊牛副伤寒等；若排粪迟滞，则可能患有便秘、前胃病及热性病等。

7. 观察排尿情况

健康肉牛排尿姿势、排尿次数及排尿量正常。若排尿带痛，则可能患有膀胱炎、尿道炎等；若排尿失禁，则可能患有腰荐部脊髓损伤等；若多尿，则可能患有肾炎或胸膜炎；若尿频，则可能患有膀胱炎、尿道炎等；若少尿或无尿，则可能患有急性肾炎、剧烈腹泻及尿道阻塞等。

8. 观察可视黏膜情况

可视黏膜包括眼结膜、口黏膜、鼻黏膜和阴道黏膜等，但在一般检查时，仅做眼结膜检查。健康肉牛的眼结膜呈粉红色。若结膜苍白，则可能发生大出血、肝和脾破裂、营养性贫血或肠道寄生虫病等；若结膜潮红，则可能发生外伤、结膜炎或各种热性传染病等；若结膜发绀（呈蓝紫色），则可能发生肺炎、心力衰竭或某些中毒病等；若结膜发黄，则可能患有肝脏病或某些中毒病等；若结膜有出血点或出血斑，则可能发生中毒或出血性疾病等。

9. 观察牛的呼吸情况

肉牛的胸腹每起伏 1 次或鼻孔每呼出 1 次气流，便是 1 次呼吸。一般计算 1 min 的呼吸数。健康的犊牛为 20～50 次，成年牛为 15～35 次，水牛为 10～20 次。若呼吸数增多，则可能患有热性病、呼吸器官病、心脏病等；若呼吸减少，则可能患有脑病或已到了疾病的濒死期。

10. 观察体温情况

肉牛的体温在直肠内测定。健康的犊牛为 38.5～39.5℃，青年牛为 38.0～39.5℃，成年牛为 38.0～39.0℃，水牛为 37.0～38.5℃。若体温降低，则可能发生大出血、内脏破裂、中毒性疾病或已到了疾病的濒死期。若体温升高，出现了稽留热、弛张热或间歇热，则肯定已经患病。

二、兽药的合理使用

无公害农产品是 20 世纪 90 年代在我国农业和农产品加工领域提出的一个全新概念，是指产地环境、生产过程和产品质量符合国家有关标准和规范的要求，经认证合格获得认证证书并允许使用无公害农产品标志的未经加工或者初加工的食用农产品。无公害牛肉生产中应该着力解决好产地环境、投入品、生产过程、包装标识和市场准入 5 个重要环节。

近年来,人们逐步认识到了畜产品中药物残留的危害性,认识到滥用药物的严重性和不良后果,食品安全问题日益受到人们的关注。规模化肉牛场应根据牛群的健康情况,按照无公害生产的要求,建立无公害生产的全程质量控制体系,制定合理的疫病免疫程序,控制牛病的发生,在生产过程中要控制药物的使用,减少残留,在肉牛的疾病防治过程中应注意兽药的合理使用,尽量不使用滞留性强且有毒的药物,严禁滥用抗生素、激素类药物、合成类驱虫剂、药物和药物添加剂,从而有效地减少各种药物的使用。

(1)规范化使用兽药

规模化肉牛养殖场兽药的使用应有兽医处方并在有资格证兽医的指导下进行,所用兽药应来自具有《兽药生产许可证》的生产企业或者具有《进口兽药许可证》的供应商,兽药产品应具有生产批准文号。

(2)严格执行兽药休药期

兽药使用时,应严格执行兽药使用休药期的规定。不同药物的休药期不同,应根据兽药药典或兽药使用说明书等规定,严格执行药物的休药期。

(3)禁止使用药物

禁止使用未经国家畜牧兽医行政管理部门批准作为兽药使用的药物。

(4)严禁添加违禁药物

饲料和饲料添加剂中严禁添加违禁药物。

①肾上腺素受体激动剂:盐酸克伦特罗(俗称瘦肉精)、沙丁胺醇、硫酸沙丁胺醇、莱克多巴胺、盐酸多巴胺、西马特罗、硫酸特布他林。

②性激素类:己烯雌酚、雌二醇、戊酸雌二醇、苯甲酸雌二醇、氯烯雌醚、炔诺醚、醋酸氯地孕酮、左炔诺孕酮、炔诺酮、绒毛膜促性腺激素、促卵泡生长激素、玉米赤霉醇、去甲雄三烯醇酮、醋酸甲孕酮、甲基睾丸酮、丙酸睾酮。

③蛋白同化剂:碘化酪蛋白、苯丙酸诺龙。

④镇静、安定剂:氯丙嗪、盐酸异丙嗪、苯巴比妥、苯巴比妥钠、巴比妥、异戊巴比妥、异戊巴比妥钠、利血平、安定、艾司唑仑、咪达唑仑、硝西泮、奥沙西泮、匹莫林、甲丙氨酯、三唑仑、唑吡坦。

⑤抗菌类药物:氯霉素、氯苯砜、呋喃唑酮、呋喃它酮、呋喃苯烯酸酮、硝基酚钠、硝呋烯腙、甲硝唑、地美硝唑。

⑥各种抗生素滤渣。

(5)合理使用抗菌药物

要科学、合理、准确地使用抗菌药物,严格控制剂量。优先合理使用毒副作用较小的中草药。

三、肉牛常见的内科疾病

1. 口炎

(1)病因及症状

肉牛口炎为口腔黏膜层的炎症,多因饲料粗硬、刺激性药物、机械损伤引起肉牛口炎。常在肉牛采食、咀嚼障碍、流涎时被发现,口腔温度高,黏膜呈斑纹状充血、肿胀。当牛场内肉牛有口腔黏膜溃烂、流涎出现时,应重视对口蹄疫的鉴定。

（2）治疗措施

应查明病因，及时去除病因。病畜给予优质饲料，同时进行药物治疗。首先用 2% 硼酸液或 0.1% 高锰酸钾液或 2% 明矾液冲洗口腔，口腔内撒布收敛、消毒、杀菌药，口腔内涂碘甘油，若患牛全身体温升高，应用抗生素治疗。

2. 食道梗塞

肉牛因食入大块根类饲料（甘薯、胡萝卜、甜菜）堵塞食道而突然发病，患牛咽下困难、流涎、瘤胃膨胀，食物梗塞在颈部食道时可在左颈侧见到硬块。

3. 前胃弛缓

前胃弛缓是指肉牛前胃机能紊乱而表现为兴奋性降低和收缩力减弱的一类疾病。

（1）病因

①原发性病因。长期饲喂大量粉料、粗硬劣质难以消化的饲料，饲喂刺激小或缺乏刺激性的饲料，饲喂品质不良的草料，突然变换草料，天气寒冷，运动不足等均会引起本病发生。

②继发性病因。产后瘫痪、酮血症、创伤性网胃炎、创伤性心包炎、瘤胃酸中毒、乳房炎以及流行热、巴氏杆菌病、口蹄疫、传染性胸膜肺炎等疾病发生时，也常有前胃弛缓的症状。

（2）症状

食欲减退或废绝，反刍缓慢，次数减少或停止，瘤胃蠕动无力或停止，肠蠕动音减弱。排粪迟滞，便秘或腹泻，鼻镜干燥，体温正常。日渐消瘦，触诊瘤胃有痛感，有时胃内充满了粥样或半粥样内容物。最后极度衰弱，卧地不起，头置于地面，体温降到正常以下。

（3）防治措施

注意改善饲养管理，合理调配饲料，不饲喂发霉变质的饲料，防止突然变换饲料。加强运动。治疗原则是消除病因，恢复病牛瘤胃的蠕动能力。

①改善饲养管理，对病牛先禁饲 1~2 d，但不限制饮水，逐渐少量多次饲喂易消化的优质饲草。

②兴奋瘤胃的蠕动，每日给病牛喂服酒石酸锑钾 6~10 g，最多用 3 d，效果明显。也可用新斯的明皮下注射，每次剂量为 0.02~0.06 g，隔 2~3 h 注射一次。

③促进患牛反刍，可用促反刍液 500~1 000 mL（蒸馏水 500 mL，氯化钠 25 g，氯化钙 5 g，安钠咖 1 g）静脉注射。也可用 10%~20% 高渗氯化钠溶液（0.1 g/kg 体重），加 10% 安钠咖 20~30 mL，静脉注射有良好效果。

④恢复牛的食欲，可用酒石酸锑钾 6 丸，番木鳖粉 1 g、干姜粉 10 g，龙胆粉 10 g，共研成细末内服，每天 1 次。

⑤恢复瘤胃内微生物群系，用刚屠宰肉牛的瘤胃液或反刍口腔内的草团，经口灌入病牛的瘤胃内。

4. 瘤胃膨气

瘤胃膨气是指瘤胃内短期聚集大量气体而牛又不能嗳气。

（1）病因

常因肉牛食入了膨气源性牧草所致。

①饲喂大量幼嫩多汁、易发酵的饲料，一般为豆科牧草，如新鲜的白三叶、苜蓿、草木樨、紫云英、绿肥、山芋秧等；②饲喂发霉、变质的潮湿饲料以及腐败发酵的青贮饲料以及霉败的干草

等;③继发于食道梗塞、创伤性网胃炎、腹膜炎、产后瘫痪、前胃弛缓、肠梗阻等疾病。

(2)症状

牛采食易发酵的饲草饲料后不久,左肋部急剧膨胀,膨胀的高度可超过脊背。病牛表现为痛苦不安,回头顾腹,两后肢不时提举踢腹。食欲、反刍和嗳气完全停止,呼吸困难。严重者张口、伸舌呼吸,呼吸心跳加快,眼结膜充血,口色暗,行走摇摆,站立不稳,一旦倒地,臌气更加严重,若不紧急抢救,病牛可因呼吸困难、缺氧而窒息死亡。继发性瘤胃臌气,病状时好时坏。

(3)治疗措施

防止肉牛贪食过多幼嫩多汁的豆料牧草,尤其由舍饲转入放牧时,应先喂干草或粗饲料,适当限制在牧草幼嫩茂盛的牧地和霜露浸湿的牧地上的放牧时间。发病后迅速排除瘤胃内气体和制止发酵,可采取以下两种疗法。

①排除牛瘤胃内气体有两种方法:一是用胃导管插入瘤胃内,然后来回抽动导管,以诱导胃内气体排出;二是进行瘤胃穿刺术,即在左肋部膨胀部最高点,以碘酊消毒后用套管针迅速刺入,慢慢放气。

②制止瘤胃内容物继续发酵产气,对轻度膨胀的牛,可给其服用制酵剂,如内服鱼石脂15~20 g或松节油30 mL;对泡沫性胃瘤胃膨气,可用菜油250 mL给病牛灌服,具有很好的消泡作用,也可给牛服消泡剂,如聚合甲基硅油剂或消胀片30~60片。

③排除瘤胃发酵内容物,可给病牛灌服泻剂,如硫酸钠400~500 g和蓖麻油800~1 000 mL。

5. 瘤胃积食

瘤胃积食是指瘤胃内充满大量的较干硬的食物,引起瘤胃壁扩张而瘤胃质度硬,致使瘤胃运动及消化机能紊乱的疾病。

(1)病因

常因患牛采食过多精料、糟粕类等易膨胀的饲料,而采食过少粗饲料而致;或因采食大量未经铡断的半干不湿的甘薯秧、花生秧、豆秸等特别低劣的饲料;或突然更换饲料,特别是由粗饲料换为精饲料、由低劣而变优质,又不限量时,易致发本病;或因体弱、消化力不强,运动不足,采食大量饲料而又饮水不足;瘤胃弛缓、瓣胃阻塞、创伤性网胃炎、真胃炎和热性病等也可继发。

(2)症状

肉牛发病初期,食欲、反刍、嗳气减少或停止,鼻镜干燥,表现为拱腰、回头顾腹、后腿踢腹、摇尾、卧立不安。触诊时瘤胃胀满而坚实,呈现沙袋样,并有痛感。叩诊呈浊音。听诊瘤胃蠕动音开始减弱,以后消失。严重时呼吸困难、呻吟、吐粪水,有时从鼻腔流出。若不及时治疗,多因脱水、中毒、衰竭或窒息而死亡。

(3)治疗措施

应加强饲养管理,防止过食,避免突然更换饲料,粗饲料要适当加工软化后再喂。治疗原则是增强瘤胃收缩及排空能力,应及时清除瘤胃内容物,恢复瘤胃蠕动,解除酸中毒。

①按摩疗法。在牛的左肷部用手掌按摩瘤胃,每次5~10 min,每隔30 min按摩一次,若结合灌服大量的温水,效果则更好。

②腹泻疗法。采用硫酸镁或硫酸钠500~800 g,加水1 000 mL,液状石蜡油或植物油1 000~1 500 mL,给牛灌服,加速排出瘤胃内容物。

③促瘤胃蠕动疗法。可用药物兴奋瘤胃的蠕动,如10%高渗氯化钠300~500 mL,静脉

注射,同时用新斯的明 20～60 mL,肌肉注射能收到较好的治疗效果。

④洗胃疗法。用直径 4～5 cm、长 250～300 cm 的胶管或塑料管,经牛口腔,导入瘤胃内,然后来回抽动,以刺激瘤胃收缩,使瘤胃内液状物经导管流出。若瘤胃内容物不能自动流出,可在导管另一端连接漏斗,向瘤胃内注温水 3 000～4 000 mL,待漏斗内液体全部流入导管内时,取下漏斗并放低牛头和导管,用虹吸法将瘤胃内容物引出体外,如此反复,可将精料洗出。

⑤补液。病牛饮食欲废绝,脱水明显时,应静脉补液补碱,如 25％的葡萄糖 500～1 000 mL,复方氯化钠液或 5％糖盐水 3 000～4 000 mL,5％碳酸氢钠液 500～1 000 mL,一次静脉注射。

6. 瘤胃酸中毒

（1）病因

主要发生在肉牛强度(快速)育肥时,由于过食含有丰富的碳水化合物饲料,精粗饲料比例不当,瘤胃产生大量发酵而形成乳酸积聚的代谢性疾病。精料喂量越高,增重速度越快,发病率越高。

（2）症状

急性发病者,病程短,常无明显前期症状,多于采食后 3～5 h 内死亡。较缓者,食欲废绝,精神沉郁,脱水;腹泻者排出黏性粪便;无尿或少尿,有的瘫痪卧地。体温多正常,红细胞压积、白细胞总数、中性粒细胞、血钠、血尿素氮、球蛋白、总蛋白均升高。

①剖检病死牛。消化道广泛充血、出血,瘤胃上皮水肿、出血,瘤胃内容物酸臭。

②实验室诊断,病牛血液二氧化碳结合力降低,尿 pH 也降低。结合临床症状可以确诊。

③鉴别诊断。因本病多发生于分娩后,有瘫痪卧地症状,所以极易与产后瘫痪浑淆。其区别:产后瘫痪颈部呈 S 形弯曲,末梢知觉减退,通常无躺卧、腹泻和神经兴奋症状,钙剂治疗效果显著,多于治疗后 1～2 d 痊愈。

（3）治疗措施

预防主要是控制好精料的用量和饲喂方法,不可为追求高增重,过多的加大精料用量,育肥补精料时一定要逐渐增加,喂精料时一定要分开饲喂,避免个别牛只抢食过多,日增重设计在 1 200 g 以上的精料配方中可加入 2％碳酸氢钠、0.8％氧化镁(按混合料量计算)。治疗可从以下方案中选择:

①解毒。常用 5％碳酸氢钠注射液 1 000～1 500 mL 静脉注射,12 h 再注射一次。当尿液 pH 在 6.6 时,立即停止注射。

②补充水和电解质。常用 5％葡萄糖生理盐水,每次 2 000～2 500 mL,病初量可稍大。

③防止继发感染。可用抗生素,如一次静脉注射庆大霉素 100 万 IU,或四环素 200 万～250 万 IU,每天 2 次。

④降低颅内压,解除休克。当病牛兴奋不安或甩头时,可用山梨醇或甘露醇,静脉注射每次 250～300 mL,每天 2 次。

⑤洗胃疗法。通过洗胃,除去胃内容物,降低瘤胃渗透压的方法,其方法是用内径 25～30 mm 的塑料管经鼻洗胃,管头连接双口球,用以抽出胃内容物和向胃内打水,应用大量温水洗出精料及酸性产物。即便昏迷的病牛,加强抢救也可使之康复。对呼吸困难有窒息先兆者,应静脉注射 3％双氧水 200 mL 和 25％葡萄糖溶液 2 000 mL,注射后继续洗胃。

7. 创伤性网胃炎

（1）病因

肉牛因采食粗糙、混入饲料、饲草的铁丝、玻璃片等锐物进入网胃并沉底，随瘤胃蠕动刺伤网胃壁而引起的疾病。

（2）症状

病牛常表现为顽固性的前胃弛缓、食欲减少、反刍停止、瘤胃臌气、病牛起卧动作谨慎、卧地时常头颈伸直、站立时常肘部外展、肘肌发抖等。个别牛会出现反复的剧烈呕吐，甚至出现从鼻腔中"喷粪"的现象。

（3）防治

预防本病发生，重在精心的饲养，有条件者实行铡草、过电筛、过水池、除去异物；投放磁铁预防饲料饲草中混有铁丝；对症处理，如减少瘤胃臌气、实施抗菌消炎处理。

8. 瓣胃阻塞

（1）病因

患牛因长期饲喂粗硬的干饲料，饮水不足，或引入含大量泥沙的水而导致瓣胃秘结而阻塞。

（2）症状

本病发病过程较缓慢，常食欲减少直至废绝，排粪渐次减少直至停止。在病牛右侧第8～9肋间的肩关节水平线处听诊，其瓣胃蠕动消失，在第7～9肋间叩诊其浊音区扩大并有疼痛表现，后期牛体发生自体中毒，体温升高，呼吸脉搏增数。

（3）防治

加强饲养管理，改喂易消化的饲料，多给饮水，适当运动；灌腹泻剂；施以胃肠蠕动兴奋药；通过瓣胃注射，在右侧第8～9肋间肩关节水平线处向对侧肘头方向刺入8～12 cm，感觉似层层刺入纸质感时，注入少量水，并随即抽出少量，若针筒内混有少量粪屑状物，即可判定已注入瓣胃，方可大量注入液状石蜡或硫酸镁溶液。

9. 真胃变位

真胃（皱胃）为牛的第四胃，真胃变位分有左方变位和右方变位两种。左方变位在真胃从瓣胃的后面，由右侧经过腹底移至左侧肋部，置于瘤胃和左腹之间。而右方变位是指真胃仍在腹腔右侧，在原位向前上方（逆时针）扭转和向后上方（顺时针）扭转，该病多发生在分娩过程或分娩前后。

（1）病因

原因多因皱胃弛缓和皱胃的运动，由于分娩时强烈努责，肉牛过食高蛋白精料引起胃酸过多及代谢紊乱，胃壁弛缓加之充有气体，使皱胃具有较强的游走性。

（2）症状

病牛食欲及胃肠蠕动减退，并始终呈波动性。消化紊乱，拒吃精料和多汁料，但常尚能吃些干草；粪便量少，稀糊状或秘结。随着病程延长，病牛多表现消瘦、脱水、产奶量下降；小便检查呈中毒或中毒酮尿。

（3）治疗

①保守的中药疗法。用黄芪250 g，沙参30 g，白术100 g，甘草20 g，柴胡20 g，升麻20 g，陈皮60 g，枳实60 g，代赭石100 g。代赭石先煎0.5 h，再与其他药同煎汤而灌服，每天一剂，

连服 3～5 剂。

②对左方变位的牛用翻滚法。限饲 48 h 后,剧烈驱赶,再将牛侧倒,使之仰卧,摇晃牛体,使瘤胃下沉,此时充满气体的皱胃上升,最后渐入右侧而复位。

③手术根植。切开右侧腹壁,纠正真胃位置,并将真胃幽门部大网膜固定在右侧腹壁上。

10. 肠秘结

（1）病因

多因长期饲喂粗纤维饲料、饮水不足、发热性疾病、犊牛肠寄生虫引起。

（2）症状

发生肠秘结的患牛多表现为食欲反刍渐次减少、轻度腹痛、臌气或呕吐现象、胃肠蠕动音渐次减弱甚至消失、大便逐步减少直至停止等;直肠检查,有时后部空虚,有时有少量干燥的小粪球,若秘结位置较后,则可以触诊到阻塞部位,较敏感(早期),疼痛。

（3）治疗

给患牛供给多汁青绿饲料,不断喂水,投腹泻药或油剂(如液状石蜡)或中药通结汤,直肠深部灌肠,必要时进行剖腹碎"结"或肠切除术。

11. 肠痉挛

（1）病因

多因患牛突然遭受寒流袭击,吹寒风,饮冷水,吃入冰冻及发霉饲料或肠道蛔虫刺激而引起肠痉挛。

（2）症状

患牛多表现为突然发生腹痛,病畜不安,起卧不定。听诊肠音亢进,排出稀粪。数次间歇发作后,最后肠弛缓,肠音消失,个别可继发肠炎,肠套叠,肠变位。

（3）防治措施

可通过改善患牛的饲养管理,不喂冷冻饲料及腐败发霉饲料、投服肠道消炎药、注射安乃近注射液 20～30 mL 或强心补液等措施。

12. 胃肠炎

（1）病因

①继发性胃肠炎,见于各种传染病、中毒病及寄生虫病。

②原发性胃肠炎,其病因与消化不良基本相同,如突然改变饲料、饲草,不定时定量,饥饱不匀,饲喂发霉、变质饲料等。

（2）症状

患牛常持续腹泻,精神委顿,食欲不振,体温升高,肠蠕动音亢进,粪便臭或腥臭。病的后期肛门松弛,排粪失禁,机体脱水。

（3）治疗

针对患牛,可采取经常检查饲料,发现霉变、酸败、变质者不可饲喂,定时定量饲喂,注意食槽卫生,药物治疗等措施。注意坚持全疗程的消炎,掌握腹泻和止泻的时机,做好补液、解毒、保护心脏机能。

13. 创伤性心包炎

创伤性心包炎是由于尖锐异物穿过网胃、隔膜而刺入心包,由心包发炎而蔓延心肌或进一步刺伤心肌而发炎。

（1）病因

常因尖锐异物随牛粗放采食进入瘤胃而沉于网胃底壁，随瘤胃的蠕动而发生的损伤；肋骨骨折等情况从胸壁刺伤；随分娩而原有创伤性网胃炎加剧而成。

（2）症状

患病牛常表现精神沉郁，活动迟缓，食欲减退，肘部常外展；心区听诊常听到心包摩擦音或拍水音（心包腔有腐败气体时）。其颈静脉怒张，呈现阳性颈静脉搏动。

（3）防治

治疗患牛常采用从粗饲料中剔除尖锐物，给肉牛投放磁铁，建肉牛场选址时要注意远离某些工厂，严禁饲养员及其他人员在牛舍中做针线活等措施。

四、肉牛常见的外科疾病

1. 外科肿胀

常见的外科肿胀包括脓肿、血肿、淋巴外渗、蜂窝组炎、良性肿瘤、水肿浮肿、疝等。

（1）脓肿

常见的发病部位为胸、头、颈侧方等部位。初期肿胀呈弥漫性，界限不清、硬实，成熟后中央有波动感，周缘硬实可自溃排脓，还有掉毛等特征。

（2）血肿

常见发病部位为浅表处有大血管的皮下，如胸、腹、臀部等处。发病初期无症状，数天后有轻度热痛。血肿一般为圆形，有波动和弹性，皮肤较紧张，以后界限清楚，周缘较坚实，触诊中央有波动、捻发音，病久皮温下降。

（3）淋巴外渗

常见发病部位为有丰富淋巴管网的皮下结缔组织处，以胸前、腹肋、颈基、肩胛部为多发部位。发病症状较缓慢，但如果是损伤大淋巴管，发病较快。发病特征为呈波动柔软的囊状肿胀，界限清楚，皮肤不紧张，推压或运动时，有水过声或振水音。

（4）蜂窝组炎

常见发病部位为皮下、筋膜下或肌肉等处疏松的结缔组织内，以四肢、肩胛部等多见。发病后发展迅速，常向周围或深部蔓延，热痛明显，剧烈，在四肢可引起全肢肿痛，早期呈弥漫性肿胀，界限不清，局部硬实，皮肤紧张，逐渐形成脓肿。

（5）良性肿瘤

常见发病部位为身体各部，多见于躯干。发病特征为有被膜，界限清晰，一般呈圆形，有较细的蒂，触摸均匀、硬实，有弹力。良性肿瘤不转移，切除后一般不复发，但有时可转变为恶性。

（6）水肿、浮肿

常见发病部位为胸前、腹下、后肢。发病特征为不定性，时有波动，有压痕。

（7）疝

常见发病部位为腹壁、脐部、会阴等，发病特征为有疝环，可复发。

2. 风湿病

（1）病因

风湿病的病因较复杂，一般认为多与风寒湿（包括湿热）的侵袭、某些溶血性链球菌感染有关。

（2）发病症状

风湿病一般可分为急性、慢性、全身性、局限性等种类，以急性发病多见且严重。

一般而言，急性风湿症状常伴有全身症状，如体温升高、呼吸急促、脉搏频数、食欲减退等症状；慢性风湿以局部症状为主，肌肉僵硬、伸屈障碍、弓腰、步态拘谨等症状；而局限性风湿的受侵害部位一般为多处，呈游走性，易复发，受侵害的肌肉紧张、坚实、湿热而疼痛。

（3）治疗

风湿病的治疗一般采用药物治疗、针灸相关穴位治疗、热敷、红外线治疗等方法。其中治疗药物包括解热、镇痛、抗风湿药物（如静脉注射10％水杨酸钠注射液200～400 mL、口服阿司匹林、复方水杨酸钠等）、皮质激素类药、可通经活络散的中药等。

3. 关节炎（滑膜炎）

关节炎是关节部分发炎的总称，滑膜炎是关节囊滑膜层的炎症，滑膜炎症同时伴有滑膜下层组织的炎症时才成为关节炎。

（1）病因

关节炎多由机械性损伤、血液转移引起。关节炎按病原性质可分无菌性和感染性；按渗出性质分浆液性、浆液纤维素性、纤维素性、脓性滑膜炎；按病程分为急性、亚急性和慢性。

（2）症状

急性浆液性滑膜炎表现为关节腔积蓄大量浆液性炎性渗出物，关节肿大、热痛，指压关节憩室突出部位有明显波动。

（3）治疗

急性关节炎的治疗原则为制止渗出，促进吸收，排出积液，恢复机能。常用治疗方法为关节腔注射0.5％普鲁卡因青霉素（严重者可加可的松类药物）、冷疗法、压迫绷带疗法等，慢性关节炎可用温热疗法外敷鱼石脂软膏。

4. 黏液囊炎

黏液囊炎是在皮肤、筋膜、韧带、腱与肌肉下面，骨与软骨突起的部位为了减少摩擦的黏液囊发炎。

（1）病因

黏液囊炎的常见病因为严重挫伤、反复摩擦、某些传染病如布鲁氏菌病继发引起。

（2）症状

黏膜炎的常见症状为出现局限性、慢性带有波动性的隆起，逐渐增大，无痛、无热。患病部分的皮肤被毛卷曲，皮肤增厚，穿刺流出黄色液体，严重者感染后流出脓汁。牛的腕前黏液囊炎是临床上常见病，若肿大则表现为跛行，影响牛只的运动。

（3）治疗

黏膜炎的治疗有保守疗法和手术疗法，其中保守疗法常采用局部消毒，用消毒针头刺入囊内排液，再注入3％～5％福尔马林酒精溶液，保持2～3 h再放出药液，装上压迫绷带（尤其腕关节适合）；手术疗法为在肿胀处切开皮肤，钝性分离黏液囊和皮肤之间的组织，将整个黏液囊取出，生理盐水洗创，切除多余皮肤，缝合皮肤切口。

5. 腐蹄病

腐蹄病是指牛蹄间皮肤和软组织具有腐败、恶臭特征的疾病的总称。

（1）病因

引起腐蹄病的病因较多，主要包括坏死杆菌、链球菌、化脓菌、结节梭菌等病原，牛舍及运动场粗糙潮湿的地面，钙、磷代谢紊乱等。

（2）症状

腐蹄病的常见症状，首先是蹄间裂的后面发生肿胀，逐渐向上蔓延至蹄冠，导致肉牛出现严重的肢跛、破溃、流出红黄色脓汁及坏死组织，恶臭，蹄底受脓汁的浸渍，表面发黑，深部局部红、肿、热、痛等症状。严重时引起体温升高，食欲废绝、蹄壳脱落、治疗不及时的母牛可因极度消瘦或败血症而死亡。

（3）防治措施

肉牛腐蹄病的防治措施主要包括加强肉牛的饲养管理，提供营养价全的饲料；及时清除畜舍、运动场的粪尿并保持干燥；采用10％硫酸铜或0.1％高锰酸钾喷洒牛场过道、牛床的地面，建过道水池供蹄浴使用；每年检修牛蹄部1～2次；腐蹄病严重的病例要进行全身治疗。

6. 蹄变形

患有蹄变形的牛约占牛群总数的55％以上，牛蹄变形是蹄病的主要诱因，若不及时治疗和矫正，往往会影响肉牛的生产性能，造成经济损失。

（1）病因

肉牛的蹄变形一般分为成长蹄和变形蹄两大类，引起蹄变形的因素主要有代谢病和缺少定期的修蹄制度。

（2）防治措施

应根据不同类型的变形蹄作相应的修整，蹄变形不严重者经1～2次可以矫正，而严重病例只能减轻或部分恢复。

五、肉牛常见的产科病与繁殖障碍

1. 难产

难产的种类多，复杂性大，存在很大的危险。掌握难产的助产方法是提高难产治愈率的关键。难产助产的原则主要包括以下几点：①助产的目的要明确，采取的措施要科学合理；②助产时应坚持实行严格的器械、人员和畜体消毒；③坚持先检查（母牛的眼结膜、呼吸、体温），先补液（必要时），先荐尾麻醉，先向产道灌入润滑油的原则；④采用合适的保定方式，尽量站立保定，不能站立时应抬高后躯；⑤根据具体情况采用恰当的矫正助产方法，通常先推动胎儿，用手深入引导内向运用器械，拉出胎儿。常用的助产方法有推、矫、拉、截、剖，常用助产的工具有手、绳、钩、梃、刀、铲、锯、器（胎儿截断器）；当母体体质特别差、难产程度很大时，可动员畜主采用剖腹产术。

2. 流产

流产（妊娠中断）是由内外多种因素的作用，破坏母体与胎儿正常的孕育关系。

（1）病因

引起流产的因素主要包括以下几方面：①怀孕母牛感染布鲁氏杆菌、滴虫病等恶性传染病或寄生虫病；②由某些有毒物质、辐射、疾病等有害因素使胚胎发育不良而死亡；③母牛长期营养不良或营养成分缺乏、内分泌失调或患其他严重性疾病；④母牛怀孕后，胎膜、胎盘病变、胎水过多等；⑤突发的应激因素，如火灾、强行驱赶、角斗、机械损伤等。

（2）症状

怀孕母牛流产的症状主要包括隐性流产（胚胎被母体吸收，或太小流出看不见）、产出不足月的死胎儿（小产）、产出不足月的活胎儿（早产）、死胎延滞（包括胎儿干尸化、胎儿浸溶、胎儿腐败气肿）等。

（3）防治措施

母牛的流产防治措施主要包括：①查明病因，排除传染性流产；②有先兆流产应先注射孕酮保胎，若保不住，应实行引产；③若胎儿干尸化，应在怀孕期满后，采用前列腺素类或地塞米松引产；④若出现胎儿浸溶或胎儿腐败，应及时冲洗子宫或剖腹取出胎儿并进行全身治疗，防止继发全身败血症；⑤注意护理及观察流产母畜。

3. 子宫内（外）翻

子宫内翻是指母牛的子宫角、子宫体、子宫颈等翻转突垂于阴道内；子宫外翻是指母牛的子宫角、子宫体、子宫颈等翻转突垂于阴门外。

（1）病因

子宫内（外）翻的病因主要包括：①母牛营养不良，缺乏运动，多病，年老而子宫韧带弛缓；②母牛腹压过大，努责过强；③难产时产道干涩，拉动胎儿过快，胎衣不下时人工牵引过度；④胎儿过大，双胎，胎水过多，胎儿脐带过短等因素。

（2）症状

患牛常出现严重的全身症状，子宫内翻时患畜频频努责、不安，随时间延长，可能会发生子宫外翻，外翻的子宫悬垂于阴门外呈囊状，触摸柔软，呈暗红色。

（3）治疗措施

一般子宫内（外）翻需按下列顺序处理：①保定（患牛应保持前低后高的姿势）；②麻醉荐尾；③采用温消毒液自上而下清洗消毒；④清理、缝合或用3%明矾水收敛；⑤根据情况，采用远端整复法、近阴门端逐步整复法整复还纳；⑥向子宫内投入适当的抗生素；⑦采用纽扣状缝合固定阴门；⑧必要时实行子宫切除术。一般而言，子宫脱出越久，整复越难。

4. 胎衣不下

肉牛胎衣不下是指母牛正常分娩后12 h（夏季）或18 h（春、秋、冬季）胎衣仍没有排出。

（1）病因

胎衣不下的病因主要包括以下几方面：①母牛体质弱，少运动，营养不良；②胎儿过大，胎水过多；③胎儿胎盘和母体胎盘病理黏着；④产道阻滞等。

（2）症状

胎衣不下的症状主要表现为停滞的胎衣部分垂于阴门之外或阻滞于阴道之内。

（3）治疗措施

胎衣不下的治疗措施包括手术剥离法和药物治疗。其中手术剥离法是指一只手握住阴门外胎衣，稍用力外拉并向一个方向拧转，另一只手在子宫沿胎衣摸到粘连的子叶基部，用食指及中指面向宫壁夹住胎衣，用拇指由子宫阜和胎衣结合部向手心方向剥离，剥离一半时，用食指、中指夹住胎衣用力向宫腔方向扯下胎衣。药物治疗包括投喂益母草汤、灌服中药生化汤、注射垂体后叶素或新斯的明静注高渗氯化钠或向宫腔内灌注5%～10%氯化钠溶液等。

5. 子宫内膜炎

子宫内膜炎是母牛分娩时或产后子宫感染发展而成的炎症。根据炎症的性质可分为卡他性、脓性卡他性、纤维蛋白性、坏死性、坏疽性；根据炎症的过程可分为急性、亚急性和慢性；根据炎症波及子宫壁深度，分为内膜炎、肌层炎、浆膜炎及子宫周围炎甚至盆腔炎。

(1)病因

母牛子宫内膜炎的病因主要包括如下几方面：①助产、截胎、剖腹产时严重污染；②子宫脱出、胎衣不下，阴道脱出时，受到严重污染；③传染病及寄生虫病如布鲁氏菌、弧菌病及某些病毒病；④流产、死胎感染；⑤人工授精或公牛自交不洁；血源或淋巴源性感染等。

(2)症状

急性子宫内膜炎的症状：在产后 5～6 d 从阴门排出大量恶臭的恶露，呈褐色或污秽色，有时含有絮状物，或母牛产后不排恶露而发生恶露滞留。

慢性子宫内膜炎的症状：发情周期不规律，屡配不孕，发情时母牛的阴户流出较混浊的黏液，严重者形成子宫积液或蓄脓。

(3)治疗措施

母牛子宫内膜炎的治疗方法主要包括冲洗子宫、子宫按摩和促进子宫收缩。

6. 持久黄体

持久黄体是指由于某些意外因素使母牛的卵巢上的黄体该退化而不退化，较久地(超过一个性周期)停留于卵巢上。

(1)病因

母牛发生持久黄体的病因主要包括运动不足、饲料不足、缺乏蛋白质、矿物质或维生素；前列腺素分泌不足；下丘脑或脑垂体的 LRH 或 FSH、LH 不足。

(2)症状

患有持久黄体的母牛常表现为母牛的发情周期停止及延长，长期不发情，阴户皱缩，直检在卵巢同一部位间隔 10 d 以上仍存有同一不退化黄体(怀孕例外)。

(3)治疗措施

持久黄体的治疗措施主要包括改善饲养管理，净化处理子宫，注射前列腺素，直肠内挤压黄体或按摩黄体，刺激其消退。

7. 卵巢静止、卵巢萎缩

卵巢静止是指母牛的卵巢弹性好，但处于不活动状态；卵巢萎缩是指母牛的卵巢弹性减少，卵巢变小、硬实。

(1)病因

母牛的卵巢静止或卵巢萎缩常因饲料不足、营养不良、母牛过肥、母牛全身疾病、子宫疾病、母牛分娩消耗过大等因素导致。

(2)症状

患牛常常表现为不发情，直检时卵巢大小无变化，上面亦无特殊结构(黄体或卵泡)称为卵巢静止，卵巢变小或较硬实称为卵巢萎缩。

(3)治疗措施

通常采用 LRH 或 FSH＋LH、PMSG＋HCG、中药淫羊藿、阳起石、红花等药物治疗；同时加强母牛的饲养管理,淘汰患有老年性、严重疾病性卵巢萎缩的患牛。

8. 卵巢囊肿

卵巢囊肿主要包括卵泡囊肿、黄体囊肿、黄体化囊肿。

(1)卵泡囊肿

卵泡囊肿多因精饲料过多,维生素 A 缺乏,垂体激素比例失调如卵泡雌激素(FSH)过多,黄体生成素(LH)过少而发病。

卵泡囊肿的治疗措施包括:补充维生素和微量元素、改变饲料配方、采用黄体生成素(LH)或绒毛膜促性腺激素(HCG)等药物进行治疗。

(2)黄体囊肿

黄体囊肿是指卵巢上卵泡较大,排卵后其黄体形成而不能完全填满中空而留有≥0.8 cm 直径的空腔。

(3)黄体化囊肿

卵泡囊肿腔中的内壁细胞逐步发生黄体化而最终使卵泡囊肿变为黄体囊肿的中间过程。通常早期可采用 LH、HCG、维生素 A 治疗黄体化囊肿,后期采用前列腺素治疗黄体化囊肿。

第三节　常见传染病的防治技术

肉牛养殖中最怕的是传染病流行,如口蹄疫、炭疽病、布氏杆菌病、结核病、传染性胸膜炎、气肿疽等,对于这类病要根据所在地的疫情,配合当地兽医部门做好定期的防疫接种或其他防范工作,牛群一旦发生某种传染病,应及时准确地进行疾病诊断,并根据该病的特点提出综合防治措施。

由病原微生物引起,有一定的潜伏期和临床症状,并具有传染性的疾病称为传染病。《中华人民共和国动物防疫法》根据动物疫病对养殖业生产和人体健康的危害程度,依法进行管理的动物疫病分为 3 类:一类疫病是指对人畜危害严重,需要采取紧急、严厉的强制预防、控制、扑灭措施的;二类疫病是指可造成重大经济损失,需要采取严格控制和扑灭措施,防止扩散的;三类疫病是指常见多发、可能造成重大经济损失、需要控制和净化的。动物防疫法中确定的上述 3 类疫病具体病种名录由国务院畜牧兽医行政管理部门规定并公布。肉牛的一类疾病有口蹄疫、牛海绵状脑病(国外发生,国内没发生)、牛瘟(国内已消灭)、牛肺疫(国内已消灭)等。肉牛的二类疾病主要有布鲁氏菌病、结核病、炭疽、牛传染性鼻气管炎、牛出血性败血症、魏氏梭菌病等。肉牛的 3 类疾病主要有牛流行热、牛病毒性腹泻/黏膜病、大肠杆菌病、沙门氏杆菌病、李氏杆菌病等。

肉牛传染病可对肉牛养殖造成重大损失,特别是一些传染病,如果在一个地区或者肉牛养殖场发生,可能给发病的地区或养殖场的肉牛养殖造成毁灭性的打击。有的人畜共患传染病还会危害人体健康。因此预防和控制肉牛传染病的发生和流行,对于肉牛养殖场和养殖户就是效益。全国许多肉牛养殖场由于重视传染病的预防,避免了肉牛传染病的发生和流行,使肉牛养殖的发展和效益获得有了可靠的保证。有的规模化牛场不重视疫病的预防,一旦发生重大的疫情,所养殖的肉牛全部扑杀,造成巨大的损失,教训深刻。

一、肉牛传染病的防治原则

肉牛传染病的防治应根据《中华人民共和国动物防疫法》及其有关法规的要求进行,实行预防为主的方针。牛舍建设和饲养场所环境卫生要符合兽医卫生要求。在日常的肉牛养殖中,要加强饲养管理,搞好饲养场所环境卫生消毒、杀虫灭鼠工作和粪污无害化处理;肉牛定期按规定进行检疫、免疫预防;从场外引入肉牛饲养应符合国家有关畜禽产地检疫和检疫技术规定。发生传染病或疑似传染病时应及时诊断和上报,并据传染病的类型,对重大肉牛疫情同时或分别采取隔离病牛、环境紧急消毒、封锁、扑杀等措施;对一般传染病采取隔离病牛、环境消毒、无害化处理淘汰发病牛等措施。

二、肉牛传染病的预防措施

1. 肉牛养殖场所环境卫生

肉牛饲养场所的选址、布局、设施及其卫生要求、工作人员健康卫生要求、运输卫生要求、防疫卫生要求等必须符合农业部《动物防疫条件审查办法》等动物卫生的规定。规模肉牛场的场区应划分为管理和生活区、生产和饲养区、生产辅助区、牛粪堆贮区、病牛隔离区和无害化处理区,各区应相互隔离,净道与污道应分开,避免交叉点。非生产人员不应进入生产区,特殊情况下,需经消毒后方可进入,并遵守规定的一切防疫制度。

牛舍应修建合理的排污沟,牛粪便经排污沟进入沼气池或相应的污物处理系统进行无害化处理。养殖区不能喂养犬、猫等动物,也不可饲养除肉牛外的其他畜禽如猪、羊、鸡、鸭等。以防止污染环境、水源及疫病交叉传播。肉牛饲养场所内不准屠宰和解剖牛只。

2. 做好免疫预防

应根据《中华人民共和国动物防疫法》及其有关法规的要求,结合当地的疫病发生、流行等实际情况,每年有选择、有计划地开展疫病的预防接种工作。免疫预防的疫病至少应包括:气肿疽病、牛出败、口蹄疫。在一些地区还应根据当地疫情进行牛炭疽、牛魏氏梭菌病的免疫预防。

所用疫苗必须是经农业部批准生产的产品。采购和使用疫苗,应注意疫苗的种类,免疫方法、有效期、保存条件和科学合理的免疫程序。疫苗应妥善保存,灭活疫苗应保存在 $0\sim10℃$ 冰箱冷藏室内,防止冻结;活毒冻干疫苗,应保存在 $-15℃$ 以下冰箱冷冻室内,冻结保存。若疫苗有特殊保存要求,应按厂家提供的方法进行保存。

肉牛疫病的免疫预防实行免疫档案及动物标识管理制度。

3. 按要求检疫隔离外购及引进肉牛

从外地购买引进牛,应符合国家有关畜禽产地检疫和检疫技术规定。不允许从有牛海绵状脑病及高风险的国家和地区引进牛、胚胎、精液;不从发生疫病的地区购买和引进牛饲养。购买的肉牛必须在当地检疫合格并有动物卫生监督机构出具的检疫证和非疫区证。

从当地肉牛交易市场购买或者从外地引进牛后应在隔离牛舍进行隔离观察 $15\sim45$ d,在观察期间应进行布氏杆菌病和结核病等的检疫,对每头牛隔 $2\sim3$ d 选用碘伏、过氧乙酸制剂或优氯净进行一次牛体消毒,并进行体外杀虫。确认为健康者方可合群饲养,确认牛健康无病后,对全部群牛进行一次牛体消毒后即可并群转入育肥饲养。

4. 检疫及疫病监测

肉牛养殖场和养殖户必须对饲养的全部肉牛预防接种,在日常管理中注意监测临床异常情况,定期抽检,及时检出阳性牛并作淘汰和无害化处理。如果通过实验室等确诊,应及时报告当地兽医部门,并按有关兽医法规及时处理,以控制疫情。

5. 疫病控制与扑灭

肉牛发生传染病或疑似传染病时,畜主应立即报告当地动物疫病防控部门。动物疫病防控部门在接到疫情报告后应立即诊断,依法采取有效措施进行控制和扑灭。当发生疑似口蹄疫等一、二类疫病重大动物疫情时,应立即按国家相关重大动物疫情处置技术规范进行处置,三类疫病需要采取控制、净化等措施。

三、常见诊断方法

1. 临床诊断

临床诊断是传染病诊断中最基本、最简便易行的方法。通过临床诊断可对某些具有特征性症状的典型病例确诊。但对发病初期特征性症状尚不明显的病例和非典型病例,只能提出可疑疫病的大致范围,必须配合其他方法进行诊断。在临床诊断时,要收集发病动物群表现的所有症状,进行综合分析判断,不能单凭少数病例的症状轻易下结论。

2. 流行病学诊断

流行病学诊断与临床诊断是密切相关的,称为流行病学及临床诊断。流行病学诊断一般是在临床诊断过程中进行的,一般要调查了解疫病流行情况、传染源、传播途径和方式等问题。

3. 病理学诊断

很多疫病都有程度不同的特殊病理变化,尸体解剖后进行病理学诊断具有很大价值,尸体解剖必须在死后立即进行,夏季以不宜超过 5~6 h,冬季不宜超过 24 h。

4. 病原学诊断

病原学诊断包括细菌学检查法和病毒学检查法,是传染病的重要诊断方法。病料的采取应力求新鲜,并防治杂菌污染,尽量在濒死期或死亡后立即通过无菌操作采集病料。根据流行病学、临床及解剖的不完整资料疑似疫病,应采取含病原体多、病变较明显的脏器或组织;对缺乏流行病学、临床资料,剖检又无明显病变,应按败血症疫病,较全面地采取肝、脾、肾、肺、血液、脑及淋巴结等。

5. 血清学诊断

血清学诊断是利用抗原和抗体特异性结合的免疫学进行诊断的一种常用的特异性诊断方法。常用环状沉淀试验、琼脂扩散试验、免疫电泳、对流免疫电泳、凝集试验、间接血凝试验、凝集溶解试验、反向间接乳胶凝集试验、协同凝集试验、病毒血凝抑制试验、补体结合试验、免疫荧光法、酶联免疫吸附试验、放射免疫检查法、免疫电镜检查法等诊断方法。

6. 变态反应诊断

变态反应诊断具有特异性强、敏感性高、操作简便的优点,因此是动物传染病诊断中常用的一种方法。主要用于结核病、副结核病、鼻疽、布鲁氏菌病、牛肝片吸虫病、弓形虫病、犬丝虫病等慢性传染病的诊断。

四、肉牛常见传染病的防治技术

1. 口蹄疫

口蹄疫是指由口蹄疫病毒引起的一种能快速传播的急性、热性、高度接触性偶蹄动物传染病。其特征是在皮肤、黏膜形成水疱和糜烂,尤其在口腔和蹄部的病变最为明显,因而称为口蹄疫。

（1）病原及流行病学

口蹄疫病毒属于小核糖核酸病毒科口蹄疫病毒属,病畜及潜伏期带毒动物是最危险的传染源,本病以直接接触和间接接触的方式进行传递。本病发生无明显的季节性,以秋末、冬春为发病盛期。

（2）临床症状

牛口蹄疫的潜伏期一般为 3～8 d。一般表现为突然发病,体温升至 40℃左右,精神沉郁,食欲废绝,可见有大量的流涎,在舌面、唇内面及齿龈等部位黏膜出现充血,在趾间、蹄冠部的皮肤、乳房也出现同样的水疱,很快水疱破溃后形成溃疡。牛发生口蹄疫一般呈良性,病死率为 1%～3%。若病毒侵害到心肌时,病情会恶化,死亡率可达 20%～50%。哺乳犊牛发病时一般不见水疱,而以出血性肠炎和心肌炎为症状,死亡率高。

（3）诊断

因本病的临床症状特征比较明显,结合流行病学调查情况就可做出初步诊断,但确诊需经实验室对病毒进行毒性诊断。

（4）防控措施

因口蹄疫在国际上被列为一类传染病,一旦有此病的发生,要采取综合性防治措施。对疫区和受威胁地区内的健康家畜每年应定期注射与流行毒株血清型相匹配的口蹄疫疫苗。疑似本病发生时,应立即报告当地兽医部门确诊,在兽医指导下采取封锁、隔离、消毒、扑杀等综合措施,力争尽快控制疫情,同时对周围健康猪、牛、羊进行紧急接种口蹄疫疫苗。待最后一头病畜痊愈、死亡或急宰后 14 d,再经过全面的大消毒,才可解除封锁。

2. 牛结核病

牛结核病是由牛分枝杆菌或人型结核杆菌所引起的人畜共患、慢性消耗性传染病。其病理特点是在多种组织器官形成肉芽肿和干酪样、钙化结节病变。

（1）病原及流行病学

结核分枝杆菌主要有 3 个类型:牛型、人型和禽型结核杆菌。结核病主要通过呼吸道、消化道、交配感染。患结核病畜禽可通过各种途径向外排菌,是本病的重要传染源。结核杆菌为需氧菌,对磺胺类药物、青霉素及其他广谱抗生素均不敏感,但对链霉素、异烟肼、对氨基水杨酸和环丝氨酸等药物敏感,白芨、百部、黄芩等中草药对结核菌也有较好的抑菌作用。

（2）临床症状

结核病的潜伏期长短不一,短的十几天,长的达数年。可侵害肉牛的多个部位,以肺结核最常见。患牛精神不振,食欲差,干咳,体表淋巴结肿大,解剖可见多个组织器官形成肉芽肿和干酪样、钙化结节病变。

牛患肺结核,病初食欲、反刍无变化,但易疲劳,常发短而干的咳嗽,随后咳嗽加重,胸部听诊可听到摩擦音;牛肠道结核多见于犊牛,表现为消化不良、食欲不振、顽固性下痢、迅速消瘦;牛患生殖器官结核,性机能紊乱,孕畜流产,公畜附睾肿大,阴茎前部可发生结节、糜烂等症状;牛脑、脑膜等中枢神经系统发生结核病变,常引起神经症状,如癫痫样发作、运动障碍等症状。

(3)诊断

肉牛发生渐进性消瘦、咳嗽、肺部异常、慢性乳腺炎、顽固性下痢、体表淋巴结慢性肿胀等,可作为疑似患结核病的重要依据。根据临床症状很难确诊,剖检出增生性结核结节、干酪样坏死、渗出性结核、"珍珠样"结节等特异性病变可确诊为结核病,必要时可进行微生物学检验。

(4)防治措施

主要采取检疫、隔离、消毒和扑杀阳性牛的综合性防治措施,防止疫病传入,净化污染群,培育健康畜群。健康牛群(无结核病畜群),平时加强防疫、检疫和消毒措施,防止疫病传入;污染牛群,需要反复进行多次检疫,一旦发现可疑牛,均作淘汰处理;小牛应在出生后1个月、6个月、7个半月进行3次检疫,同时加强消毒工作。

3. 布氏杆菌病

牛布氏杆菌病是由布鲁氏菌引起的人畜共患的慢性接触性传染病。主要特征是生殖器官和胎膜发炎,引发流产、不育和各种组织的局部病灶,对人危害很大。

(1)病原及流行病学

布鲁氏菌属有6个种,习惯上称流产布鲁氏菌为牛布鲁氏菌。病畜、带菌动物(包括野生动物)、受感染的妊娠母畜、流产后的阴道分泌物、乳汁等都是重要的传染源;传播途径包括消化道、皮肤、吸血昆虫等,畜禽的易感性是随性成熟年龄接近而增高。

(2)临床症状

布氏杆菌病的潜伏期约为2周至6个月,母牛最显著的症状是流产,产后继续排出污灰色或棕红色分泌液,有时恶臭,分泌液迟至1~2周后消失。

(3)诊断

流行病学资料、流产、胎儿胎衣的病例损害、胎衣滞留、不育等症状有助于布氏杆菌病的诊断,但确诊只有通过实验室的血清凝集试验及补体结合试验来诊断。

(4)防治措施

防治布氏杆菌病应坚持"预防为主"的原则。不从疫区购牛,在易发地区牛群每年进行一次血清凝集反应或补体结合反应检疫,对检出的阳性牛淘汰处理,对病牛排泄物深埋处理,其污染的场所用5%来苏儿消毒。消灭布鲁氏菌病的措施是检疫、隔离、控制传染源、切断传播途径、培养健康牛群及主动免疫接种,疫苗接种是控制本病的有效措施。

4. 炭疽

炭疽是由炭疽杆菌引起的一种急性、热性、败血性人畜共患性传染病。该病的主要特征为败血症变化、脾脏显著增大、皮下和浆膜下有血性胶样浸润、血液凝固不良等。

(1)病原及流行病学

炭疽杆菌是炭疽的病原,为革兰氏阳性,为兼性需氧菌,有荚膜,无鞭毛。炭疽的主要传染源为患该病的病畜,炭疽在夏季雨水多、洪水泛滥、吸血昆虫多时易发生传播,主要经采食污染的草料和水,吸血昆虫叮咬皮肤、呼吸道感染等途径感染。

（2）临床症状

炭疽的潜伏期为 1～5 d。炭疽分最急性型、急性型、亚急性 3 种，其中：①最急性型炭疽常表现为突然昏迷、倒卧、呼吸困难、可视黏膜发绀、全身战栗、临死前天然孔出血、病程数分钟至数小时等症状；②急性型炭疽最常见，体温可上升到 42℃、少食、可在放牧或使役中突然死亡。部分患牛精神不振、反刍停止、战栗、呼吸困难、黏膜呈蓝紫色或有出血点，为 1～2 d 死亡；③亚急性炭疽的病情较慢，在喉部、颈部、胸前、腹下、肩胛或乳房等部位的皮肤、直肠或口腔黏膜等处出现炎性水肿，一般可数周内痊愈，部分患牛可转为急性，病程约为 1 周。

（3）诊断方法

对疑似炭疽病的死畜，应禁止剖检。可用消毒棉棒浸透血液，涂血片送检，或通过镜检、培养及动物接种的方法进行诊断。

（4）防治措施

①预防。近 2～3 年内发生过炭疽的地区的易感动物，应定期做预防接种。

②扑灭。当发生炭疽疑似病例时，应立即上报疫情，划定并封锁疫区，按要求采取严格的防疫措施，隔离治疗病畜，疑似病例用药物防治，假定健康群应紧急免疫接种。

③治疗。常用的治疗方法有血清疗法、药物疗法，其中血清疗法是采用抗炭疽血清（特效制剂）治疗病畜，治疗效果较好，皮下或静脉注射，必要时于 12 h 后再注射一次；药物疗法是指可选用青霉素、土霉素、链霉素等抗生素、磺胺嘧啶等药物进行治疗。

④疫区的消毒。应彻底消毒整个养牛场，焚烧被污染的饲料、垫料、粪便，焚烧或深埋处理尸体。

⑤封锁疫区。禁止任何畜禽出入疫区，禁止输出畜产品及草料，禁止食用病牛乳、肉。在最后一头病牛死亡或痊愈后 15 d 解除封锁，解除前再进行一次终末消毒。

5. 牛巴氏杆菌病

牛巴氏杆菌病多见于犊牛，又称牛出血性败血症。是以高热、肺炎、急性胃肠炎以及内脏器官广泛出血为特征的一种急性传染病。

（1）病原及流行病学

多杀性巴氏杆菌是牛巴氏杆菌病的病原。传染源包括病畜和带菌动物，该病通过直接接触和间接接触而传播。

牛巴氏杆菌病一年四季均可发生，常见于春、秋两季。可发生于不同年龄、不同品种的牛，水牛的易感性较高。

（2）临床症状

牛巴氏杆菌病可分为败血型、浮肿型和肺炎型，潜伏期为 1～7 d，多数为 2～5 d。

①败血型。败血型牛巴氏杆菌病多见于水牛，常表现为高热至 40～42℃、精神沉郁、结膜潮红、鼻镜干燥、不食、泌乳和反刍停止、腹痛下痢，粪初为粥状，后稀有黏液或血液、恶臭，一般 12～24 h 可死亡。

②浮肿型。浮肿型牛巴氏杆菌病多见于牦牛，常表现为全身症状，如患牛头、颈、咽喉及胸前皮下水肿，手指按压，初热、硬、痛，后变凉，疼痛减轻，舌及周围组织高度肿胀，眼红肿，流泪流涎，呼吸困难，黏膜发绀，常因窒息和下痢而死，病程为 12～36 h。

③肺炎型。肺炎型牛巴氏杆菌病常表现为病牛咳嗽、呼吸加快或张口呼吸，并有纤维素性胸膜炎和肺炎症状。

（3）诊断方法

牛巴氏杆菌病的初步诊断可根据临床症状和病理变化做出结论,通过美蓝染色直接镜检、细菌分离培养鉴定等实验室诊断进行确诊。

（4）防治措施

牛巴氏杆菌病的防治措施包括:采用广谱抗菌药物治疗;定期给疫区的畜禽进行巴氏杆菌病菌苗免疫接种;隔离、治疗发病地区的病畜,同时加强畜舍场地和用具的消毒;另外,还需加强畜禽的饲养管理,增强畜体抵抗力,避免各种应激,可以减少本病的发生。

6. 牛沙门氏菌病

牛沙门氏菌病又称牛副伤寒,该病以败血症、毒血症、胃肠炎、腹泻、孕畜流产为特征,加强牛沙门氏菌病的预防对我国养牛业的发展具有重要意义。

（1）病原及流行病学

牛沙门氏菌病的病原主要是都柏林沙门氏菌和鼠伤寒沙门氏菌。牛沙门氏菌病的传染源包括病畜和带菌畜,可通过消化道、呼吸道、病畜与健康畜的交配、用病畜精液人工授精而感染,也可能是其他疾病的继发症或并发症。

（2）临床症状

牛沙门氏菌病主要症状是下痢。犊牛副伤寒常呈流行性发生,成年牛副伤寒常呈散发型。

①犊牛副伤寒。犊牛副伤寒根据病程可分为最急性、急性、慢性 3 种。其中,最急性型副伤寒患牛表现有菌血症或毒血症症状,发病 2～3 d 内死亡;急性型副伤寒患牛体温升高到 40～41℃、精神沉郁、饮食减退,继而出现胃肠炎症状,排出黄色或灰黄色、混有血液或假膜的恶臭、糊状或液体粪便,有时表现咳嗽和呼吸困难;慢性型副伤寒患牛表现关节肿大或耳朵、尾部、蹄部发生贫血性坏死,病程数周至 3 个月。

②成年牛副伤寒。成年牛副伤寒多见于 1～3 岁的牛,患牛的体温升高到 40～41℃,沉郁、减食、减奶、咳嗽、呼吸困难、结膜炎、下痢。

（3）诊断

在牛沙门氏菌病流行的地区,可根据发病季节、典型症状、剖检变化做出初步诊断,需要细菌分离培养鉴定进行确诊。

（4）防治措施

①免疫接种。怀孕母牛接种都柏林沙门氏菌活菌苗,可保护数周龄以内的犊牛,减少感染犊牛粪便排菌。

②药物治疗。庆大霉素、氨苄青霉素、卡那霉素、喹诺酮类等抗菌药物对牛沙门氏菌病都有疗效,但易产生抗药性。

③综合措施。加强肉牛的饲养管理,注意产房卫生和保暖,犊牛出生后应吃足初乳,定期消毒畜舍,并保持清洁卫生;发现病畜应及时隔离、治疗。

7. 犊牛大肠杆菌病

大肠杆菌病是由致病性大肠杆菌引起的一种新生幼畜的急性传染病,又称犊牛白痢病、大肠杆菌性腹泻。该病具有败血症、严重腹泻、脱水、引起幼畜大量死亡、发育不良等特征。

（1）病原及流行病学

犊牛大肠杆菌病多发生于冬、春季节,呈地方流行性。一般由大肠杆菌、轮状病毒、冠状病毒等致病因素引起 2～3 周犊牛严重腹泻、脱水等。传染源主要包括病畜、病畜排出的致病性大肠杆菌,可通过消化道、脐带或产道传播。

(2)临床症状

犊牛大肠杆菌病的潜伏期约为几个小时,常以败血型、肠毒血型、肠型的形式出现。败血型犊牛大肠杆菌病常见于出生后至 7 日龄没有吃过初乳的犊牛,患病犊牛的体温升高到 40℃左右,精神委顿、腹泻、排水样稀便,严重者可突然死亡;肠毒血型犊牛大肠杆菌病常见于生后 7 d 内吃过初乳的犊牛。患病犊牛的肠道内大肠杆菌大量繁殖,产生肠毒,进入犊牛血液,引起犊牛突然死亡;肠型犊牛大肠杆菌病常见于 7～10 日龄吃过初乳的犊牛。患病犊牛的体温升高到 39.5～40℃,喜卧,水样下痢。粪便开始为黄色,后变为灰白色,混有凝乳块、血丝或气泡。病后期,大便失禁,体温正常或下降,脱水而死亡。病程稍长的病犊出现肺炎、关节炎、脑炎症状。

(3)诊断方法

根据临床症状、病理剖检变化、流行病学特点可对犊牛大肠杆菌病做出初步的诊断,确诊需分离鉴定细菌。

(4)防治措施

①防治。犊牛大肠杆菌病的防治原则为抗菌、补液、调节胃肠机能。

常用的抗菌药有氯霉素、土霉素、链霉素和新霉素等;常用的补液主要是静脉滴注复方氯化钠、生理盐水或葡萄糖盐水,必要时加入碳酸氢钠或乳酸钠可防止中毒。补液可有效调节胃肠机能,病初对体质强壮的牛犊投腹泻盐,使胃肠内大肠杆菌及毒素内容物排出,此后可投服收敛药和健胃药。

②综合防治措施。犊牛大肠杆菌病的综合性防治措施主要包括对初生幼畜注射大肠杆菌高免血清,幼畜初生 6 h 内需吃足初乳;对孕畜要供给充足的蛋白质、维生素和矿物质,分娩前要将母畜乳房洗净,保持畜舍干燥、清洁卫生。

8. 牛流行热

牛流行热是由牛流行热病毒引起的一种急性传染病,又称为三日热、暂时热。该病的临床特征为突发高热、流泪、泡沫性流涎、呼吸促迫、四肢关节障碍、后躯不灵。牛流行热的病程短、发生面积较广、发病率较高,对养牛业危害较大。

针对牛流行热的发作症状,可采取解热镇痛、强心、兴奋呼吸中枢、健胃等疗法,停食时间长可适当补充生理盐水及葡萄糖液,用抗生素类药物防止并发症和继发感染。早发现、早隔离、早治疗、消灭蚊蝇以减少疾病传染是防治本病的有效措施。

9. 牛的传染性鼻气管炎

牛的传染性鼻气管炎是由病毒引起的牛的一种急性接触传染的上呼吸道疾病,又称"牛病毒性鼻气管炎""红鼻病"。牛的传染性鼻气管炎的临床症状常以呼吸困难、发热、伴有鼻炎、鼻窦炎、喉炎和气管炎为特征,随病毒侵入的部位不同还伴有其他一些症状。牛的传染性鼻气管炎的防治须采取检疫、隔离、封锁、消毒等综合性措施。包括加强饲养管理,严格检疫制度,加强冻精检疫和监督管理,不从疫区引进牛;发现疑似病例后,应立即隔离病牛,采取广谱抗生素防止继发感染,配合对症治疗以减少死亡;对未感染牛可接种灭活疫苗或弱毒疫苗,当检出阳性牛时,最经济的办法是予以扑杀。

第四节　常见寄生虫病的防治技术

一、寄生虫病对肉牛养殖的危害

寄生虫病是由某些寄生虫寄生在体内所引起的疾病。肉牛的寄生虫病种类多,分布广泛。寄生虫对肉牛(宿主)的影响主要是通过掠夺宿主营养、产生毒素、机械性阻塞和破坏、引入其他病原体等方式影响肉牛的健康,降低了肉牛的生产性能和牛肉产品质量,有的寄生虫(如日本血吸虫)人畜互相感染。因此寄生虫病对肉牛的危害是大的,不仅降低了养牛业的经济效益,同时还给公共卫生造成危害。因此重视对肉牛寄生虫病的防治,减少寄生虫病的发生,对于肉牛养殖的发展具有重要意义。

近年来,随着畜牧兽医技术的发展,畜牧工作者对肉牛寄生虫进行了大量的研究,在肉牛寄生虫的预防诊断和治疗方面推广应用了大量的新技术,使肉牛寄生虫病得到了较好的控制,特别是推广肉牛标准化养殖技术,为更进一步的综合防治肉牛寄生虫病创造了更好的条件和基础。

二、常见寄生虫病的防治措施

1. 加强饲养管理

①根据当地具体情况,合理调制饲草饲料以满足肉牛各阶段的营养需要,以提高肉牛对寄生虫的抵抗力。规模肉牛养殖应按照不同的生长阶段,分别在犊牛舍、育成牛舍、能繁母牛舍、育肥牛舍分群饲养。

②搞好养牛场所的环境卫生,牛舍及配套设施建设和饮水应符合兽医卫生要求,应每日清扫圈舍,粪污运入沼气池,牛粪在粪场堆积发酵3个月以杀死粪便里的虫卵和幼虫,污水流入沉淀池进行固液分离,发酵处理后利用,定期清扫圈舍周围环境并喷洒药物杀虫。

③实行放牧饲养的草场应实施轮牧,通过轮牧使寄生虫虫卵和幼虫在草场休牧期间(3个月)自然死亡,放牧牛群应分为犊牛群与成年牛群分群放牧,避免犊牛被感染。

2. 预防性驱虫

预防性驱虫是指当蠕虫在牛体内还未发育成熟时,通过使用药物进行驱除,或者使用驱虫药物驱除还未表现出临床症状的某些原虫病。预防性驱虫可以把寄生虫消灭在成熟产卵之前,防止了虫卵和幼虫对外界环境的污染,有利于肉牛的健康。

预防性驱虫的用药时间和用药品种应根据当地寄生虫病的流行病学规律确定。一般情况下在每年春、秋季分别进行一次全群(肉牛养殖场或养殖户所有饲养的肉牛)性的预防性驱虫,或者根据肉牛养殖阶段,在母牛空怀期或犊牛断奶后及牛进行育肥开始前进行全群性预防性驱虫。在全群性预防性驱虫前1～2 d,应对计划所用的驱虫药和准备驱虫的肉牛提前进行驱虫药物试验;方法是随机从牛群中抽出6～12头作试验牛,给试验牛全群性预防性驱虫的同批次的药物和剂量,用药后观察1～2 d,无异常反应后进行全群用药预防性驱虫。

预防性驱虫根据当地肉牛寄生虫种类选用驱虫药,一般常用阿苯达唑(丙硫苯咪唑)、伊维菌素、芬苯达唑等,体外寄生虫可选用氰戊菊酯等。在常发生伊氏锥虫病和焦虫病(牛梨形虫病)的地区还应加强该病的防治工作,可选用三氮脒(贝尼尔、血虫净)、锥特灵以及盐酸吖啶黄(黄色素)等药进行预防性驱虫。

3. 治疗性驱虫

经诊断牛只已感染寄生虫病,应针对不同寄生虫病情况,选用有针对性的、特异的抗寄生虫药物进行治疗,称为治疗性驱虫。治疗性驱虫要和预防性驱虫有机地结合起来。当牛群中的一部分牛出现感染寄生虫病症状后,有可能牛群中的大部分牛也感染了寄生虫,只是症状不明显或没出现临床症状,因此除对确诊已感染寄生虫病的牛对症治疗外,可根据当地寄生虫的流行病学情况同时进行全群预防性驱虫。

对饲养在血吸虫病疫区或受威胁区的牛只,应按有关规定进行血吸虫病的化疗和扩大化疗,杜绝该病的发生和传播。

4. 其他措施

预防寄生虫的措施还包括加强饲养管理,搞好肉牛卫生,增强肉牛抗病能力;牛舍及其配套设施按兽医卫生防疫标准建设,便于环境卫生控制,粪污无害化处理;消灭养殖场所及周围寄生虫病传播者(如蜱)和中间宿主(如螺);肉牛按不同生长阶段分群管理,分群饲养,分群放牧,放牧草地实行轮牧;预防性驱虫和治疗性驱虫相结合的措施来防治牛寄生虫病。

三、常见寄生虫病的防治技术

1. 肝片形吸虫病

肝片形吸虫病是由肝片形吸虫或大片形吸虫引起的一种寄生虫病,反刍动物为易感动物。临床症状主要是营养障碍和中毒所引起的慢性消瘦和衰竭,病理特征是慢性胆管炎及肝炎。

（1）病原

肝片形吸虫病的病原有肝片形吸虫、大片形吸虫两种。肝片形吸虫成虫的虫体扁平,呈柳叶状,长 20～35 mm,宽 5～13 mm,呈红褐色,扁平的叶片状,虫体肩部宽而明显;大片形吸虫约长 33～76 mm,宽 5～12 mm,肩部不明显,后端钝圆。

肝片形吸虫病病原的中间宿主为椎实螺,终末宿主为反刍动物。牛吃草、饮水时吞入囊蚴,囊蚴的包膜在胃肠内经消化液溶解后,幼虫钻入小肠壁随门静脉入肝,或穿透肠壁到腹腔经肝表面入肝,长成幼虫后,由肝实质入胆管,在胆管内经 2～4 个月发育成为成虫,其卵随胆汁进入肠道,然后随粪便排出。成虫寄生寿命 3～5 年。

（2）临床症状

患片形吸虫肉牛的临床表现与虫体数量、宿主体质、年龄、饲养管理条件等相关。当肉牛抵抗力差、遭大量虫体寄生时,症状表现较明显。急性症状多发生于犊牛,表现为精神沉郁、食欲减退或消失、体温升高、贫血、黄疸等,严重者常在 3～5 d 内死亡;慢性症状常发生于成年牛,主要表现为贫血、黏膜苍白、眼睑及体躯下垂部位发生水肿、被毛粗乱无光泽、食欲减退或消失、消瘦、肠炎等。

（3）诊断方法

肝片形吸虫病的诊断应结合症状、流行情况、粪便虫卵检查进行综合判定,病理诊断要点为胆管增粗、增厚、患有慢性胆管炎及胆管周炎,胆管中常有片形吸虫寄生。

（4）防治措施

肝片形吸虫病的预防措施包括在流行地区预防，主要采取避免到低洼潮湿的草地放牧和饮水；消灭中间宿主椎实螺，每年进行预防性驱虫 2 次以上，注意养殖场所环境卫生，牛粪便堆积发酵处理等。

肝片形吸虫病的药物治疗方法有：①硫双二氯酚（别丁）按每千克体重 40～60 mg，配成悬浮液口服，该治疗方法的副作用为患牛轻度腹泻，1～4 d 会自行恢复；②硝氯酚按每千克体重 3～7 mg，口服，对成虫有效；③三氯苯咪唑（肝蛭净）按每千克体重 12 mg，口服，该药对成虫和幼虫均有效。

2. 牛血吸虫病

牛血吸虫病是由日本分体吸虫引起的一种人畜共患的血液吸虫病，流行于我国南方，是一种严重的地方性寄生虫病，对人们健康危害极大。以牛感染率最高，病变也较明显。主要症状为贫血、营养不良和发育障碍。不消灭牛血吸虫病，就不能控制和消灭人的血吸虫病。

（1）病原

日本分体吸虫的成虫呈长线状，雌雄异体，在动物体内多呈合抱状态。虫卵随粪便排出体外，在水中形成毛蚴，侵入中间宿主钉螺体内育成尾蚴，从螺体中逸出进入水中，可经口或皮肤而感染。

（2）临床症状

本病的症状与牛的年龄、感染程度、免疫性及饲养管理有关。黄牛和水牛感染尾蚴后，表现为急性症状，体温升高到 40℃ 以上，呈不规则的间歇热，腹泻、便血、体温升高、神差食减、逐渐消瘦，可因严重的贫血致全身衰竭而死；疫区的成年牛多诊断为阳性，而不表现出临床症状的为慢性病例，病牛消化不良、发育迟缓、腹泻及便血、逐渐消瘦。若饲养管理条件较好，则症状不明显，常称为带虫者。

（3）诊断方法

牛血吸虫病的初步诊断可根据患牛的临床表现和流行病学资料，确诊需做病原学检查。病原学检查常用虫卵毛蚴孵化法和沉淀法，沉淀法是反复冲洗沉淀粪便，镜检粪渣中的虫卵，镜下虫卵呈卵圆形，壁厚，透明无色或呈淡黄色。剖检时，肝和肠壁等脏器有明显的日本分体吸虫虫卵结节，肠壁增厚。门静脉与肠系膜内有成虫寄生。

（4）防治

牛血吸虫病主要包括在疫区应推广舍饲肉牛，牛饮用水必须选择无螺水源，以避免有尾蚴侵袭而感染。加强粪便管理，牛粪是感染本病的根源，要结合积肥，把粪便集中起来，进行无害化处理，如堆沤、发酵等，以杀死虫卵，采取综合措施消灭中间宿主钉螺。

同时，对饲养在血吸虫病疫区或受威胁区的牛只，应按国家有关规定进行血吸虫病的化疗和扩大化疗，控制该病的发生和传播。治疗主要用吡喹酮，用量为 30 mg/kg 体重，口服。

3. 牛绦虫病

绦虫病是由寄生在牛小肠的莫尼茨绦虫、曲子宫绦虫、无卵黄腺绦虫引起的一种牛寄生虫病，其中莫尼茨绦虫危害最为严重，常引起病牛死亡。

（1）病原

牛绦虫的虫体呈白色，由头节、颈节和体节构成扁平长带状，最长可达 5 cm。成熟的体节或虫卵随粪便排出体外,被地螨吞食,六钩蚴从卵内逸出,并发育成为侵袭性的似囊尾蚴,牛吞食似囊尾蚴的地螨而被感染。

（2）症状

莫尼茨绦虫主要感染出生后数月的犊牛,以 6—7 月份发病最为严重;曲子宫绦虫不分犊牛还是成年牛均可感染;无卵黄腺绦虫常感染成年牛。患牛常表现为精神不振,食欲减退,腹泻,粪便中混有成熟的绦虫节片;患牛发育不良,迅速消瘦,严重的到病的后期卧地不起,最后引起死亡。成年牛由于抵抗力强,症状不明显,10 月龄以内的犊牛症状明显。

（3）诊断方法

牛绦虫病的诊断方法包括:①用粪便漂浮法可发现虫卵,虫卵近似四角形或三角形,无色,半透明,卵内有梨形器,梨形器内有六钩蚴;②用 1‰硫酸铜溶液进行诊断学驱虫,如发现排出虫体,即可确诊;③剖检时可在肠道内发现白色带状的虫体。

（4）预防与治疗

牛绦虫病的预防措施包括:①对病牛粪便集中进行处理,然后才能用作肥料;②在本病流行地区,放牧草地应坚持轮牧并结合人工草地建设改造潮湿的草地,以消灭绦虫中间宿主地螨;③每年春季进行 2 次预防性驱虫,秋季再进行一次预防性驱虫,在第一次预防性驱虫 15～30 d 后进行第二次预防性驱虫;④预防性驱虫药物可用丙硫苯咪唑,口服药剂量为 10～20 mg/kg 体重。

牛绦虫病的治疗措施包括:①口服硫酸二氯酚按每千克体重 30～40 mg;②口服丙硫苯咪唑按每千克体重 7.5 mg;③早晨空腹口服灭绦灵按每千克体重 40～60 mg。

4. 牛焦虫病

焦虫病包括:牛双芽巴贝斯虫病、巴贝斯虫病、环形泰勒梨形虫病,是由蜱传播的血液原虫病,主要寄生在牛血液中的红细胞里,危害性很大,死亡率高,常呈地方性和季节性流行。

（1）病原

蜱是梨形虫的终末宿主和传播者,牛双芽巴贝斯虫寄生在红细胞内,环形泰勒梨形虫寄生在红细胞内和网状系统细胞内,其形状多样。

（2）临床症状

焦虫病的症状是高热、贫血和黄疸。临床上常表现为病牛体表淋巴结肿大、出现红色素尿为特征两种类型。

牛巴贝斯虫病的潜伏期为 9～15 d,突然发病,体温升高到 40℃以上,呈稽留热。病牛精神萎靡,食欲减退或消失,反刍停止,呼吸和心跳增快,可视黏膜黄染,有点状出血,初期拉稀,后期便秘,尿呈红色乃至酱油色。红细胞减少,血红素指数下降,急性病例可在 2～6 d 内死亡。轻症病畜几天后体温下降,恢复较慢。

牛泰勒焦虫病的潜伏期 14～20 d,发病初期体表淋巴结肿痛,体温升高到 40.5～41.7℃,呈稽留热,呼吸急促,心跳加快。精神委顿,结膜潮红。中期体表淋巴结显著肿大,为正常的 2～5 倍。反刍停止,先便秘后腹泻,粪中带血丝。可视黏膜有出血斑点。步态蹒跚,起立困难。后期结膜苍白,黄染,在眼睑和尾部皮肤较薄的部位出现粟粒至扁豆大的深红色出血斑点,病牛卧地不起,最后衰竭死亡。

（3）诊断方法

焦虫病患牛剖检可见肝脏和脾脏肿大、出血,皮下、肌肉、脂肪黄染,皮下组织胶样浸润,肾脏及周围组织黄染和胶样变形；膀胱积尿呈红色，黏膜及其他脏器有出血点，瓣胃阻塞；在红细胞内有梨形虫，环形泰勒梨形虫病在淋巴细胞内有石榴体。

（4）防治措施

预防要采取综合措施，主要包括加强饲养管理，定期消灭牛体上和养牛场所的蜱，牛舍内1 m以下的墙壁，要用杀虫药涂抹，杀灭残留蜱；发病季节前用贝尼尔进行预防驱虫；从外地引进牛应选择抗蜱好的品种，患病牛要及早治疗，扑灭体表的蜱。

牛焦虫病的治疗主要用贝尼尔，用量为4～5 mg/kg体重，配成5%溶液分点肌肉深部注射，轻症1次即可，必要每日一次，连用2～3 d，如无明显好转的牛在间隔2 d再连续用药2 d；按每100 kg体重用1.5～2 mL，皮下或肌肉注射5%阿卡普林水溶液；咪唑苯脲按每千克体重1.5～2 mg，用丙二酸盐配成5%～10%注射溶液，皮下或肌肉注射；黄色素按每100 kg体重用量为0.3～0.4 g，配成0.5%～1%水溶液静脉注射，必要时在24 h后重复注射一次，肉牛偶尔出现起卧不安、肌肉震颤等副作用，可很快消失。

5. 牛球虫病

牛球虫病多发生于犊牛，是由艾美耳属的几种球虫寄生于牛肠道引起的急性肠炎、血痢等为特征的寄生虫病。

（1）病原

牛球虫有10余种，以邱氏艾美耳球虫、斯氏艾美耳球虫致病力强且常见。邱氏艾美耳球虫寄生于直肠上皮细胞内，卵囊为圆形或稍微椭圆形，卵壁光滑，平均大小为14.9～20 μm。球虫发育不需要中间宿主。当牛吞食感染性卵囊后，孢子在肠道内逸出进入寄生部位的上皮细胞内，生殖产生裂殖子，裂殖子发育到一定阶段时由配子生殖形成大、小配子体，大小配子结合形成卵囊排出体外。排出体外的卵囊在适宜条件下进行孢子生殖，形成孢子化的卵囊，只有孢子化的卵囊才具有感染性。

（2）症状

牛球虫病的潜伏期为2～3周，犊牛的病程为10～15 d。当牛球虫寄生在大肠内繁殖时，肠黏膜上皮大量破坏脱落，黏膜出血并形成溃疡。临床上表现为血性肠炎、腹痛、带有黏膜碎片的血便等。约1周后，出现前胃弛缓，肠蠕动增强，下痢，多因体液过度消耗而死亡。慢性病例则表现为长期下痢、贫血，最终因极度消瘦而死亡。

（3）诊断方法

临床上犊牛出现血痢和粪便恶臭时，可采用饱和盐水漂浮法检查患犊粪便，查出球虫卵囊即可确诊为牛球虫病。

（4）防治措施

预防措施：犊牛与成年牛分群饲养，以免球虫卵囊污染犊牛的饲料；舍饲牛的粪便和垫草需集中消毒或生物热堆肥发酵，在发病时可用1%克辽林对牛舍、饲槽消毒，每周1次。

治疗措施：氨丙啉按每千克体重20～50 mg，一次内服，连用5～6 d；盐霉素按每天每千克体重2 mg，连用7 d。

6. 牛囊尾蚴病

牛囊尾蚴病是由带吻绦虫的幼虫阶段（牛囊尾蚴）寄生在牛体各部位的肌肉组织内所引起的。

（1）病原

成虫为带吻绦虫，寄生在人体小肠中。人食用未煮熟或生的含有囊尾蚴的牛肉就会被感染，囊虫进入人体消化道后，约经 3 个月发育为成虫，含卵节片随粪便排到外界环境中去。牛吞食被污染的饲料或饮水后被污染，虫卵到达牛的胃肠道后，钻入肠黏膜血管，随血流散布到牛体各部位肌肉组织。

（2）症状

牛囊尾蚴病一般不表现出症状，只有受到严重污染时才表现症状，患牛病初体温升高到40℃以上，虚弱，下痢，短时间内食欲减退，喜卧，呼吸急促，心跳加快。在触诊四肢、背部和腹部肌肉时，病牛感到不安。黏膜苍白，带黄疸色，开始消瘦。

（3）诊断

该病无法根据临床症状进行确诊，需采取尸体剖检，在肌肉内发现囊虫而达到确诊。

（4）防治措施

规模化养殖场应建立健全卫生检疫制度和法规，要求做到检验认真，处理严格；做好绦虫病人的驱虫工作，堆积发酵处理病人排出的粪便和虫体，避免其污染饲料、饮水及放牧地等。用吡喹酮治疗病牛，按每千克体重 50 mg，一次口服，2 d 为一个疗程。

7. 消化道线虫病

患消化道线虫病肉牛的主要症状为消瘦、贫血、胃肠道炎症、腹泻、浮肿等，严重感染的可造成死亡。寄生在牛消化道内的线虫种类很多，寄生在牛的胃肠道，对牛的危害很大。

（1）病原

引起牛消化道线虫病的病原较多，主要包括捻转血毛线虫、仰口线虫、食道口线虫、夏伯特线虫。

（2）症状

症状主要表现为牛体消瘦，食欲减退，黏膜苍白，贫血，下颌间隙水肿，胃肠道发炎，严重的病例如不及时进行治疗，则引起死亡。

（3）诊断方法

用饱和盐水漂浮法检查粪便中的虫卵或根据粪便培养出侵袭性幼虫的形态，以及尸体剖检在胃肠内发现虫体可以分别确诊。

（4）防治措施

消化道线虫病的预防参照寄生虫病的共同预防方法，常采用盐酸左旋咪唑按每千克体重7.5 mg，一次口服或注射；或丙硫苯咪唑按每千克体重 7.5 mg，一次口服；或伊维菌素按每千克体重 0.2 mg，皮下一次注射。

参 考 文 献

[1] 莫放. 养牛生产学. 北京:中国农业大学出版社,2010.

[2] 昝林森. 牛生产学. 3版. 北京:中国农业出版社,2017.

[3] 中华人民共和国农业部. 肉牛饲养标准,2004.

[4] 昝林森. 高档牛肉生产技术手册. 北京:中国农业出版社,2017.

[5] 昝林森. 新编肉牛饲料配方600例. 2版. 北京:化学工业出版社,2017.

[6] 左福元. 轻轻松松养肉牛. 北京:中国农业出版社,2007.

[7] 杨凤. 动物营养学. 2版. 北京:中国农业出版社,2001.

[8] 陈剑杰. 实用牛场疾病防控技术. 北京:中国农业科学技术出版社,2013.